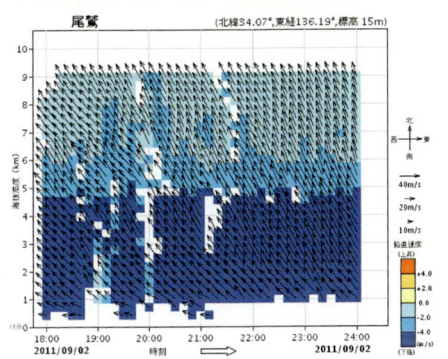

口絵1　ウィンドプロファイラの観測例
（尾鷲．図2.15）

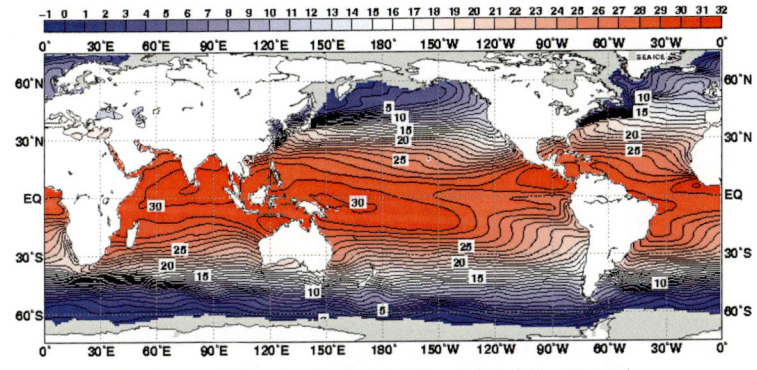

口絵2　平均海面水温図（3か月平均：気象庁資料．図3.27）

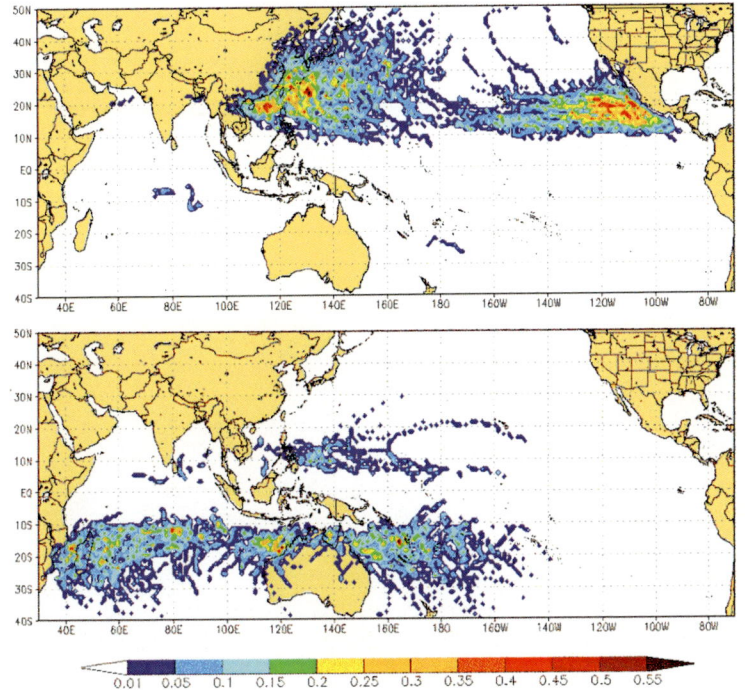

口絵3　熱帯低気圧の平均発生分布図（上：8月，下：1月．図3.29）

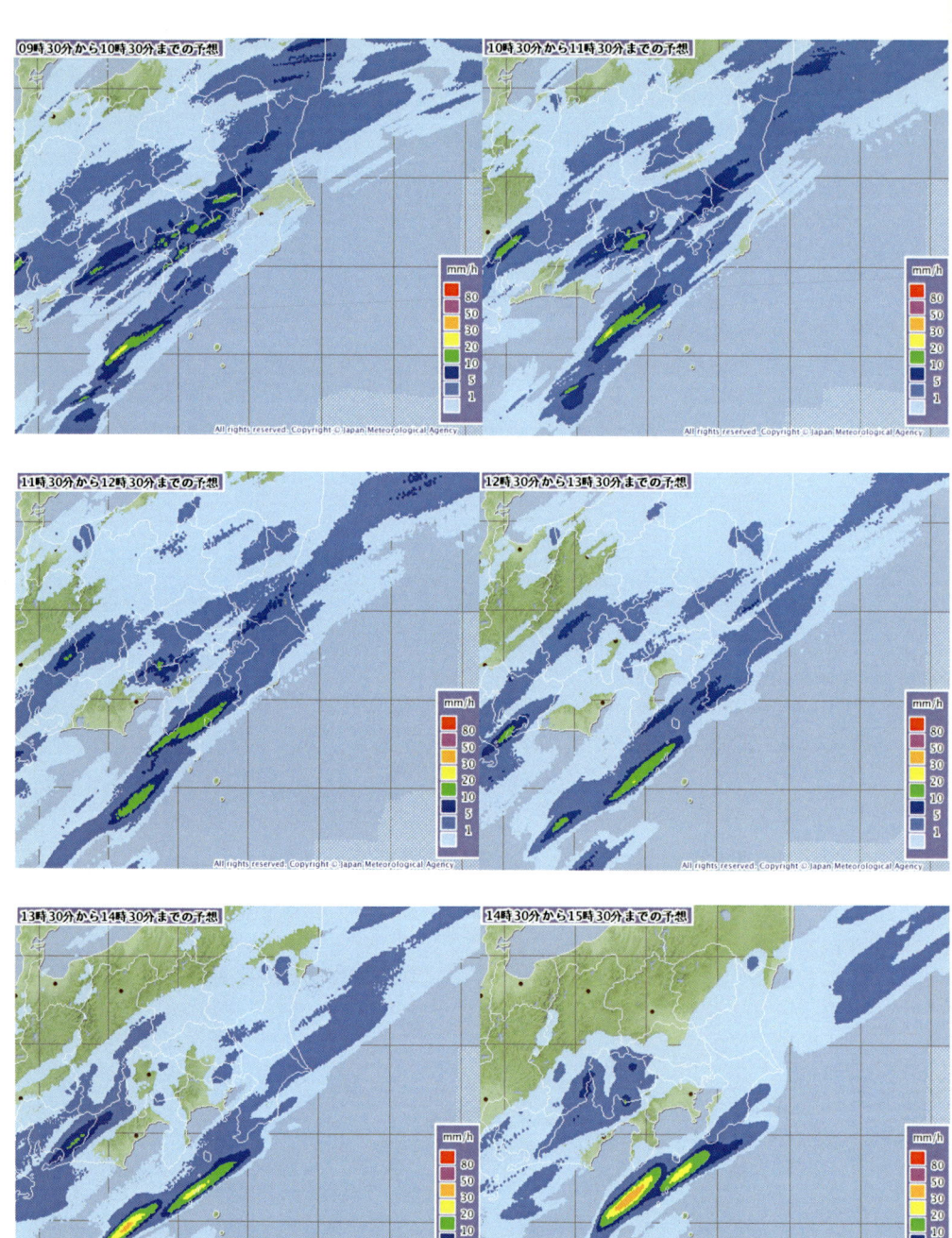

口絵4 降水短時間予報（9時30分を初期とする6時間予報．図6.6）

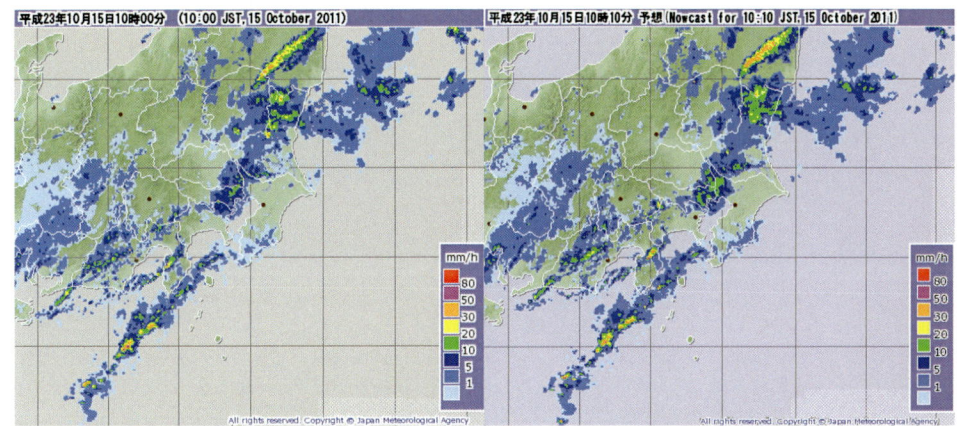
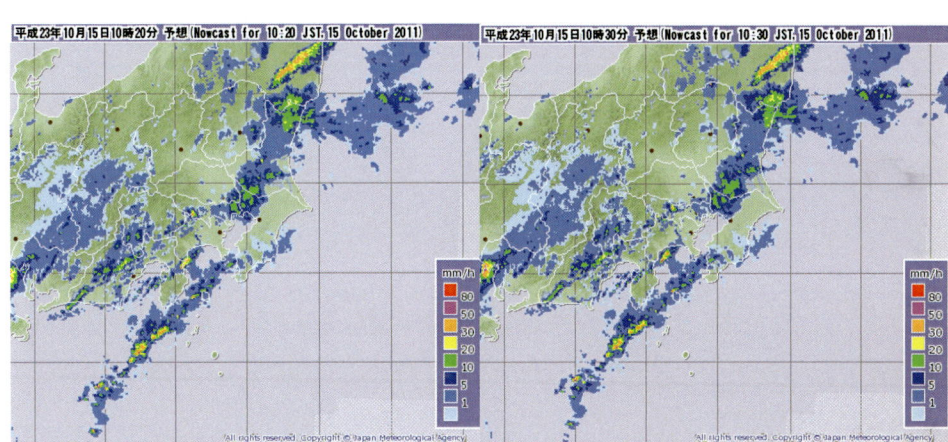
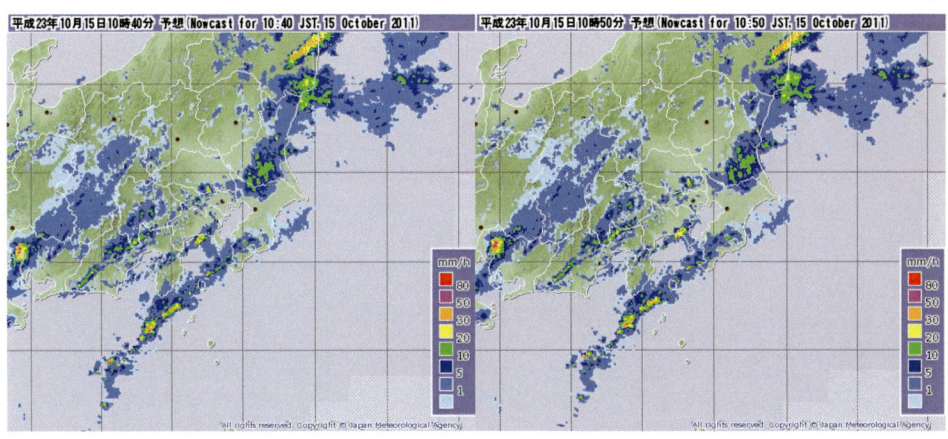

口絵5 降水ナウキャスト（10時00分を初期とする1時間予報．図6.7）

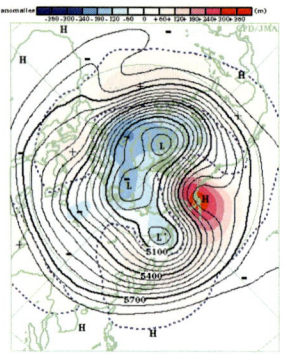

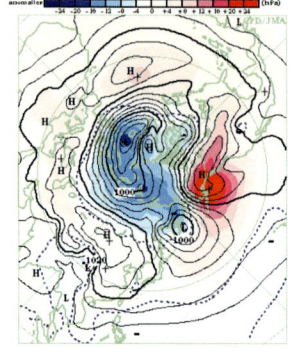

口絵 6　ブロッキング時の 500 hPa（左）および地上天気図（右）（気象庁資料．図 3.52）
陰影は，それぞれ高度偏差および気圧偏差を表す．基準は 1981～2010 年．

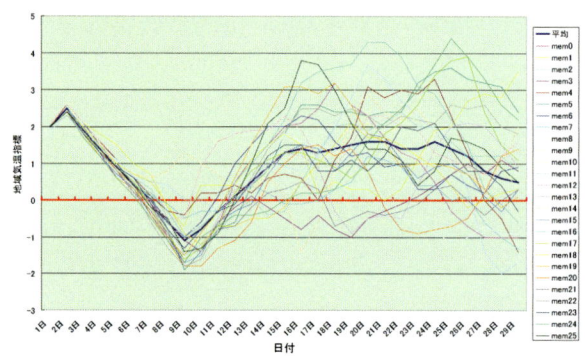

口絵 7　1 か月アンサンブル予報の気温の予測例（気象庁資料．図 6.12）

地上観測 (観測所・船舶・ブイ)

高層観測 (ゾンデ・航空機・ウィンドプロファイラ・ドップラーレーダー)

静止衛星観測 (赤外・可視・水蒸気画像による風観測、晴天輝度温度)

極軌道衛星観測 (AMSU-A・AMSU-B・MHS・MODIS)

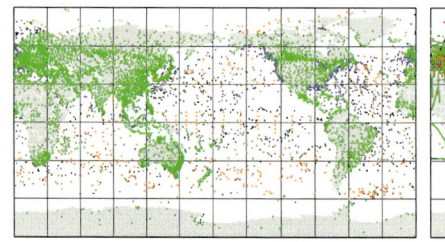

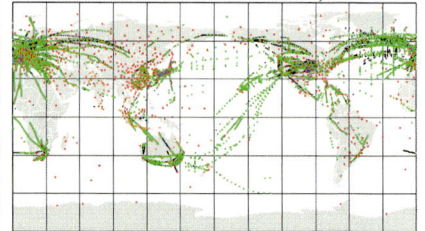

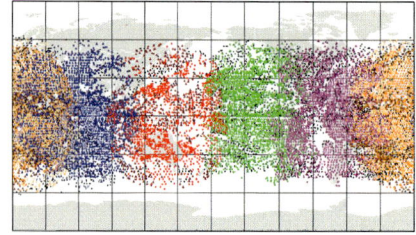

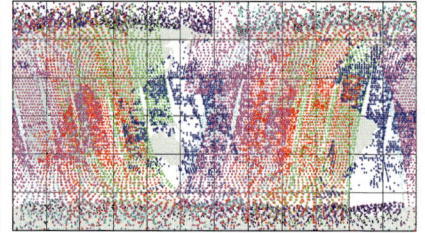

口絵 8　数値予報で使われる観測データの分布図（気象庁資料．図 7.4）

現代
天気予報学

現象から観測・予報・法制度まで

古川武彦
室井ちあし

[著]

朝倉書店

はじめに

　四囲を海に囲まれたわが国は，南北約 3000 km に伸び，亜寒帯から温帯，亜熱帯と多様な気候帯に属している．総じて温暖な気候に恵まれているが，しばしば集中豪雨に見舞われ，台風も来襲することから，古来より天気予報に関する関心はきわめて高い．江戸時代に民間レベルによる天気予報の萌芽をみるが，国による気象サービスは，1875（明治 8）年に設立された中央気象台によって始まり，初めての天気予報は約 130 年前の 1884（明治 17）年にさかのぼる．

　今日，お茶の間のテレビには，ピンポイント予報と呼ばれる市や町などを対象としたきわめて局地的な予報が届き，また，気圧配置や雨域の変化などが見事なアニメーションで表示される．気象庁は 2010 年，従来の気象注意報・警報の予報区を市町村単位にまで精緻化し，防災情報を強化した．一方，情報化社会の進展はきわめて著しく，いまやインターネットを利用すればパソコンや携帯端末で自宅や外出中でも，種々の天気予報のほか，気象衛星で雲の動き，気象レーダーで雨の降り具合，アメダスで気温や晴れの分布などをほとんどリアルタイムでみることができる．さらに，世界中の天気の実況や諸外国が行っている天気予報さえも閲覧することが可能な時代が出現した．

　さて，現代に視点をおいて天気予報の総体を眺めると，気象庁は 365 日 24 時間体制で，多岐にわたる情報を一定のタイムスケジュールで，しかも定常的に生産し，社会に提供している．現代の天気予報は，それを可能とするための観測や通信技術およびデータ処理技術，数値予報モデル，人による総合的な判断など多岐にわたる分野を有機的につなげた一種の工学的・人間的なシステムを通じて行われているとみることができる．同時に天気予報に必要な観測やデータ交換は国内のみならず地球規模での国際的な協調の上に成り立っている．一方，視点を変えれば，天気予報は学術と技術の両方に基礎をおく自然科学的なシステムであると同時に，天気予報などの情報の受け手は人であり，それは人の心理に作用し，その行動を通じて社会活動に影響を与える．さらに天気予報はその発表による社会の混乱を避けるため，一定の法秩序と約束ごとのもとで実施される必要がある．すなわち，天気予報は社会科学的なシステムの側面も持っている．詰まるところ，現代の天気予報は自然科学と社会科学の二つの分野に基盤を持つシステムにほかならない．

　本書の目的は，こうした現代の天気予報の総体を自然科学および社会科学が一体となった一つのシステムとして捉え，単なる技術論ではなく，それらを「天気予報学」

として整理し，体系化を図ることを試みた．したがって，本書は最近の気象予報士試験を対象とした多くの書とは趣を異にして，現代の天気予報全体を支えている観測・通信・予報・法制度などについて，可能な限り包括的，系統的に眺めたワンストップ的な読み物である．

　本章の構成は，第1章で天気予報にとっても深いかかわりを持つ気象学上の発見と天気予報の通史，第2章で天気予報のための気象観測の種類や観測原理など，第3章で天気予報の対象あるいは関連する種々の気象現象，第4章で天気予報を支える気象学における重要な法則や原理，第5章および第6章で天気予報技術や種類など，第7章で現代の天気予報の根幹となっている数値予報，第8章で天気予報と実社会とのかかわりを規定している法制度のほか，民間気象事業や国際協力などとなっている．

　執筆に当たり，第4章および第7章は室井ちあしが担当し，残りの各章の執筆および全体のとりまとめを古川武彦が行った．なお，気象観測分野で石原正仁氏（前気象庁高層気象台長　現京都大学特定准教授）に，気象衛星および予報作業の分野で鈴木和史氏（元鹿児島地方気象台長）に種々の具体的な資料の提供など絶大な協力と支援をいただいた．ここに記して謝意を表したい．最後に，本書の発刊に向けて，終止励ましと助言をいただいた朝倉書店編集部に深く感謝を申し上げる．

　2012年9月

古川武彦
室井ちあし

目 次

1. 天気予報技術の通史 ·· 1
1.1 気象学における重要な発見 ·· 1
1.1.1 大気圧の発見 ·· 1
1.1.2 成層圏の発見 ·· 3
1.1.3 ジェット気流の発見 ·· 4
1.1.4 ロスビー波 ·· 5
1.2 天気予報技術の変遷 ·· 6
　　　　天気予報技術の時代区分 ·· 8

2. 天気予報のための気象観測 ·· 12
2.1 気象観測の体系 ··· 12
2.1.1 気象観測の種類 ·· 13
2.1.2 気象観測の技術基準 ·· 14
2.1.3 気象庁以外の気象観測 ··· 14
2.2 気象観測データの通報 ··· 15
2.2.1 SYNOP（地上実況気象通報式）など ································· 15
2.2.2 国内・国際気象通信網 ··· 19
2.3 地上気象観測 ·· 20
2.3.1 気象官署 ··· 21
2.3.2 特別地域気象観測所 ·· 24
2.3.3 アメダス ··· 24
2.4 高層観測 ·· 26
　　　　ラジオゾンデ ··· 26
2.5 気象レーダー ·· 31
2.6 ウィンドプロファイラ ··· 36
2.7 雷監視システム ··· 39
2.8 気象衛星 ·· 40
2.8.1 静止気象衛星 ··· 40
2.8.2 極軌道気象衛星による観測 ··· 43
2.9 海上・海洋での気象観測 ··· 43

目　次

2.10　航空機による気象観測 ……………………………………44

3.　天気予報と主な気象現象 …………………………………46
3.1　大気の組成 ………………………………………………47
3.2　大気の鉛直構造 …………………………………………48
　3.2.1　対流圏・対流圏界面 ……………………………………51
　3.2.2　成層圏・成層圏界面 ……………………………………52
　3.2.3　中間圏 …………………………………………………52
　3.2.4　熱圏・電離圏 ……………………………………………53
　3.2.5　標準大気 …………………………………………………53
　3.2.6　大気境界層 ………………………………………………54
3.3　オゾン層 …………………………………………………55
3.4　偏西風 ……………………………………………………55
3.5　モンスーン，気団，梅雨 ………………………………59
　3.5.1　モンスーン ………………………………………………59
　3.5.2　モンスーンと気団 ………………………………………61
　3.5.3　梅雨 ……………………………………………………63
3.6　温帯低気圧 ………………………………………………65
　3.6.1　温帯低気圧の発生・発達 ………………………………66
　3.6.2　温帯低気圧の概念モデル ………………………………78
3.7　台風 ……………………………………………………81
　3.7.1　台風の観測 ………………………………………………82
　3.7.2　台風を取り巻く雲域 ……………………………………84
　3.7.3　台風の発生域の特徴 ……………………………………86
　3.7.4　台風の発生・発達 ………………………………………90
　3.7.5　台風の目 …………………………………………………94
　3.7.6　台風の進路と予測 ………………………………………96
3.8　局地風 ……………………………………………………99
　3.8.1　海陸風 …………………………………………………99
　3.8.2　フェーン ………………………………………………100
3.9　前線 ……………………………………………………103
　3.9.1　局地前線 ………………………………………………103
　3.9.2　ガストフロント，ダウンバースト ……………………105
3.10　天気，雲 ………………………………………………106
　3.10.1　10種雲形 ………………………………………………107
　3.10.2　雲の観測と通報 ………………………………………110
3.11　竜巻 ……………………………………………………111

3.12　ブロッキング………………………………………………………… 113
　　3.13　ENSO（エルニーニョ・南方振動）………………………………… 116

4. 気象学における重要な法則および原理 ……………………………… 120
　4.1　気象を支配する基本法則 …………………………………………… 120
　　4.1.1　ニュートンの力学の法則 ……………………………………… 120
　　4.1.2　熱エネルギーの保存則 ………………………………………… 121
　　4.1.3　質量保存則 ……………………………………………………… 121
　　4.1.4　状態方程式 ……………………………………………………… 122
　　4.1.5　水物質の保存則 ………………………………………………… 122
　4.2　気象の時間・空間スケール ………………………………………… 123
　4.3　気象の持つカオスと予測可能性 …………………………………… 124
　4.4　地軸の傾きの影響 …………………………………………………… 125
　4.5　地球自転の効果 ……………………………………………………… 126
　4.6　気圧と風の関係 ……………………………………………………… 126
　4.7　大気の安定性 ………………………………………………………… 128
　4.8　大気の傾圧性など …………………………………………………… 130
　4.9　ベータ効果とロスビー波 …………………………………………… 131

5. 天気予報技術 …………………………………………………………… 133
　5.1　天気予報の方法論 …………………………………………………… 133
　5.2　天気予報作業における気象衛星の役割 …………………………… 135
　　5.2.1　温帯低気圧の解析 ……………………………………………… 136
　　5.2.2　大気の解析 ……………………………………………………… 138
　5.3　天気予報作業 ………………………………………………………… 139
　　5.3.1　短期予報 ………………………………………………………… 139
　　5.3.2　季節予報（長期予報）………………………………………… 142
　5.4　天気予報と用語 ……………………………………………………… 145

6. 天気予報の種類・内容など …………………………………………… 148
　6.1　天気予報と情報 ……………………………………………………… 148
　6.2　天気予報・予報区 …………………………………………………… 149
　　6.2.1　天気予報の種類 ………………………………………………… 149
　　6.2.2　予報区 …………………………………………………………… 151
　　6.2.3　予報区と担当官署 ……………………………………………… 153
　6.3　気象情報の提供形態 ………………………………………………… 153
　6.4　気象警報・注意報・情報 …………………………………………… 154

6.4.1　気象情報などの発表基準 …………………………………… 155
　6.4.2　各種情報 ………………………………………………………… 156
6.5　降水短時間予報，降水ナウキャスト ……………………………… 159
6.6　短期予報 ………………………………………………………………… 163
6.7　台風予報 ………………………………………………………………… 163
6.8　週間天気予報（中期予報） …………………………………………… 164
6.9　季節予報（長期予報） ………………………………………………… 167

7. 数値予報 ………………………………………………………………… 171
7.1　数値予報の原理 ………………………………………………………… 171
7.2　数値予報の手順 ………………………………………………………… 172
　7.2.1　データ収集，品質管理，台風ボーガス作成 ……………… 172
　7.2.2　客観解析（データ同化） ……………………………………… 176
　7.2.3　四次元変分法 …………………………………………………… 178
　7.2.4　予報モデル ……………………………………………………… 178
　7.2.5　後処理・アプリケーション ………………………………… 179
　7.2.6　数値予報のタイムスケジュール …………………………… 179
7.3　数値予報モデル ………………………………………………………… 180
　7.3.1　数値予報モデルとは …………………………………………… 180
　7.3.2　力学過程と物理過程 …………………………………………… 180
　7.3.3　パラメタリゼーション ………………………………………… 180
　7.3.4　数値計算法 ……………………………………………………… 182
7.4　アンサンブル予報 ……………………………………………………… 183
　7.4.1　アンサンブル予報の考え方 ………………………………… 183
　7.4.2　大気のカオス …………………………………………………… 185
　7.4.3　アンサンブル予報のスプレッド，初期値，メンバー …… 186
7.5　数値予報の応用 ………………………………………………………… 187
　7.5.1　ガイダンス ……………………………………………………… 188
　7.5.2　天気予報の可視化 ……………………………………………… 190
7.6　気象庁における数値予報の仕様 …………………………………… 193
7.7　数値予報の将来 ………………………………………………………… 199

8. 天気予報の枠組みと法制度 ………………………………………… 202
8.1　気象サービスの組織，法体系 ……………………………………… 202
8.2　気象業務法 ……………………………………………………………… 204
8.3　気象業務法と関連する法律 ………………………………………… 208
8.4　民間気象事業 …………………………………………………………… 210

8.5　国際協力……………………………………………………212
　　8.5.1　世界気象機関（WMO）……………………………212
　　8.5.2　国際民間航空機関（ICAO）………………………214

文　　献………………………………………………………………215
お わ り に……………………………………………………………216
索　　引………………………………………………………………217

1 天気予報技術の通史

　天気予報の歴史を顧みると，天気を支配する気象についての多くの発見とその現象を支配するメカニズムの解明という気象学の発展，さらに得られた新しい知見に基づいて，予報技術をより高度化することにより，進歩してきたことがわかる．この章では，天気予報の発展にとって根幹となったいくつかの重要な気象現象の発見や現象の振る舞いに触れた後，天気予報技術を時代区分として概観する．

1.1 気象学における重要な発見

1.1.1 大気圧の発見
　地球を取り巻く空気である大気には重さがあり，その重さが上空に向かうにつれて減少していることや低気圧がやってくると雨が降ることは，今日では誰でも知っている事実である．しかしながら，大気には大気圧という圧力（気圧）が存在し，それが日々変動していることが観測を通じて立証されたのは，17世紀にさかのぼる．1643年，イタリア人のエヴァンゲリスタ・トリチェリー（Evangelista Torricelli：1608-1647）は，一方を閉じた管に流体を満たし，もう一方の開口部を押さえて同じ流体の壺の中に倒立させて，その押さえを取り除くと，管内の流体の上面が低下し，その高さは大気圧で決定されると唱えた．1644年春，トリチェリーはイタリアのフローレンスで流体として水銀を用いて，「トリチェリーの実験」と呼ばれる実験を行ったところ，1mほどの長さのガラス管内の水銀柱の高さは，水銀壺の表面から約76 cm の高さで静止した．トリチェリーは，この水銀柱の高さ（重量）を支える力は外的な力であり，それが大気の重量に等しく，したがって大気は気圧という圧力を持つことを示した．同時にガラス管の上部に生まれた空間は真空であるとした．彼は，空気を大海の水に擬して，大気という空気の海を考えたのである．トリチェリーは，このような持続的な真空状態をつくりだし，また，水銀柱を用いて大気圧を測るというバロメーター（晴雨計）の原理を発見した最初の科学者である．
　それでは，トリチェリーはどうしてこのような実験にとりかかったのであろうか．それは真空の存在についての議論がきっかけである．自然界に真空が存在するか否かはそれまで何世紀にもわたって謎であった．紀元前にアリストテレスは，真空の存在は論理的に矛盾であると主張したが，16世紀に至って，ルネサンス時代の科学者は

真空が存在することの説明の困難さを「自然は真空を嫌う，それは神の性である」と修正していた．

トリチェリーは，このような自然の嫌悪にもかかわらず，真空は存在すると信じたのである．当時，「真空が存在しない」ということに異議を唱えることは，教会と対立することになり，身を危険にさらすような時代であった．トリチェリーは，当初は水柱を使って実験を行ったが，あまりにも実験器具の背が高くて近隣から怪しまれるので，秘密性を保つために水銀を用いたといわれている．

真空が存在するであろうことを初めて実験で示したのは地動説で有名なガリレオ（Galileo Galilei：1564-1642）であった．1641年にはローマの学者ガスパロ・ベルティ（Gasparo Berti：1600-1643）が別の実験で「真空」の存在を示した．この実験のことが上述のトリチェリーに伝わり，有名な実験につながったといわれている．

当時，ガリレオは吸い上げポンプの井戸では，水が約9mしか上がらないことを実験的に知り，その力は真空によってつくりだされた力だと考えていたが，それが大気圧によるものであるとの正しい説明を与えたのはトリチェリーである．

トリチェリーの実験結果に接したブレイズ・パスカル（Blaise Pascal：1623-1662）は，真空の性質をそれ以上調べるのではなく，水銀柱の高さが実際の外力の変化によってどのように変化するかに興味を持った．さらにパスカルは自分たちが「大気という海の底」に住んでいるならば，海は深さによって水圧が違うのだから，山に登れば水銀柱の高さは減少するはずだと考えた．パリに住んでいたパスカルの近くに山はなかった．1647年，パスカルはフランスのリヨンの西約150kmに位置するドーム山（Puy de Dome：標高1464m）という山の近くに住んでいた義理の兄弟のフローリン・ペリエ（Florin Perier：1605-1672）に手紙を書き，水銀柱の実験装置を山に運び上げ，途中で水銀柱の高さを測るように依頼した．図1.1は，ドーム山を示す．

図1.1　ドーム山

パスカルは体が弱かったと伝えられている．1648年9月，ペリエは，まず山の麓で2本の真空を持つ水銀の入ったガラス管により，水銀柱の高さが71.2 cmであることを確認し，そのうちの1本を麓に残してジャスタン神父に観察していてもらい，他の1本を持って山に登り，麓より1000 m高いところでの計測では62.7 cmとなった．頂上のいろいろな場所で計測しても，水銀柱の高さは同じ値を示し，また標高が違うと水銀柱の高さが違うこともわかった．麓に戻って計測すると，両方の水銀柱の高さは同じになった．ちなみに「人間は考える葦である」といったのもパスカルで，圧力の性質を表した「パスカルの原理」も彼によるものである．

こうしてパスカルの予測が正しいことが証明された．しかしながら，大気が重さを持っていることを示すこの実験結果は，真空の存在を巡る当時の論争に終止符を打つものではなく，76 cmもの高さの水銀柱を支えるには，空気はあまりにも軽すぎると，多数の学者によってなお退けられたのである．

水銀気圧計は，こうしてトリチェリーの実験が契機となって生まれた．標準気圧である1気圧が水銀柱の高さで76 cmとなっているのは，トリチェリーおよびパスカルの実験を踏まえたものである．

大気圧の発見と水銀気圧計の発明は，その後の高気圧や低気圧のような気象擾乱の発見や気象力学における「静力学平衡」の概念など，現代の気象学にとって重要な影響を与えた．

1.1.2　成層圏の発見

われわれは約10 kmの厚さを持つ対流圏の上には成層圏があり，それは約50 kmの高さまで広がっていることを知っている．成層圏の発見とその名称は，フランスの気象学者レオン・ティスラン・ド・ボール（Teissrenc de Bort：1855-1913）に帰せられている．彼は1880年にパリにあるフランス中央気象台に入り，調査課長のときに気象台を辞すると，1896年にパリ郊外のトラブーという小村に私費を投じて高層気象観測所を設け，独力で気象観測気球を用いて高空の温度の観測を行った．1902年，気温は地上約11 kmまでは一様に減少するが，その高度を超えると温度が一定になることに気づいた．この観測が誤りでないことを確認するため，太陽の放射による影響を避けるために夜間の飛揚のほか，全体で236回を超える観測を行っている．彼は，大気は2層に分かれており，下層を対流圏，上層を成層圏と名づけた．"troposphere"とは，"sphere of change"で，変化する圏を意味し，対流圏と呼ばれている．また，"stratosphere"は，"sphere of layers"で，層を成している圏を意味し，成層圏と呼ばれている．

モット・グリーン（Mott T. Greene）は，ド・ボールの成層圏の発見の波紋は，気象学をはるかに越えて，他の分野に及んだことを述べている．すなわち，有名な海洋学者のエクマン（Vagn Ekman：1874-1954）は海洋中でも同様な層がみられることを発見し，また，気象学者のモホロビック（Andrija Mohorovicic：1857-1936）は，

この発見を地震学に適用して，固体地球における不連続層である，よく知られた"モホ"層の発見に至った．さらにグリーンは，地球-大気-海洋がこのような同心円状の密度の異なる殻の構造を持っているという発見が，近代地球物理学の基礎になったと指摘していることは，興味深いことである．成層圏については改めて触れる．

1.1.3 ジェット気流の発見

中緯度の上空に恒常的に偏西風が吹いていることは，古くから知られていたに違いない．事実，われわれは巻雲などの上層雲がゆっくり東の方向に流れているのを日常的に目にすることができる．今日の天気予報の基盤となっている気象力学は，1940年代に始まる偏西風の地球規模の観測に基づいて発見された蛇行や温帯低気圧の発達に関するチャーニー（J. G. Charney：1947）の「傾圧不安定理論」[1]に始まるといっても過言ではない．偏西風帯中の強風域であるジェット気流の発見は，第二次世界大戦中の1940年代にヨーロッパおよび西太平洋方面を飛行する爆撃機が想定外の強い西風に遭遇したことによるとされている．しかしながら，世界に先駆けて中緯度の上空に強い西風が存在することを観測によって発見したのは，実は日本人の大石和三郎であることはほとんど知られていない．日本上空の風の組織的・定常的な観測は，1923年に新設された館野の高層気象台（現在の高層気象台と同じ場所である茨城県つくば市長峰）で開始された．観測結果がレポートとして公表されたのは，太平洋戦争が始まる15年も前の1926（大正15）年にさかのぼる．ただ，その発見の情報が欧米に伝わったのは戦後である．

さて，前述の成層圏の発見以来，欧米では続々と高層気象観測が開始され，日本でも高層観測の重要性が認識されはじめた．『気象百年史』[2]によれば，中央気象台（当時は文部省所属）の技師大石和三郎は，1911（明治44）年，ドイツ，フランス，英国，米国の観測施設を視察して帰国するや，早速，気球を用いて観測を行うために必要な見晴らしのよい適地を求めて関東地方を踏査し，上記の筑波山の南方約10 kmの館野の地を適地と定めた．大石は1914年に国有林約52万 m^2（16万坪）を農商務省から文部省に移管することに成功した．1919年中央気象台は高層気象台創設の任務を大石和三郎に命じ，高層気象台がほぼできあがった1920年の見学会には，約2万人が押し寄せ，「門前市をなせり」との記録がある．高層気象台では，初代の台長大石の指導のもとで，1923年に水素ガスを充塡した気球を放球し，その位置を時々刻々追跡して上空の風を観測するパイロットバルーンと呼ばれる観測を開始した．この観測では，トランシット（経緯儀）と呼ばれる一種の望遠鏡が使われ，望遠鏡の方位角と高度角が読み取れるようになっている．したがって，気球の上昇速度を仮定するかあるいは2台のトランシットを用いれば，三角関数を利用して，気球の三次元的な位置がわかり，その水平変位の時間変化から風向・風速が計算で求まる．大石は，1926年，過去2年間の年観測結果をまとめて印刷し，発表したが，そこで使われた言葉は，驚くなかれ何と「エスペラント語」であった．図1.2は，TATENO上空の

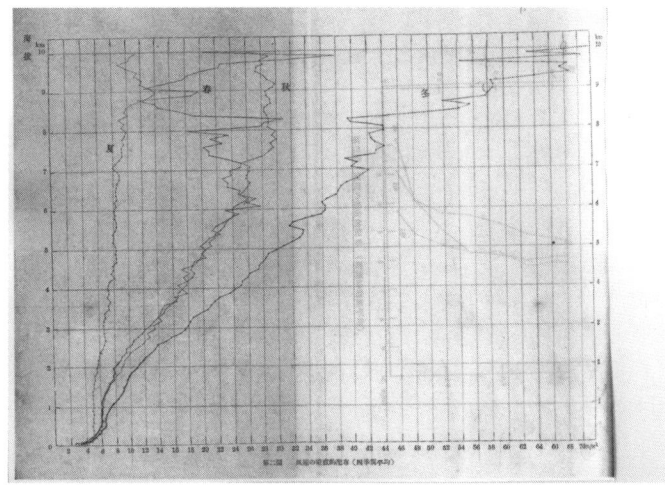

図 1.2 館野上空の風の季節変化

風の季節変化を示したものである．冬季を中心に高度 10 km 付近で，70 m を超える西風が観測されているのがわかる[3]．

この気象台の国際的な気象観測地点番号は 47662，名称は TATENO であり，設立時の地名である「館野」に由来する．現在でもラジオゾンデを用いた定常的な高層観測が行われている．

1.1.4 ロスビー波

気象関係者の間で，まずその名前を知らない人はいないといわれるほど，ロスビー (Carl-Gustaf Arvid Rossby：1897-1957) は有名なスウェーデン出身の数理物理学者および気象学者である．バイヤー (Horace R. Byers) はロスビーの伝記の中で述べている[4]．

「このスカンジナビア系の米国人は，初期はビヤークネス学派の伝道者として，後期は大気科学で等しく有名なロスビー学派の創始者として，25 年間にわたって自らが行った著しい研究を通じて，米国における気象学の思考を組織し，リードし，先兵となった．その後，彼は人生の最後の 10 年を生れ故郷のスウェーデンに戻り，世界規模で主導的な役割を果たすことに努めた」．

ロスビーの大きな業績の一つとして，ロスビーの公式がある．彼は低気圧や高気圧という東西に数千 km の広がりを持つ気象擾乱が偏西風の南北への蛇行を伴って移動しており，またその移動がこれらの擾乱の波長と偏西風の強さで決まることを見出した．すなわち，低気圧や高気圧を偏西風の中を東西に伝播する一種の波動として捉えて，その振る舞いを次式で表現した．以下のようにきわめて簡単な式で「ロスビー波

の公式」とも呼ばれる．

$$c = U - \beta \frac{L^2}{4\pi^2}$$

c は注目している波動の伝播の位相速度，U は一般流（一様な偏西風と考えてよい），β は地球自転の天頂の周りの角速度の南北方向の変化率である．

　ここで，$\beta = \partial f/\partial y$，$f = 2\omega \sin\phi$，$\omega$ は地球自転の角速度，ϕ は緯度，L は注目する波の波長である．この式は，注目する波のスケールが長いほど，それが西に伝播する速度が速いことを示している．c がゼロとなる波長の波は，自分の波が西に伝播する速度と，偏西風で東に流される速度が打ち消しあい，波は停滞することになる．このような波長の長い波動は超長波と呼ばれ，実際の高層天気図でみても動きが非常に遅くなっている．この公式は，数値予報が発達した現在でも，数値予報モデルが打ち出す天気図上の偏西風の出力の解釈などに，予報作業の現場でも生かされている．

1.2　天気予報技術の変遷

　気象庁は現在，東京都千代田区大手町，皇居の大手濠北端の地に位置している．わが国の気象業務は明治初期の 1875（明治 8）年に創立された．気象学なるものが日本に入ってきて，観測の道具が人々の目に触れたのは，1855（安政 2）年が初めてであると，後に中央気象台の初代台長に就任した荒井郁之助が「本邦測候沿革史」に記している（1888（明治 21）年）．幕府はオランダ人を招いて海軍の伝習を行っていたが，オランダ政府は蒸気船「スーヒング」号を幕府に献上し，長崎港において日本の海軍士官に航海や操船技術を教えていた．観光丸と改名されたその船の備品の中に水銀晴雨計（水銀気圧計の別称），空ごう（盒）晴雨計，寒暖計，乾湿計があり，航海日誌の中に天気，風力，気圧，寒暖，乾湿の観測値が記入されていた．荒井は，このとき初めて，気象観測の方法などに実地に接したという．しかしながら，船の主要な関心は帆の張り方や機関の運転などであり，気象については晴雨計の示度が著しく降下すれば暴風の恐れがあるとして，港に避難し，あるいは錨類を増すことに利用されていた程度である．明治維新までは，西洋建造の船には気象の効用がみられたが，気象機械の校正などは知らずに，ただそれらの示度の高低が著しいときにのみ暴風襲来の恐れありとして利用していたのである．前述のトリチェリーによる実験から，実に約 200 年後のことである．

　1875 年に至り，内務省地理寮の雇い外人であった英国人のマクビーンの発議によって，量地課に気象係がおかれ，東京赤坂区葵町 3 番地において，気象観測が着手された[注]．当初，観測は，雇い外人である英国人のジョイネル（H. B. Joyner）が担当し，その手引きを受けて，1 日 3 回の定時観測が正戸豹之助，下野信之，馬場信倫，大塚信豊らによって始められた．1877（明治 10）年にジョイネルは解雇となり，正

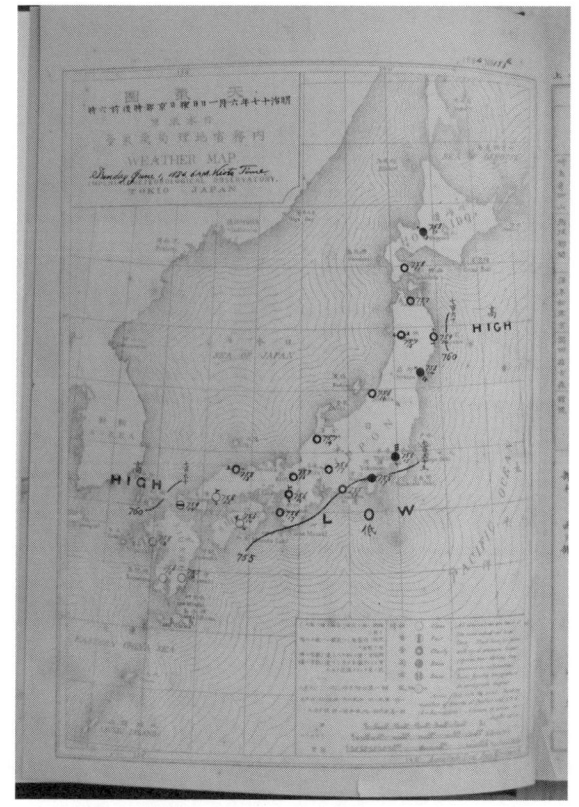

図 1.3 最初の天気図（1883（明治 16）年 6 月 1 日）

戸が主任となった．

なお，実質的な気象観測は，すでに 1872（明治 5）年に北海道の函館気候測量所で行われていたが，気象庁は 1875（明治 8）年 6 月 1 日をもって気象業務の公式の創立としている．

気象台が創立されて約 10 年後の 1884（明治 17）年 6 月 1 日より，全国を対象とした全般天気予報と呼ばれる予報業務が開始され，予報が警視庁や巡査派出所にも掲示された．1888（明治 21）年には天気予報が官報にも掲載されはじめ，毎日天気図の印刷が行われた．1890（明治 23）年には，それまで内務省地理局のもとにあった東京気象台は，独立した中央気象台としての官制が定められ，荒井郁之助が初代の中央気象台長となった．図 1.3 は，最初の天気図である．

（注） 赤坂区葵町 3 番地は，現在の虎ノ門のホテルオオクラ付近である．なお，大手町にある現在の気象庁は，2020 年頃には，創立以来 140 年の歳月を経て，奇しくも再び故郷の虎ノ門の近くに移転することになっている．

天気図の大きさや作成の基準時刻などは時代とともに変化したが，現在でも気象庁の図書室の地下には，これまでの膨大な天気図類が保管されている．

この天気図は，雇い外人のエリヴィン・クニッピング（Erwin Knipping）が作成（専門用語で天気図解析という）した天気図で，予報が天気図の横に和文と英文で記されており，彼の署名がある．天気図作成の担当者は，年を経るにつれて，クニッピングに混じって，後に最初の予報課長となる和田雄次のほか，遠藤貞雄，馬場信倫など，今日でいえば気象庁の主任予報官級の署名が現れてくる．天気図の解析方法の伝授や英文作成などは，間違いなく英語を通じてなされたであろう．また，ペンで書かれた観測値や予報文の清書は，和文はもちろんのこと，英文はペン習字の模範と見まがうほどの達筆で，しかもきちんとした文法に従って記されている．

天気予報技術の時代区分

天気予報技術のこれまでの発展を顧みると，観天望気時代，天気図時代，数値予報時代の三つに大別することができる．このような時代区分は一つの見解であり，別の見方があろう．これらの時代への遷移は時間をかけて起こり，先人の予報技術は，常にシームレスにその時代の技術の中で洗練され，いまも受け継がれている．現在の予報技術の基盤となっているのは確かに数値予報であるが，依然として各種の天気図が用いられており，観天望気も予報技術者の総合判断の中に生きている．

a. **観天望気時代**

雲や風向，波などを目視によって観察し，天気予報を行うという経験的な技術の時代であり，古来，広く行われてきた．江戸時代の記録によると，多くの港の近くに日和山（ひよりやま）があり，方角石がおかれ，雲の流れなどから日和見（師）が天候を見定めていた．観天望気の知恵は諺や天気俚諺として，日本はもちろん世界各地に伝承されている．たとえば「笠雲かかれば雨」「朝ニジは雨，夕ニジは晴れの前兆」などは，雨の前には上空が湿ってくること，天気が西から変化することを踏まえたものである．

観天望気による天気予報の時代は，1880年代初期に天気図という概念が出現するまで続く．この間，17世紀には温度計が発明され，1643年には前述のようにイタリアのトリチェリーによって水銀気圧計（バロメーター）が発明された．気圧の観測を通じて，総じて高気圧圏では晴れ，低気圧圏では風や雨が対応するという事実が明らかになり，晴雨計と呼ばれたゆえんである．これらの測器は17世紀の後半になって日本にも持ち込まれた．しかしながら，観天望気の時代は，観測が拠点的で，組織化されていないため，現象の広がりや振る舞いを統一的に把握するには無理があり，予測にはおのずと限界があった．観天望気時代の予報技術は，国家というより民間あるいは個人レベルであった．

b. **天気図時代**

種々の気象測器の開発と19世紀後半の電信，電話，モールス無線電信の発明は，

気象現象を天気図として同時的かつ広域的に捉え，それを基礎に予測を行うという新たな時代，すなわち天気図時代を到来させた．天気図の出現は，クリミア戦争が契機といわれている．1854年11月，地中海に展開していた多数の艦艇を暴風や高波で失ったフランスは，当時の気象で台風並みの低気圧が大西洋から地中海へ，さらに黒海へと侵入していたことを突き止めた．これが1863年のフランスでの天気図の作成と天気予報へとつながった．英国やオランダでも同じ頃，天気予報が開始された．米国では，スミソニアン研究所が通信会社に気象測器を供給して各地の気象を入手して，天気図をつくりはじめ，国家としては1870年代になって天気予報サービスが始まった．日本では1883（明治16）年に天気図が発行され，翌1884年に予報が始まった．国家機関による気象予報は天気図時代に始まったといえる．

　天気図時代を特徴づける予測技術の基本は，過去の何枚かの天気図と現在の天気図を見比べて，予報技術者が経験に基づいて主観的に予測を行う手法である．過去の天気図の時系列から，天気図パターンと風や天気，気温などとの関係が明らかにされ，おびただしい数の関係式や経験則が導かれた．また，天気図という図の利用以外に，ある地域と他の場所との時間的あるいは空間的な相関関係が統計的に求められ，経験則にされた．天気図は熟練の当番予報者による手仕事で描画され，署名も入れられた．等圧線をきれいに仕上げるには知識以外に芸術的センスも必要であった．気象庁の図書館には，いまでも何千枚という天気図が冊子やフィルムなどで保存されている．

　天気図時代の初期に位置する明治・大正時代は，気象観測は一部の山岳を除いて，地上および海上という地上観測であり，上空の状態を知ることができなかった．また，海外の観測点は，樺太，朝鮮半島，中国本土と沿岸の一部，マニラなどに展開されていたが，非常にまばらであった．観測結果は，30文字程度の数字でコード化（暗号化）され，国内は電話や電報で，海外からは無線電信などで収集され，天気図が描かれ，予報が行われた．まさに地上天気図時代といえる．当時の予報技術者は，それこそ経験と洞察力で予報に挑んだ．日露戦争中の1905（明治38）年5月，東京帝国大学を卒業して中央気象台に入ってわずか6年の弱冠32歳の予報課長岡田武松が，対馬海峡付近の予報を「天気晴朗ナルモ波高カルヘシ」と漢文調で書き上げたのは，まさしく地上天気図時代の象徴である．

　時代は下って，第二次世界大戦中の1940年代にラジオゾンデと呼ばれる水素ガスを充填した気球を無線で追跡して，上空の風，気圧，温度，湿度を観測する測器が開発された．これによって地上天気図に加えて高層天気図が得られるようになった．1950年代には気象レーダーが開発され，降水の観測や台風の監視が可能となった．アメダスと呼ばれるロボットによる気象観測網が一般公衆電話回線の一度数分の料金を利用して整備されたのは1975（昭和50）年である．このような観測手段および気象学の発展，コンピュータの出現による大量のデータ処理などによって，天気予報に影響する偏西風の蛇行の様子や低気圧の発達過程などが次々に明らかにされた．それ

に伴って，予報則もますます多様化，精緻化が図られた．予報技術者は，莫大な気象データや天気図の山から，できるだけ客観的な予報則を見出そうと奮闘した．ちなみに，その時代の台風の進路予報に関する指針をみると，50を超えるような種々の予測法が記載されている．熟練の予報官は，種々の天気図を睨んで，自分流の虎の巻をもとに予報を行った．予報の名人が綺羅星のごとく活躍した時代である．名人でも虎の巻は他にはみせなかったという逸話があるくらいである．

しかしながら，予報はあくまでも当番者の主観と判断に委ねられていた．天気図時代は，現象をいかに客観的に理解し，また予報則や経験などをいかに客観化するかが大きな命題であった．そのような天気図時代にあって，1970年代になると，予報官と競争しながら開発が続けられてきた数値予報による予測が，経験的な予報技術を凌駕しはじめた．それまでの人手による実況天気図や予想天気図，経験則は，次第に数値予報に基づく資料に席を譲り，気象予報技術は新しい時代へと遷移した．1977年には気象衛星「ひまわり」が打ち上げられた．

c. 数値予報時代

数値予報は，気象予報を大気の運動を支配する物理法則に則って，数値的に予報（予測）する技術である．具体的には，コンピュータの中に仮想的な大気のモデルをつくって，モデルに初期条件を与え，一定のアルゴリズムに従って大気の運動を予測する一種のシミュレーション技術である．このシミュレーションは気象の世界では「数値予報モデル」，あるいは単に「モデル」と呼ばれ，モデルの仕様は予報対象や予測域，バージョンによって異なる．たとえば，地球全体を予測域とするモデルは「全球モデル」と呼ばれ，その予測結果は1～2日先までの短期予報や週間天気予報，さらに1か月予報などに利用される．1か月予報や台風の進路予測などは，不確実性を考慮した後述する「アンサンブル予報モデル」が用いられる．

数値予報時代は，数値予報モデルで得られる種々の情報に基づいて気象予報を行う時代である．現在はその最中にあり，発展の途上にある．前述の天気図時代と異なって，すべての実況天気図や予想天気図，予測資料は客観的な手法でコンピュータによって自動的に処理・作成される．予報技術者は，それらの資料を解釈し，評価し，具体的な天気予報に翻訳する役割を持つ．

なお，天気図は，21世紀の今日でも日本のみならず，世界的にも常用されているが，それは天気図が大気の実況や予測を視覚的に表現しており，またそれらを理解する有力なツールとして意味を持つからである．今日の天気図は，数値予報モデルの多様な出力（プロダクト）の一部として用いられている．

こうした数値予報技術については，改めて第7章で触れるが，その必須のツールである電子計算機がわが国に導入されたのは半世紀前である．1959（昭和34）年1月14日，日本で最初の「大型電子計算機」IBM 704は横浜港に陸揚げされ，大型のコンテナートレーラで，竹平町の予報部（現在の気象庁の向かい側の一角）に搬入された．図1.4はIBM 704の気象庁への搬入に向かうトレーラを示す．コンテナーの横

図 1.4 IBM 704 の気象庁への搬入に向かうコンテナートレーラ（日本 IBM 提供）

っ腹一面に張られた特大の白布には，「祝」「みんなの天気予報をより正確にする…」「気象庁様納入 IBM-704」「東洋で最初の超大型電子計算機」「日本 IBM」などの文字が踊っている．写真をよくみると，「より正確にする」の「より」の文字の上に傍点が付されて，正確さが強調されている．

そして，1959 年 3 月 12 日に火入れ式が挙行され，日本 IBM の水品浩社長から，記念の鍵が和達清夫気象庁長官に贈呈された．白いリボンで結ばれた 20 cm ばかりのその金色の鍵は，いまも気象庁の歴代の数値予報課長に引き継がれている．当時の新聞にも初めて「数値予報」という新しい用語が登場した．704 の記憶容量は約 8000 語で，演算速度は毎秒 1 万回程度であった．米国気象局に遅れることわずか 4 年にして，年間レンタル料が約 1.5 億円もする世界最先端の電子計算機が輸入されたことは，当時の社会環境を考えると驚愕に値する．その背景には，財政当局の英断と数値予報を実現しうる技術基盤がすでに存在していたことがある．東京大学，気象研究所，気象庁の研究者たちが，米国で行われた 1950 年秋に米国の北東部を襲った低気圧に対する数値予報の成功に触発されて数値予報を研究し，その導入を図るべく「NP グループ」と呼ばれる組織を立ち上げたことは，特筆に価する．新進の研究者が太平洋を貨物船でわたり，数値予報の発祥地であった米国のプリンストン高等研究所に留学して情報の収集に当たるなど，グループは日夜，技術の習得に励んだ．NP グループの活躍は，今日の数値予報時代の到来に決定的な役割を果たしたとして，記憶されるべきである[5]．

2

天気予報のための気象観測

2.1 気象観測の体系

　気象は日々異なった顔を持って現れる．風や雨，低温や高温，高気圧や低気圧，前線，台風などもすべてこの気象に含まれる．「気象」とは，一般に大気中の諸現象を意味するが「気象現象」と呼ばれる場合もある．こうした現象の振る舞いは複雑であるが，気象学力学に従えば，それらの態様は時刻および空間を指定して，「気象要素」を用いて記述することが原理的に可能である．すなわち，「気圧」「気温」「風向風速」「湿度」などの必要十分な気象要素を観測することができれば，ある時刻・場所での気象（状態）を特定できる．したがって，これをもとに必要に応じて時間的・空間平均である天候や気候値，さらに30年間の平均値である平年値なども求めることができる．

　観測の実務面でみれば，本章および第8章で触れるように，気象庁は法律や規則などに基づいて種々の気象を観測し，多岐にわたる天気予報や情報に利用するとともに，それらを記録・保存することにより，一般の利用のほか研究・教育分野の利用にも供している．また，気象庁以外でも他の省庁や自治体などで気象観測が行われている．

　さて，観測という言葉は一般でも用いられるが，気象業務法では「観測」とは「自然科学的方法による現象の観察及び測定をいう」と定義されている．観察は目視による晴雨などの天気，雲の種類や高さ，雷，見通し距離である視程の観測などが該当する．測定の例は気圧や温度計，風向・風速計など機械によるものである．大気ははるか宇宙までつながっているが，天気予報に実質的に影響を及ぼすのは地表から約50 km 程度の広がりである．したがって，対象とする気象要素あるいは現象によって，おのずと観測の種目や手段（観測測器），データの伝送や処理方法が異なる．

　図2.1は，気象庁が運用している種々の気象測器を観測高度と水平分解能（対数目盛り）を座標軸に示したものである．この図において水平分解能で留意すべきことは，後述するように，地上気象観測網は全国約60か所の地方気象台などで平均すると配置間隔は数十km程度，また地域気象観測網（アメダス）は約20km程度であることを考慮したものである．一方，気象レーダーの場合は，約20か所に展開されているが，単一のレーダーの持つ水平分解能が数百mであること，また気象衛星は

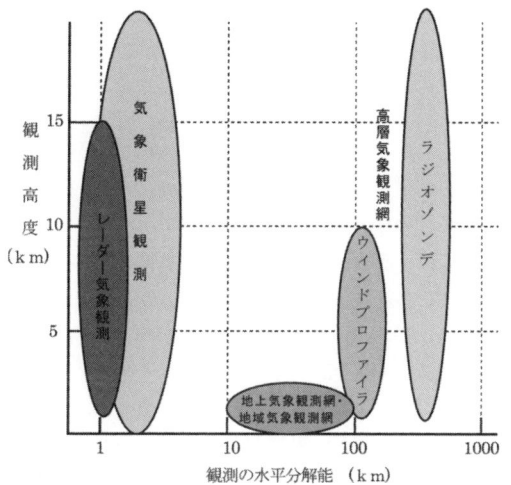

図 2.1 気象測器の観測高度と観測の水平分解能(気象庁資料)

数 km であることを示している．種々の数値予報モデルの運用に必要な初期値(初期条件)は，この図にまとめられた観測資源を総合的に利用している．

気象庁における観測は，いわゆる天気予報を行うために必要な観測を軸に行われているが，海洋や地震など地球科学的な観測も行っている．これらの莫大な観測データは，気象庁部内で天気予測に利用されるほか，他の分野の観測データとともに，広く部外にも提供されている．本章では，天気予報への利用を念頭において，気象庁を中心に行われている観測について述べる．

2.1.1 気象観測の種類

気象庁の観測は，天気予報への利用を主目的とした観測と，気象現象を記録としてとどめておくことを目的とした観測の2種類に大別される．前者は，即時的データあるいはリアルタイムデータとも呼ばれ，日々の予報作業や種々の予測モデルの初期条件(初期値)として用いるため，常に最新の観測データ(実況値)が必要である．これらのデータは観測現場から「通報」という形で予報中枢にもたらされる．リアルタイムデータは，その性質上，時間経過とともにおのずと過去データに移行する．後者は，非即時データ，あるいはノンリアルタイムデータと呼ばれる観測であり，使用済みのリアルタイムデータのほか，最高気温や最大風速，日射量などで構成される．非即時データは気候などの解析のほか，道路の設定や建物の設計など広範な分野に応用されている．

気象庁の行う気象観測の種類および方法は気象業務法第4条(気象庁の行う観測の方法)を受けて，同法施行規則(運輸省令第101号)で規定されている．その種類

は，地上気象観測，高層気象観測，オゾン観測，海洋観測，火山観測，レーダー気象観測，生物季節観測など合計12である．また，気象庁以外の者による観測は都道府県や自治体によるものなどがあるが，それらは同法第6条およびそれを受けた同施行規則で規定されている．

これら観測のほとんどは，一部を除いて国際的な技術規則に準拠して実施されており，国際的なデータ交換が行われている．また，観測結果は原官署に保存されており誰でも閲覧できる．ほとんどの官署では約100年規模の観測データを持っていることから，地球温暖化やヒートアイランドの解明などの貴重なデータ資源となっている．

気象観測の手法は，測器を必要な場所に設置して直接的に観測を行う場合と，観測対象と離れた遠隔の場所から間接的に行う場合の2種類に分かれる．前者は地上（露場と呼ばれる）に温度計や風速計を設置し，室内に気圧計などの測器を設置して行う観測で，「地上気象観測」のほか，「アメダス」と愛称される「地域気象観測」などがある．船舶やブイを利用した「海上気象観測」も同様に直接観測である．後者の間接的な観測は遠隔観測（リモートセンシング）と呼ばれ，気象レーダーや人工衛星などの手段である．両者の観測とも，近年，電子技術および通信技術の進歩により，後述のように，コンピュータ化や精緻化が非常に進んでおり，ほとんどが自動化されている．

2.1.2 気象観測の技術基準

実際に個々の気象官署で行われている観測の細目は，気象官署観測業務規程（気象庁訓令）に定められている．また，観測に使用する気象測器は，気象測器検定規則（運輸省令）などの検定あるいは部内検査規則（気象庁通達）による検査に合格したものでなければならないと規定されている．ここで気象官署というのは古めかしい言葉であるが，人が常駐して観測や予報・解説などを行っている気象台や測候所のことである．なお，八丈島や潮岬測候所など全国約100か所の測候所は，これまでの有人による役割を終え，帯広および名瀬測候所以外は2010年10月までに無人で自動的に観測および通報を行う後述の「特別地域気象観測所」に移行した．

2.1.3 気象庁以外の気象観測

気象観測は，気象庁以外に他の省庁や県，市町村，企業などで行われている．その一部は，天気予報を行うためにも有用であることから，気象庁も提供を受けている．気象業務法では，「気象庁以外の政府機関又は地方公共団体が気象の観測を行う場合には，国土交通省令で定める技術上の基準に従つてこれをしなければならない」との定めがあるが，研究および教育目的の場合は自由となっている．また，個人や企業などでも，観測成果を世間に対して公表する場合あるいは災害の防止に利用するためには，やはり，上記の技術基準に従うべきとされている．このことは誤った観測の流布による社会活動の混乱を避けるためである．また，上記の技術上の基準に従って，観

測施設を設置した者は，気象庁に届出の義務が課せられている．このほかに，法律のうえでは，「気象庁長官は，気象に関する観測網を確立するため必要があると認めるときは，規定に基づいて届出をした者に対し，気象の観測の成果を報告することを求めることができる」とされているが，いまだこれに基づく報告の要請はなされていない．

最後に，あまり知られていないことであるが，一定規模以上の船舶に対しては，法律は技術基準を満たした気象測器の設置と観測成果の気象庁への報告義務を定めている．実際，洋上での気象観測結果は「船舶気象通報」として実施されており，洋上の空白域を埋める重要な役割を果たしている．日々の天気予報にとって，なくてはならないデータ資源である．特に，台風が洋上にある場合は，重要な観測データとなっている．このほか航空機に対しても，同様の観測および通報義務を課している．他方，気象庁には，こうした船舶や航空機の航行を支援すべく，種々の気象予報などの提供が義務づけられている．ちなみに，飛行機で旅行する際に，機長による飛行高度や速度，目的地の気象などのアナウンスを耳にするが，これは自機の観測や気象庁などのデータに基づいている．あらためて第8章で触れる．

2.2 気象観測データの通報

2.2.1 SYNOP（地上実況気象通報式）など

通報されるべき観測データは，国内的な通報のほか，WMO（世界気象機関）技術規則に則って国際的な通報が行われており，各国の気象主務機関が天気予報などに用いている．

気象通報は一定の書式（フォーマット）が決められており，国際的なものと国内的なものをそれぞれ「国際気象通報式」「国内気象通報式」と呼んでいる．国際的に通報されている気象要素などは「FM12 地上実況気象通報式（SYNOP）」「FM13 海上実況気象通報式（SHIP）」「FM15 定時航空実況気象通報式（METAR）」「FM35 地上高層実況気象通報式（TEMP）」「FM41 機上実況気象通報式（CODAR）」「FM20 レーダー気象実況通報式（RATOB）」など約50の形式が定められている．ちなみに，原子力施設事故などに伴う緊急を要する「FM22 放射能資料通報式（RADREP）」もある．これらの通報式の対象はほとんどが実況データであるが，「FM71 地上月気候値気象通報式（CLIMAT）」などの非即時的なデータも通報されている．

SYNOP は通報式番号が FM12 で通報される通報式コードネーム（code name）であり，日本語名称が「地上実況気象通報式」である．SYNOP は WMO 技術規則に基づいて通報される気象実況などの一部であり，船舶が行う SHIP と並んで国際的にも最も重要な気象通報である．通報形式は通報すべき要素，その配列順序などがきちんと決められており，符号および識別語・識別数字からなる多数の群で構成されてい

16   2. 天気予報のための気象観測

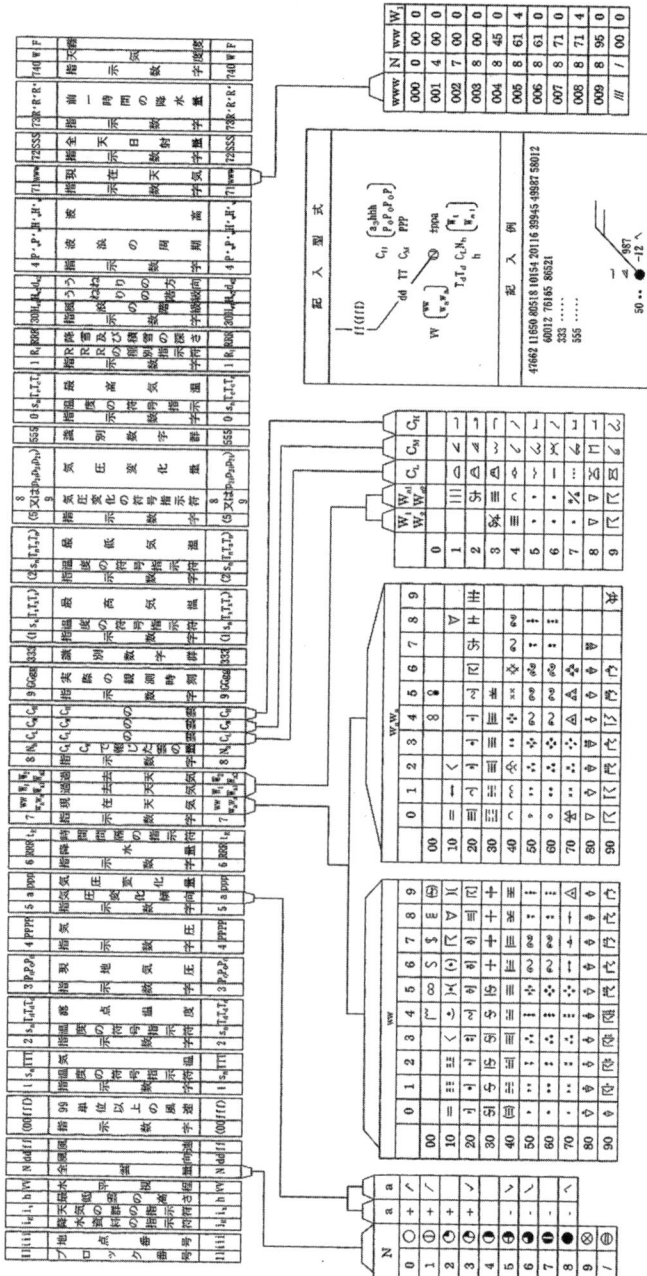

図 2.2 地上気象実況報のコード,内容,記入方法（気象庁史料）

る．各通報式には，観測地点（国際地点番号），観測日時，緯度・経度などに引き続き，各気象要素の値が5個の数字群で記述されている，一種の暗号電文である．図2.2にその一部を示す．これらの数字の組合せにより，雲量や風向・風速，天気，気温，気圧などの実況のほか，前1時間降水量，観測時刻以前に観測された最高気温や最低気温，合計降水量，降雪量などが表現される．受信した関係国では，この電文を解読（デコード）して天気図などを作成する．地上気象実況通報式を図2.2に示す．

　この図の最後に観測結果の記入型式と記入例が示されている．記入例の数字群を再掲すると，47662, 11650, 80518, 10154, 20116, 39945, 49987, 58012, 60012, 76165, 86521, 333…, 555…, となっている．これを通報式に沿って解読すると，ブロック番号47，地点番号662，最低雲の高さ6，水平視程50 km，全雲量8，北東風18ノット，気温15.4℃，露点温度11.6℃，降水量1ミリ，現在天気雨，現地気圧994.5 hPa，気圧998.7 hPa，気圧変化傾向8，変化量1.2 hPa，現在天気61，過去天気65，CL, CMで報じた雲の量6，CLの雲の量5，CMの雲の量2，CHの雲の量1となる．333…以下は，最高温度や波浪に関するもので省略する．

　各国では，国際気象回線などを通じてこのようなSYNOPのほかSHIPを受信し，解読（デコード）し，地上天気図を作成している．

　図2.3は，気象庁が発行しているASASと呼ばれる「アジア地上解析天気図」の

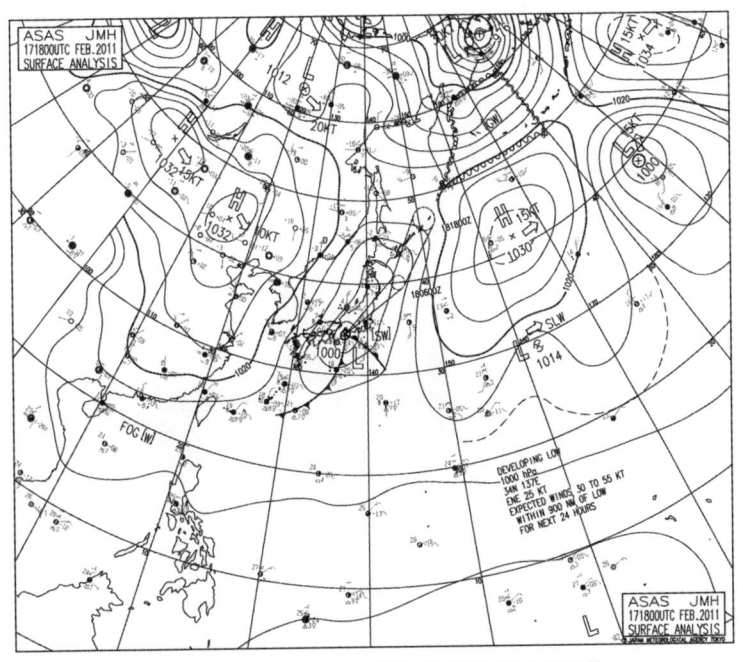

図2.3　ASAS：アジア地上解析天気図例（気象庁資料）

18　　2. 天気予報のための気象観測

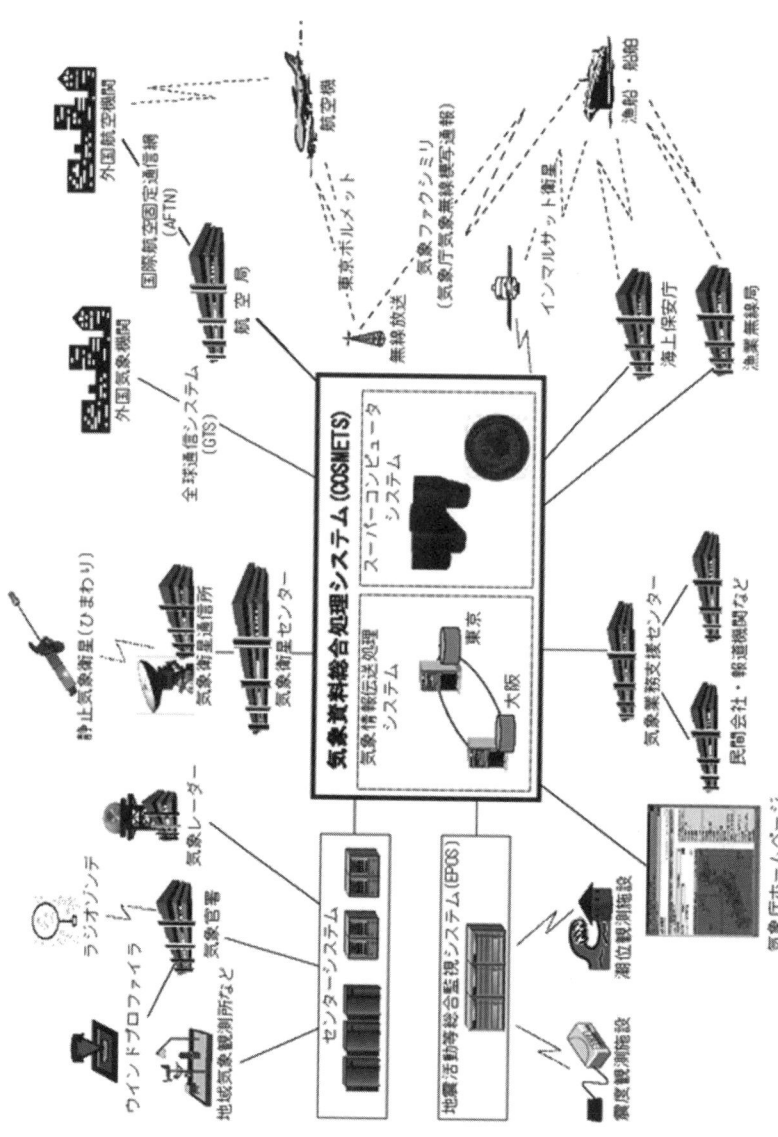

図2.4　気象庁の情報通信システムの概要（気象庁資料）

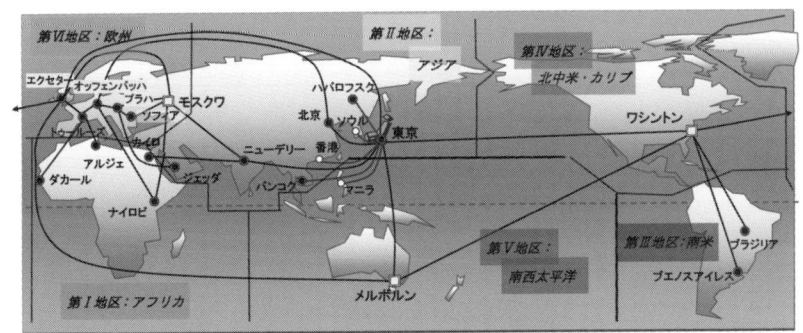

図 2.5 GTS の概観図（気象庁資料）

一例である．ASAS は 6 時間おきに発行され，予報技術者がコンピュータと対話しながら作図している．

一方，地上気象観測には，通報を目的とした観測以外に，気候観測という種別がある．気候観測の観測項目は，通報観測に比べて広範囲であり，気圧，気温，風など基本要素の毎時値のほか，蒸発量や日射量など，さらに日最大風速や最大瞬間風速などの極値を含んでいる．観測成果は観測日原簿として毎時の値や最高気温などの極値が原官署に保存されている．こうした観測データは気候の監視，建物・橋梁などの設計，農業など広範囲に利用されている．気象庁で閲覧でき，データの取得は「気象業務支援センター」や民間気象事業者を通じて可能である．ほとんどの官署では約 100 年規模の観測データを有しており，地球温暖化やヒートアイランドの解明など貴重なデータともなっている．

2.2.2 国内・国際気象通信網

天気予報に必要な気象観測データは，国内外の関係者に迅速に伝送される必要があり，気象庁は東京都清瀬市に「気象資料総合処理システム（COSMETS）」を設置し，365 日 24 時間体制ですべての気象データの収集・編集・中継処理を行うとともに，同時に国際機関とのデータ交換を行っている．また，政府機関に必要なデータが伝達されている．これらの観測データは，後述の天気予報作業や種々の数値予報モデルの初期条件を作成するために必須の資源であり，いったん，回線やシステムに不具合が生じれば，気象サービスはたちまち大混乱に陥る．ちなみに，地震や津波に関する情報もこのシステムを経由して伝送されている．図 2.4 に「気象資料総合処理システム（COSMETS）」の概要を示す．

国際的な気象データの交換は，国際気象回線と呼ばれる専用回線を通じて行われており，一部，インターネットも利用されている．気象通信は WMO の統一のもとで国際通信網（global telecommunication system：GTS）と呼ばれる仕組みを通じて行われている．図 2.5 は GTS の概観図であり，ワシントンとモスクワ，メルボルンを

核として，日本はアジア地域における中心的な役割を果たしていることがわかる．

2.3 地上気象観測

地上気象観測は，最も基本的な観測であり，地上における気圧，気温，湿度，風，降水，雲，天気，気象現象，日射などの観測と定義されている．さらに，地上気象観測は，前述のように通報観測と気候観測とに分けられる．通報観測は天気予報や警報を行うこと，また気候観測は気候調査を主目的としている．

地上気象観測を観測網としてみると，次の三つの網から成り立っている．すなわち，有人である地方気象台などの気象官署，無人である特別地域気象観測所，同じく無人のアメダス（正式名は地域気象観測所）である．図2.6は，アメダスを除く全国的な気象観測網を示す．なお，以下に順次述べるように，それぞれ観測項目や通報回数などが異なっていることに留意する必要がある．

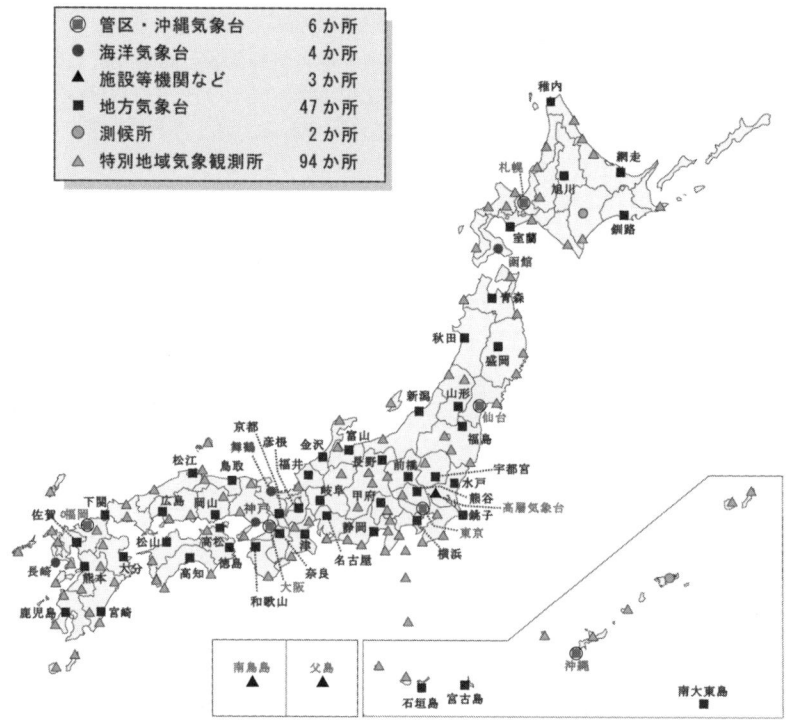

図2.6 地上気象観測網（2012年4月1日現在，気象庁資料）

2.3 地上気象観測

2.3.1 気象官署

ここで述べる気象官署はほとんどすべてが地方気象台を意味し，気象台には台長以下 20～30 人程度の職員が勤務している．そこでの地上気象観測は，「地上気象観測装置」と呼ばれる総合的な気象測器と目視によって行われている．この装置で気温，気圧，風，湿度，降水量，日照時間などを自動的に観測しており，他方，雲（種類，量，高さ），視程，天気現象などの項目は目視によっている．前述の通報電文はこの装置により自動的につくられる通報電文案に目視要素を観測員が入力し，発信される．地上気象観測装置は装置の整備・更新年次（西暦）により，80 型，95 型などと呼ばれている．現在，自動的に雨雪の判別のほか，天気も観測できる新しいタイプの 10 型（2010 年型）への更新が進められている．気象官署による観測は約 60 か所である（図 2.6 参照）．図 2.7 は地上気象観測装置の全体像を示す．

このほか，各空港に設置されている気象官署にも同様の装置が整備されている．風のデータで注意すべきことは，気象庁が風向・風速というときの風速は地上高 10 m で測定した 10 分間平均，風向はその瞬間を意味する．しかしながら，台風の接近時などに発表される瞬間風速は，風速を 0.25 秒間隔で 3 秒間（計 12 個）サンプリングして，それを平均したものである．瞬間風速は一般に平均風速の 1.5 倍程度大きい．さらに，航空機の離・発着に利用される滑走路付近の風速は，国際基準に基づいて 2 分間の平均である．なお，米国のハリケーンに対して報じられる最大風速は，サステインドウィンド（sustained wind）と呼ばれ，1 分間平均であり，日本の台風の場合と異なる．

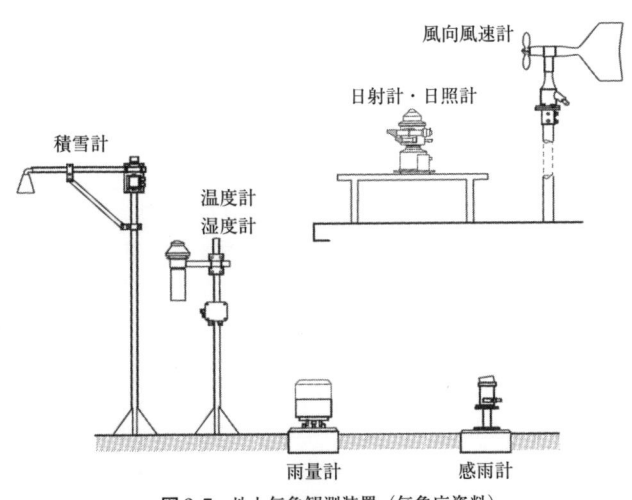

図 2.7　地上気象観測装置（気象庁資料）

(1) 地上気象観測項目，方法など

地上気象観測とは，前記の観測業務規程で定められており，気象要素および気象現象ならびに日射についての観測であると定義されている．

なお，通報観測と気候観測では観測種目や観測時刻が異なっているが，重複する種目については観測測器や方法は同一であるから問題はない．

(2) 通報回数，観測時刻

通報観測とは電報をもって通報するために行う観測で，定時通報観測，臨時通報観測，自動通報観測の三つと定められている．臨時通報観測は台風などを対象としたものであり，自動通報観測は「地域特別気象観測所」およびアメダスによる．なお，より正確には，気象官署に設置されている「地上気象観測装置」による観測値はアメダスへも自動的に供給されている．

定時通報観測の種別および観測時刻（日本標準時）は次のように定められている．

7回観測	3, 6, 9, 12, 15, 18, 21（3時間間隔の観測）
4回観測	3, 9, 15, 21（6時間間隔の観測）
3回観測	9, 15, 21（午前3時を除く6時間間隔の観測）

7回観測の官署は，国際的および国内的にも重要な観測拠点である．4回観測の官署はそれに準ずる．

各気象官署における観測回数，観測時刻，通報回数は，WMO技術規則の要請および国内的な必要性を踏まえて定められており，合計約60か所で実施されている．具体的には，稚内などの地方気象台を中心とした40官署が7回観測，山形などの14官署が4回観測，福井などの7官署が3回観測を行っている（図2.6参照）．

次に気候観測は，都道府県には最低1か所以上の官署が配置されており，すべての地方気象台および測候所の合計65か所で実施されている．観測種目，回数などの細目は観測業務規程に掲げられている．

なお，両者の観測は通報回数が異なるだけで，観測機器や内容，品質に差はない．通報観測結果の大部分が，そのまま気候観測データの資源となるので，気象官署は，予報業務以外に通報観測と気候観測の両方の役割を負っていることになる．

地上気象観測を行う場所を図2.8に示したように「露場」と呼び，気温，湿度，雨量などを観測する「地上気象観測装置」が設置されている．風は地上10mが基準で測風塔に設置されるが，都市部の官署では20mを超える場所もあり，あくまでも測器の設置場所の値である．

ここで，気温，降水の観測について具体的にみてみよう．まず気温は，毎時に，電気式温度計または携帯用通風乾湿計を用いて，摂氏（℃）で0.1度の位数で観測される．また，最高・最低気温については，それぞれの起こった時刻（起時）と値が電気式温度計で，摂氏（℃）で0.1度の位数で観測される．次に降水についてみる．降水量は気温や気圧などと違って，ある時間内の降水の積算値であり，1時間降水量，日

2.3 地上気象観測

図 2.8 水戸地方気象台の観測露場

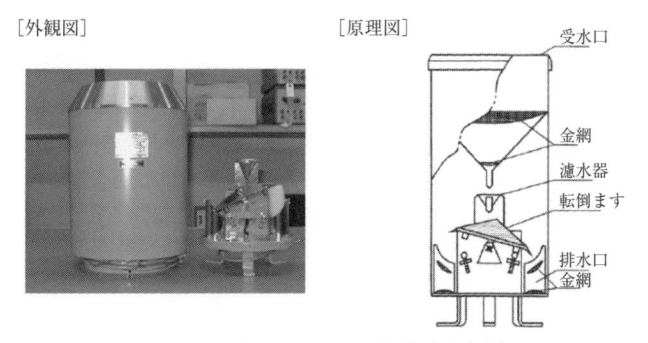

[外観図]　　　　　[原理図]

図 2.9 転倒マス型雨量計（気象庁資料）

最大1時間降水量などがある．いずれもミリメートル（mm）単位で 0.5 mm が最少位数である．この位数は雨量計の構造に起因している．降水量は，図 2.9 に示すような直径 20 cm の断面積を持つ円筒内の底部に「しし脅し」とまったく同じ原理の転倒マスを持つ測器（転倒マス型雨量計）で測定される．マスの容量がちょうど 0.5 mm 分の降水量と等しくなっており，それに達するとマスが転倒し 0.5 mm とカウントされる．したがって，実際には 0.1 mm や 0.4 mm の降水があってもまだマスが転倒しないので降水はないことになる．

ちなみに日降水量や日最高気温などの「日」の区切りを「日界」と呼び，すべて日本標準時の 0 時から 24 時制を採用している．なお，例外として，降雪の深さの日合計および日最深積雪は 9 時，21 時または 24 時である．

2.3.2 特別地域気象観測所

気象庁の近年のトピックスは「特別地域気象観測所」の運用開始である．気象観測のうち，気温，降水量，風向・風速などの観測については，自動化の技術が確立し，これにより気象の監視能力が全国的に向上したため，気象庁は1996年から測候所の無人化を開始し，特別地域気象観測所への移行を進めた．ここでは有人の測候所時代と同様の自動気象観測を行うとともに，それまで観測者が行っていた「現在天気」の観測も，視程，降水，気温，湿度の種類の組合せによって，自動化が計られている．従来の測候所は，帯広，名瀬を除いて，すべて特別地域気象観測所に移行された．したがって，根室や潮岬などの観測ポイントにおける「現在天気」は有人の気象観測所のデータとは異なることに留意すべきである．なお，これまで測候所が行っていた気象情報の提供や解説などの業務は，現在，最寄りの気象台が引き継いでいる．ちなみに，米国での地上気象観測通報は，視程計のほか，シーロメーター（雲底高度計）などを用いた「自動地上気象観測システム（ASOS）」で，自動観測を行っている．

2.3.3 アメダス

「雨」と関西弁的な「雨だす」の語感が相まって，アメダスは本来の雨（降水量）を観測するシステムの愛称として親しまれている．世の中にこれにあやかったシステム名は数多いが，やはり最も有名な4文字カタカナの一つではないだろうか．アメダスは，もともと農業を主対象とした気温や降水量などの観測を人手をかけてこつこつと行っていたのを，ハイテク化したものである．きっかけは昭和40年代の後半に従来の公衆電話回線を利用したデータ通信が初めて可能になった環境で始まり，全自動による観測および通報が行われ，1回分の観測データすべての送信費用が1度分の通話料金で済むのがミソであった．

ここでアメダスの歴史に簡単に触れておこう．気象庁は，気象台・測候所の観測網よりもさらに細かい地上気象観測網として，1970年代初頭まで区内観測所といわれていた甲種気象観測所（明治時代〜）や水理水害対策気象業務としての乙種観測所（1953年〜）を部外に委託して運営してきた．さらに気象庁が運営する無人の農業気象観測所（1959年〜）を含めるとその総計は約1800地点に達していた．しかしながら，これらはすべてオフラインの観測網であった．一方，気象庁の82地点の有人の気象通報所（1953年頃〜）と山間地に設置した200地点を超す無線ロボット雨量計（1954年〜）がリアルタイムでデータを送信していた．

1974年にこれらの観測所を整理し，さらに新たな地点も選定し，データを電話回線または無線回線で本庁までリアルタイムに収集するという革新的な地上気象観測網「地域気象観測網（アメダス，AMeDAS）」の展開が始まり，1979年に全国1316地点の観測網が完成した．地形などの都合でばらつきはあるものの，アメダスは平均すると降水量観測に関しては全国17 km間隔，4要素（降水量・風向風速・気温・日照時間）に関しては21 km間隔の高密度なリアルタイム観測システムとして，世界的

な名声を博した.現在,気象官署も含め降水量の観測地点は全国に約1300地点であり,このうちの約850では4要素を,また雪の多い地方を中心に約300地点では積雪深計を設置して積雪の深さを観測している.2005年からは航空気象官署のデータもアメダスに組み込まれている.現在や過去のアメダスの観測値は気象庁のホームページで手軽にみることができる.

いまでは観測データを一般電話回線によって送ることは日常的なことであるが,当時としては全国的にも先駆的なデータ収集システムであった.現在のアメダスは,気象官署とアメダス観測所から観測値をリアルタイムで気象庁本庁に集め,一括処理しており,瞬間風速,最高・最低気温のほか,気象官署の気圧・湿度の値も10分ごとに収集している.図2.10にアメダス観測所(福井県越廼観測所)を示す.

ここでアメダスと前述の地上気象観測の相違点をあげておこう.
(1) どちらも気象庁の観測であるが,アメダスのデータは国内通報のみである.
(2) アメダスの観測所は無人であり,自動観測・通報である.
(3) アメダスは観測要素が非常に限定されている.
(4) アメダスで観測・通報されるデータは毎正時から10分ごとである.したがって,アメダスによる最高・最低気温は,あくまでこの10分刻みでみたものであり,先の地上気象観測での値とは異なる.一方,気候観測および通報観測では分単位で極値が得られる.
(5) アメダスは有人の地上観測に比べて,観測所の数がきわめて多い.降水量は約1300か所,風や気温などは約800か所である.
(6) アメダスの歴史はやっと30年を超え,平年値(30年)が求められる状態になった.

ところで,アメダスの英名はAMeDASであり,Automated Meteorological Data Acquisition Systemの略である.アメダスは,気象庁部内では地域気象観測業務と呼ばれ,その内容は地域気象観測業務規則(気象庁訓令)で以下のように規定されてい

図2.10 アメダス観測所(福井県越廼観測所,気象庁資料)

観測種目	気温，風向・風速，降水量，日照時間，積雪の深さ
気象測器	有線ロボット気象計，有線ロボット雨量計・積雪深計，無線ロボット雨量計，地上気象観測装置または航空用地上気象観測装置
観測時刻	0時から10分ごと

　アメダスが4要素観測と呼ばれており，また日照時間があるのに気圧や湿度がないのは，上記のように農業目的に端を発していることや無人・自動観測技術のせいである．アメダスを運用するためアメダスセンターが気象庁にあり，毎正時になると各観測ポイント側から自動的にセンターに電話をかけ，自動観測値の結果を通報する．逆にアメダスセンターから任意の観測ポイントのデータを照会することもできる．アメダスの過去データは，地域気象観測毎時降水量日表，同風向風速日表，同降水量月表などの原簿に記録されている．

2.4 高層観測

　高層気象観測のデータは，日々の予報作業はもちろん，数値予報の初期条件，航空機の運航などに不可欠な資料である．日本の高層気象観測は，ラジオゾンデとウィンドプロファイラの二つから成り立っている．このほかに航空機による観測があるが，別項で触れる．まず図2.11に日本の高層気象観測網の全体像を示し，ついで各論に入る．

ラジオゾンデ

　ラジオゾンデ（radiosonde）は，一つあるいは数種の気象要素（気圧，気温，湿度など）を測定する感部（センサ）を備え，気球によって大気中を上昇し，測定値を観測所へ送るための無線送信器を備えた気象測定器である．一般的には，電波（radio）を利用して大気を探査する（sonde）測定器の総称であり，以下の種類がある．
　(1) ラジオゾンデ観測（radiosonde observation）
　ラジオゾンデにより上層大気の気象要素，一般に気圧・温度・湿度を測定する観測．ラジオゾンデには気球に取り付けて上昇させるもの，あるいは，パラシュートをつけて航空機やロケットから落とされるもの（ドロップゾンデ）がある．
　(2) レーウィン観測（radiowind observation）
　電波を発射する機器を取り付けた気球を地上で追跡し，高層風を測定する観測．
　(3) レーウィンゾンデ観測（rawinsonde observation）
　ラジオゾンデ観測とレーウィン観測を同時に行う観測．

図 2.11　高層気象観測網の全体像（気象庁資料）

(4) GPS ゾンデ観測（GPS radiosonde observation）
ラジオゾンデ観測とともに全球システム（global positioning system：GPS）を用いて高度や高層風の測定を行う観測．

レーウィンゾンデ観測と GPS ゾンデ観測は，総観規模以上のスケールの気象場を捉える役割を担うことから，世界中同時刻（世界標準時の 0 時と 12 時：日本時間の 9 時と 21 時）に実施し，実際に気球を地上から飛揚する時刻は，その時刻の 30 分前とするよう定められている．ラジオゾンデによる高層気象観測は世界のおよそ 900 か所で実施している．なお，そのうち約 160 地点は全球的な気候監視・研究を目的とした高層気象観測網 global climate observing system（GCOS），baseline upper-air network（GUAN）を構成し，継続的に安定した観測の実施を目指している．

a. 観測方法
1) **ラジオゾンデの飛揚形態**　　水素ガスまたはヘリウムガスを充塡したゴム気球にラジオゾンデを吊り下げ，上空に飛揚する．気球は充塡したガスと大気の密度の差に基づく浮力により上昇しながら，その場の風に流される．このときの気球の運動速度は，鉛直方向にはほぼ一定であり，水平方向には風の速度と一致する．上空ほど気圧が低くなるので気球は上昇するにつれて膨張する．気球の平均的な上昇速度が 6 m/s 程度になるように，ガスの充塡量を決定している．地上から飛揚したラジオゾ

図 2.12 八丈島測候所におけるゾンデの飛揚風景（気象庁資料）

ンデは，30 分後に高度約 10 km，90 分後には高度約 32 km に到達して破裂し，パラシュートにより緩やかに地上へ降下する．なお，冬季，日本海側の輪島で飛揚されたゾンデが，西風で流されて東京の近郊で回収される場合や，夏季は上空の風が弱いためあるいは東風のため陸域に落下する場合があり，時折，回収される．

ラジオゾンデは上昇中に大気を直接測定し，その結果を刻々と電波で地上に送信する．地上では受信したラジオゾンデの信号を解析することで，地上から気球が破裂するまでの大気の状態を連続的に知ることができる．上空の風が強い場合にはラジオゾンデが上昇し再び地上に落下するまでの間に，観測所から 100 km 以上離れた位置まで運ばれることもある．総観天気図の高層気象観測資料は観測地点直下で瞬間的に得られたものとして扱うが，利用目的によっては，ラジオゾンデの移動に伴う観測時刻，観測位置の違いを考慮する必要がある．図 2.12 にレーウィンゾンデの自動観測の飛揚風景（八丈島測候所）を示す．

2) ラジオゾンデ　　一般にラジオゾンデは，センサ部，信号変換部，送信機部で構成される．センサ部は，大気の状態をセンサの電気抵抗値や静電容量値として捉える．信号変換部は，センサ部の出力を周波数信号あるいはディジタル信号に変換する．センサが複数ある場合には，時間を区切り周期的に出力を切り替える．送信機部は信号変換部からの信号を電波に乗せて地上へ送信する．送信機部の変調方式は AM 変調，FM 変調，ディジタル変調などラジオゾンデのタイプによって異なる．国際電気通信連合（International Telecommunication Union：ITU）によって気象援助局に配分された周波数帯（400 MHz 帯，または 1680 MHz 帯）の電波を使用する．日本国内でラジオゾンデを飛揚する場合には，電波法に則り総務省から無線局免許状

を取得し，航空法に従って自由気球の飛行許可申請が必要となる．
　WMO に設置されている測器・観測法委員会（CIMO）観測作業部会や基礎組織委員会（CBS）高層観測部会などでは，高層気象観測に望まれる測定精度についてさまざまな勧告を行っており，日本での観測もこれらに準拠している．
　3) 気温の観測　ラジオゾンデは大気中を移動しながら測定するため，気温センサには時定数の小さいものを用い，周囲からの影響を避けるためラジオゾンデの筐体の上部に突き出して取り付ける．太陽の短波長放射や長波長放射の影響を少なくするようセンサ表面に金属を蒸着しているほか，雲の中を上昇する際に雨滴や雲粒が気温センサに付着しないよう表面処理するなどの対策を施している．現在，次の2種類の気温センサが使われている．
　(1) サーミスタ温度計
　サーミスタは温度によって抵抗値が変化するセラミックである．温度変化に対する感度は大きいが，温度と抵抗値の関係（温度が上がると抵抗値は低下）は直線的ではない．
　(2) 静電容量式温度計
　直径 0.1 mm ほどの2本の白金線の間に，温度によって誘電率が変化するセラミック材料を挟んだ構造となっており，温度によって白金線間の静電容量が変化する．
　4) 湿度の観測　湿度は相対湿度として測定する．湿度センサは，気温が氷点下であっても氷ではなく水の表面における飽和水蒸気圧に対する相対湿度が得られるように校正（目盛付）されている．低温・低圧の環境下における大気と湿度センサ間での水分子の交換がうまくできないと，そのぶんが系統誤差となる．多くの湿度センサは，温度依存性に対する補正が必要である．
　(1) カーボン湿度計
　細かな炭素粒子を含む感湿フィルムが周囲の相対湿度の変化によって寸法が変化することを利用し，湿度の変化を感湿フィルムの抵抗値の変化として検出する．このセンサは水濡れに弱いため，上昇中に空気を取り込むダクト内に配置する．
　(2) 薄膜コンデンサ式
　水分を吸着すると誘電率が変化する感湿性高分子膜を2枚の電極板で挟み（一方の電極は水蒸気を透過させる），この電極間の静電容量の変化で湿度を検出する．近年のラジオゾンデのほとんどが採用している方式で，水滴や日射からセンサを保護するキャップを備えたものや，水分を蒸発させるための加熱抵抗を備えた二つのセンサを交互に数秒間で切り替えて使用するもの（測定していないほうのセンサを加熱する）もある．
　5) 気圧の観測　ラジオゾンデの気圧センサは，地上気圧から 5 hPa までの間を測定するため，大きなダイナミックレンジが必要である．気圧センサは，温度変化を最小にするようラジオゾンデ内部に配置する．

(1) アネロイド空ごう(盒)気圧計（容量式）

波打った薄い金属板の円盤形密閉容器（空ごう）をセンサとした気圧計．空ごうの内部または外部に電極板を配置し，大気圧の変化によって膨らんだりへこんだりする空ごうの変化を電極間の静電容量の変化として検出する．

(2) 半導体気圧計（シリコン気圧計）

シリコンなど半導体を用いた電気式気圧計の一種．半導体の凹みにシリコン薄膜で蓋をして空洞をつくり，2枚の電極板で挟んでコンデンサを形成する．気圧の変化によるシリコン薄膜のゆがみを静電容量の変化として検出する．

(3) GPS測位からの気圧計算

気圧計を搭載せず，GPS測量の原理により求めたラジオゾンデの高度と，観測した気温，湿度を用いて気圧を算出する．次に説明する測高公式を用いる．

6) 高度の観測 ラジオゾンデ観測では気球の気圧は時々刻々観測されるが，その高さは直接には観測されない．気球の高度は以下に示す測高公式と呼ばれる式に従って，下層から順次高度を求めている．なお，レーウィンゾンデの高度は単位質量当たりの空気塊を平均海水面からある高度まで上昇させたときに要する仕事（ジオポテンシャル）を単位とした高度（ジオポテンシャル高度という）を用いているが，ジオポテンシャル高度は対流圏や下部成層圏では幾何学的高度とほぼ同じである．

(1) 測高公式による

大気の静力学の式と状態方程式から導かれる測高公式を用いる．測高公式では求めたい気層の厚さ（層厚）の下面と上面それぞれの気圧，気温，湿度から，その層厚を算出することができる．測高公式は層厚内の平均仮温度を用いるので，気温や空気密度の変化による誤差を少なくするため，ラジオゾンデによって観測した気圧，気温，湿度を用いて，層厚を薄い層に区切って計算し，地上から順次加算している．

(2) GPS測位による高度計算

GPS測量の原理を用い，ラジオゾンデの三次元的な位置をGPSシステムにより求め，ジオポテンシャル高度に換算する．

7) 風向・風速の観測 ラジオゾンデによる風の観測は，ラジオゾンデが風と一緒に動いていることを利用して風向・風速を観測する．

(1) 方向探知機方式によるもの

ラジオゾンデの位置の時間変化から風向・風速を観測する方法．地上に設置した自動追跡型方向探知機でラジオゾンデを追跡し，ラジオゾンデの方位角と高度角（仰角），ラジオゾンデが観測した気圧（高さ）から三次元的な位置を決定する．一定時間ごとにラジオゾンデの位置を求め，その時間当たりの水平方向への移動距離（弧距離）から風速を，移動方向の逆方向を風向として算出する．

(2) GPS測位によるもの

GPS測位によりラジオゾンデの三次元的位置を求め，その時間当たりの位置変化から風向・風速を算出する．このほかにGPS電波のドップラー効果を利用したもの

がある．すなわちラジオゾンデとGPS衛星は相対的に移動しているため，ラジオゾンデが受信するGPS衛星の電波はドップラー効果により周波数が偏移する．このドップラーシフト量を測定することでGPS衛星とGPSゾンデ間の相対速度が求まる．四つ以上のGPS衛星の電波を受信し，その電波の周波数の変化量からラジオゾンデの移動速度，すなわち風向・風速を算出する．

b. ラジオゾンデのプロダクト

ラジオゾンデ観測から得られた気温，湿度および風向風速のデータは，国際気象通報式に従って国内および世界に向け通報されている．ラジオゾンデから送られてくる1秒（あるいは2秒）ごとの観測データ，日射補正や温度補正を施した後に，気温湿度特異点・風特異点データ，対流圏界面・極大風速面・指定気圧面データに選別して通報する．気温湿度特異点・風特異点とは，できるだけ少ないデータからそれぞれの気象要素の鉛直構造の特徴を再現できるように選択された観測点である．対流圏界面とは，対流圏と成層圏との境界面であり，高度の増加とともに気温が下降から上昇に転じる高さの面をいう．極大風速面とは，風特異点のうち風速が30 m/s以上の最大の観測点をいう．指定気圧面は，1000・925・900・850・800・700・600・500・400・350・300・250・200・175・150・125・100・70・50・40・30・20・15・10・5（hPa）の25の気圧面をいう．これらは，非即時的なデータとして，気象庁月報（CD-ROM）として刊行されているほか，気象庁ホームページからも閲覧できる．

ラジオゾンデによって観測した結果は，気象庁においては各種天気図の作成や数値予報モデルの初期値として使用されるのをはじめとして，気候変動・地球環境監視や航空機の運行管理など多方面で利用されている．

観測地点上空の大気の状態を調べるにはエマグラムが利用される．エマグラムは横軸に気温を等間隔で，縦軸に高度の代わりに気圧で表した対数のグラフであり，各気圧における気温と露点をプロットする．これを状態曲線という．乾燥断熱線，湿潤断熱線，等混合比線の3種類の線が引かれており，状態曲線とこれらの線の関係から，持ち上げ凝結高度や自由対流高度など大気の安定度を評価することができる．

2.5 気象レーダー

気象レーダーは，降水の実況監視のほか，「解析雨量」「降水ナウキャスト」「降水短時間予報」，数値予報モデルの初期条件の解析などに利用されており，天気予報にとって最も重要な観測の一つである．第1号機が1954（昭和29）年に大阪に設置されて以来，昭和30年代に全国展開が図られ，現在20か所で運用されている．実用的な探知範囲は半径約200 kmである．富士山レーダーは探知範囲約800 kmを誇っていたが，気象衛星などの新しい観測手段の台頭などにより廃止され，現在では，代わりに新設された長野県（車山），静岡県（牧ノ原）と既存の東京レーダーを千葉県柏

市に移転した三つのレーダーで関東域のカバーが図られている．ちなみに富士山レーダーは，富士吉田市の「富士山レーダードーム館」で展示されている．

a. 一般的事項

降水（雨や雪）の水平分布や鉛直分布を測定する気象レーダーは，レーダーを中心とする半径数百 km の領域に分布する降水の面的な分布を，ごく短時間（数分以内）で把握することができる．たとえば台風のスパイラルバンドや寒冷前線に伴う線状降雨帯などの全体像とともに，それらに含まれるより小さなスケールの積乱雲などの形状や動向を捉える．ドップラーレーダーを利用すると，ダウンバーストや竜巻などの突風を監視する手段として有効である．

b. 種類，装置，観測方法

1) レーダーの種類 レーダー (radio detection and ranging：radar) は，電波を使って物体を探知し，その位置を測定する装置である．気象レーダーのほか，船舶用レーダーや航空管制レーダーから，衛星搭載レーダーに至るまで多種多様なレーダーが使用されており，それぞれ対象とする目標物の最適な観測ができるように電波の周波数が設定されている．レーダーは，電波を連続的に発射する連続波レーダー（CW レーダー）と，電波を断続的に発射するパルスレーダーに大別される．

気象レーダーは一般にマイクロ波領域（周波数 300 MHz～30 GHz）の電波を用いるパルスレーダーである．マイクロ波は進路がほぼ直線であるため，伝播時間と地理上の進行距離の対応がよく，また鋭いビームが得られるために高い空間分解能が得られる．波長 3～9 mm の電波を使用し，雲粒や氷晶からなる非降水雲や霧を観測対象とするものを「ミリ波レーダー」，波長 3～10 cm の電波を使用し降水粒子（雨滴・雪片・ひょう・あられ）からなる雲（降水雲）を対象とするものを「降水レーダー」という．さらに長い波長の UHF 帯または VHF 帯の電波を使用して上空の風や気温などを測定する「大気レーダー」を，気象レーダーの範疇に加えることもある．これ以後は，降水レーダーについて解説する．

気象レーダーを信号の処理手法によって分類すると，受信信号の強度情報を利用する通常型（従来型）気象レーダー，受信信号の位相情報を利用するドップラー気象レーダー，二重偏波気象レーダーに分かれる．

2) 観測の原理 気象レーダーはパラボラアンテナが指向する方角に電波を発射し，その経路上に存在する降水粒子（雨滴・雪片・ひょう・あられ）によって反射（正確には散乱）されてレーダーに戻ってきた電波を受信し，この受信信号（エコー）から目標物に関する情報を取り出す．パラボラアンテナを 360°回転させることで全方位を探知し，アンテナの仰角を変えることで高度方向の情報を得る．エコーには，目標物までの距離，エコーの強度，位相という三つの情報が含まれている．

(1) 降水までの距離

電波は光速（1 秒間に約 30 万 km）で伝播するので，レーダーでは電波を発射してから戻ってくるまでの時間に光速をかけて 2 で割ると目標物までの距離が得られる．

電波を連続的に発射していると戻ってくる電波も連続的となり，戻ってくるまでの時間を測定できない．パルスレーダーでは，数 μs の時間間隔だけ電波を発射し（パルスという），電波の発射を休止している間に目標物から戻ってきた電波を受信する．

(2) エコーの強さ

エコーの強さは，発射した電波の強さ，電波の経路上に存在する目標物の大きさと数によって決まる．目標物体が降水粒子の場合，受信信号の強さは降水粒子の直径の6乗に比例し，目標物までの距離の2乗に反比例する．測定領域の単位体積内に含まれる降水粒子について，その直径の6乗の総和を「レーダー反射因子」と呼ぶ．距離の効果や降水粒子の種類による電波散乱の度合い（雨滴を1とすると雪片は0.2）を考慮すると，レーダーの受信信号の電力値からレーダー反射因子が得られ，これを一般に「反射強度 Z」という．降水粒子の粒径分布がわかっていれば，反射強度から降水強度 R（単位時間当たりの降水量）を求めることができる．ただし粒径分布をそのつど求めることは現実的でないから，各種の降水についてその粒径分布が調べられた結果をもとに，Z と R の関係（Z-R 関係）を実験的に決める．気象庁では，$Z=200 R^{1.6}$ という関係式から降水強度（エコー強度）を求めている（Z の単位は mm^6/m^3，R は mm/h）．実際には，降水の形態によってこの関係式の係数の値はかなりの幅で変化するから，こうして求めた R は，雨量計で求めた降水強度とは1対1には対応しないことが多い．このため，雨量計の実測値をもとにレーダーから得られた降水強度の補正が行われる．

(3) 位 相

受信信号の位相情報から目標物体の移動速度に関する情報を得ることができる．目標物が動いているとドップラー効果が作用し，受信信号の周波数は目標物の移動速度に応じて送信周波数から偏移する．この変化から，目標物の移動ベクトル（方向と速度）のうち，電波の発射方向（視線方向）に沿う速度成分（ドップラー速度）が得られる．この機能を備えたレーダーをドップラーレーダーと呼ぶ．

レーダーの電波は進行方向と直行した二つの方向に電界面と磁界面を交互につくりながら伝播する．このうち電界面の方向を，電波の偏波面という．落下中の雨滴は上下につぶれた回転楕円体であることから，水平偏波の電波をより多く散乱させる．このことから，気象レーダーは通常，水平偏波の電波を使用する．レーダーから水平と垂直の二つの偏波のパルスを交互に発射するレーダーを偏波レーダーという．雨滴の大きさが増すと上下方向の変形の度合いが大きくなり，水平偏波の受信電力と垂直偏波の受信出力の比が増す．この原理を利用すると，雨滴の代表的な大きさを推定し，降水強度を算出することができる．また，雪片やひょうは上下に変形することがないので，この比が1に近い．これを利用すると雨と雪，雨とひょうの判別ができる．さらに，雨滴の中を通過する水平偏波の電波は，垂直偏波のときより多く水の中を通過するので電波の進行速度が遅くなり，水平偏波の位相は垂直偏波の位相より遅れる．これを利用して降水強度を推定することも試みられている．国内では，偏波レーダー

は気象関連研究機関で研究用に使用されている．

3) レーダー観測の機器　気象レーダーは遠くに存在する弱い降水を観測するために，強力な電波を発射する必要がある．このためマグネトロンやクライストロンと呼ばれる電子管を用いて電波を発生させる．この電波はパラボラアンテナによりビーム状に絞られて空間に発射される．パラボラアンテナは電波の発射と受信の両方に利用される．アンテナで捉えられた受信信号（レーダーエコー）は受信機に送られる．受信機では電波を電気信号に変換して増幅した後，信号処理装置を経由してコンピュータ処理し，各種プロダクトを作成している．気象レーダーでは，山岳や建造物などからの地形エコー，船舶や航空機などからのエコー，電波の異常伝播により通常は届かない地点からの地形エコーなどの非降水エコーを捉えることがある．地形エコーや船舶などのエコーは，データ処理の過程で自動的に取り除かれるが，まれに除去が不十分で降水エコーのように出力されることがある．

4) 気象庁のレーダー気象観測　気象庁のレーダー気象観測は，全国の降水監視を主目的とする「一般気象レーダー」と，空港周辺の降水と擾乱（空気の乱れ）を監視する「空港気象レーダー」に分類される．

　降水を対象とする気象レーダーは，電波のエネルギーが降水粒子から効率的に散乱され，かつ電波の伝播経路上で降水や大気ガスなどによって弱められないという条件を満たすために，マイクロ波の中のCバンド（波長約5 cm）と呼ばれる電波を使用している．ただし，マイクロ波の電波はその進行方向に山や建物などの障害物があると，その後ろ側には届かない．さらに，地球表面が球面であることから，レーダーから発射された電波は遠方では高い高度を伝播し，地表近くを観測することができない．これらのことを考慮し，一般気象レーダーは全国に20台が配置され，各レーダーは気象庁本庁で一括して管理し，遠隔的に監視・運用されている．2012年8月現在，一般気象レーダーのうち降水分布のみを観測する従来型レーダーが3台，降水の分布と降水内の風を観測するドップラーレーダーが17台運用されている．

　空港気象レーダーは，気象庁が1995年から主要空港に空港気象ドップラーレーダーを導入し，航空機の安全運行のため，低層ウィンドシアの監視に利用している．2012年4月現在，九つの空港気象ドップラーレーダーが運用されている．

c. 気象庁の気象レーダーのプロダクト

1) レーダーエコー合成図　一般気象レーダーは10分を一つの周期として，仰角を0°付近から30°まで変化させながらアンテナを26回転させ，半径400 kmの探知範囲内の降水を三次元的に観測している．高い山岳などにより各レーダーは探知範囲の領域すべてを観測することはできないので，20か所のレーダーのデータを合成して，全国の降水強度（エコー強度ともいう．単位はmm/h）の分布を示す「レーダーエコー合成図」を，10分ごとに作成している．この合成図は基本的には高度約2 km面の1 kmメッシュごとの降水強度を示している．この降水強度は，bの2)「観測の原理」で述べたように受信電力から降水強度を推定する際の誤差，高度約2 km

の値であることによる誤差などから，地上での実際の降水強度とは一致しないことがある．このため，地域気象観測（アメダス）などの雨量計から得られる雨量データを使って10分ごとに校正されている．

2) **解析雨量**　　各レーダーの出力するエコー強度を，レーダーエコー合成図とほぼ同様の手法で校正し，1 km メッシュで全国合成した1時間降水量である．雨量計が設置されていない地点の降水量を雨量計と同程度の精度で知ることができるため，雨量計の観測値とともに，大雨注意報や大雨警報の発表基準値として使われる．解析雨量からは，比較的単純な移動外挿により，1時間先までの降水強度を予測する「降水ナウキャスト」が10分ごとに作成されている．さらに，地形による降水の変質や数値予報データを取り入れて6時間先までの各1時間雨量降水量を予測する「降水短時間予報」が30分ごとに発表されている．

3) **エコー頂高度など**　　レーダーの三次元的な観測によって得られるデータをもとに，降水雲の頂上の高度を測定している．これを「エコー頂高度」といい，対流の強さを推定する指標として使われている．また，降水雲に含まれる単位面積当たりの降水粒子の鉛直方向の総量を示す「鉛直積算雨水量」などの二次的プロダクトが作成されている．

4) **ドップラーレーダーデータ**　　ドップラーレーダーからは，降水域内のドップラー速度の分布が得られる．気象庁では積乱雲などに伴う局地的な大雨の数値予報の精度を向上させるため，従来から使用している高層気象観測データなどに加えて，ドップラー速度データを数値予報モデルの初期値として使用している．また，10 km 四方程度の領域では風が一様に吹いていると仮定すると，その領域内のドップラー速度

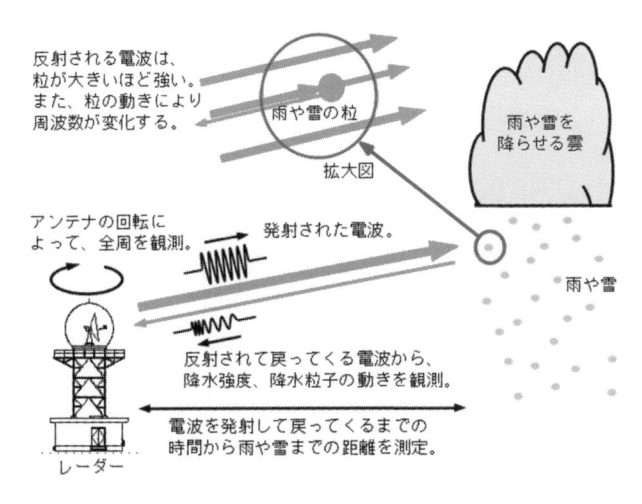

図2.13　ドップラー気象レーダーの原理概念図（気象庁資料）

の分布から平均の風向・風速が求まる．これを VVP（volume velocity processing）処理といい，これによって得られる風のデータは，一様性が高い降水現象内の気流解析などに利用されている．さらに，ドップラー速度の分布を詳細に調べることにより，メソサイクロンと呼ばれる数 km〜10 km 程度の鉛直軸を持つ渦を検出し，この結果や数値予報資料をもとに竜巻の発生を監視する業務が 2008 年に始まった．ドップラー気象レーダーの原理図を図 2.13 に示す．

2.6 ウィンドプロファイラ

ウィンドプロファイラは，2001 年に気象庁が上空の風向・風速を自動的に観測するために導入したシステムで，「局地的気象監視システム」（wind profiler network and data acquisition system：WINDAS，ウィンダス）が正式な名称である．全国 33 地点に配置して高層風観測網を形成している．高層気象観測としては，本格的なラジオゾンデの導入以来の時代を画するシステムの導入である．

ウィンドプロファイラは，主に対流圏の風の高度分布を測る大気レーダーであり，電波の半波長の空間スケールを持つ乱流に起因する散乱（ブラッグ散乱）または降水粒子による散乱（レーリー散乱）によって戻ってくる信号を受信し，風向・風速の高度プロファイルを連続的かつ自動的に観測することができる．

ITU がウィンドプロファイラへの使用に配分した周波数は，50 MHz 帯（46〜68 MHz），400 MHz 帯（440〜450，470〜494 MHz），1.3 GHz 帯（1270〜1295，1300〜1375 MHz，北米の 904〜928 MHz）の三つの周波数帯である．観測のターゲットとなる乱流の大きさや降水粒子の分布状態によって最大の観測高度が異なる．波長が長いほうが高くまで観測できるが，その代わりにアンテナや送信出力も大きくなる．

a. 観測原理

大気レーダーによる風の観測方法には，一般にドップラービーム走査法と，空間アンテナ（spaced antenna：SA）法がある．ドップラービーム走査法は，複数の方向にビームを照射し，それぞれのビーム方向から得られるドップラー速度から上空の風向・風速を測定する方法である．SA 法は相関法とも呼ばれ，上空に向けて幅広いビームを照射すると，大気で散乱した電波は互いに干渉しながら地上にランダムな干渉パターンをつくる．観測露場などの地上に空間的な広がりをもって適切に配置した受信アンテナによって，後方散乱波がつくる干渉パターンを測定し，時間経過とともに移動するパターンの方向から風向・風速を推定する方法である．図 2.14 にドップラービーム走査法の観測原理の概念図を示す．

気象庁が展開している WINDAS の観測法は，ドップラービーム走査法である．ドップラー効果を利用して対象物の速度を計測するものとしては，野球の球の速度を計測するスピードガンが馴染み深いが，基本的には同じ原理である．スピードガンは，

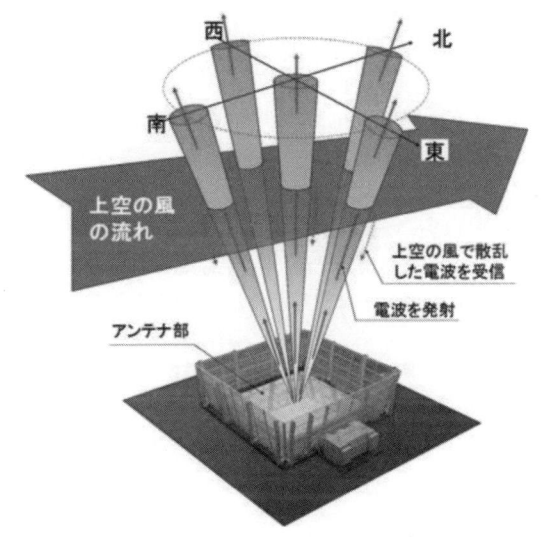

図 2.14　ウィンドプロファイラ観測原理概念図（気象庁資料）

一方向のみに電波を発射するが，ボールの軌道とのずれ角がわかればボールの速度を求めることが可能である．しかし大気の流れは三次元的でありその方向は定まっていないので，ウィンドプロファイラは，天頂を含む 3～5 方向へ電波を発射する必要がある．

具体的には，ウィンドプロファイラのアンテナから，鉛直方向および仰角約 80° に傾けた東，西，南，北方向の五つのビーム方向に向けて順に電波のパルスを発射する．発射された電波は大気の乱流に起因する散乱または，降水粒子による散乱によって，地上のウィンドプロファイラのアンテナに戻ってくる．戻ってきた電波は，散乱体である大気の移動速度に応じて周波数が変化している（ドップラー効果）ので，ウィンドプロファイラは，受信した電波の周波数が，送信した電波の周波数からどれだけずれているか（ドップラーシフト）を検知し，そのずれの大きさからビームを発射した方向（視線方向）に沿った風の速度（ドップラー速度）を測定する．視線方向の速度を複数合わせてベクトル合成することによって水平方向の風向・風速を測定する．

なお，高度方向の観測分解能では，図 2.14 に示すように，発射したパルス幅（μs）×光速（m/s）×1/2 となる五つのビーム方向のドップラー速度から風向・風速を求める．対流圏内には大気総量の約 80% に当たる空気が存在し，また，地上から高度約 5 km までの層には水蒸気量の約 90% が含まれている．豪雨や豪雪といった局地的な気象災害をもたらす現象は，水平スケール数十～数百 km のメソスケール現象と呼ばれ，水蒸気を多く含んだ大気の収束，すなわち地上から高度約 5 km 付近までの風

の動きが大きく関与している．ラジオゾンデによる高層気象網の間隔はおよそ300～350 km であり，大規模および中間規模と呼ばれる気象現象（温帯低気圧，高気圧，前線や台風など）を捉えるための配置となっていたが，これに WINDAS を含めると，高層の風情報が得られる観測地点は平均しておよそ120～150 km の間隔となり，メソスケールの気象現象をも捉えることが可能となる．ウィンドプロファイラの観測点である気象庁の高層気象観測網を図 2.11 に示す．

　WINDAS の各観測局は無人で運用されており，近隣の気象官署（管理官署）からの遠隔監視も可能である．気象庁本庁の中央監視局では，全観測局を24時間監視・制御しているほか，得られた風データに対して，その値が妥当であるかどうかの品質管理を行っている．ウィンドプロファイラによる観測は，大気で散乱された微弱な受信信号を利用しているため，ドップラー速度を求める段階においてノイズの影響を受けやすく，得られるデータに異常値が混入することも少なくない．このため，種々の方法を用いて自動的な品質管理を実施し，数値予報の初期値として毎時間提供している．

　ウィンドプロファイラは，晴天時には大気からの散乱を観測しているので，ドップラー速度は小さく，受信強度は弱い．しかし，雨や雪などの降水粒子からの散乱を観測している場合には，降水粒子の落下速度が加味されるため，ドップラー速度は大きな値となり，受信強度も大きくなる．このときウィンドプロファイラは，降水粒子の動きを観測していることになるが，降水粒子は風によって流されているので，観測したドップラー速度をベクトル合成することで水平風が観測できる．

b. ウィンドプロファイラとドップラーレーダーの違い

　ドップラーレーダーは降水粒子を媒介として風を測定するため，探知範囲に雨や雪が存在する場合にしか風を観測することができない．ウィンドプロファイラは大気および降水粒子による散乱波を受信し風を測定することができる全天候型の風測定レーダーである．

　観測できる範囲は，ドップラーレーダーは，アンテナをほぼ水平に向けて周囲を走査することで，レーダーを中心とする半径150 km の円内にある降水のビーム方向成分の速度を面的に観測できるのに対し，ウィンドプロファイラはその地点上空の風の鉛直分布に限られる．

c. プロダクト

　ウィンドプロファイラの観測結果は，時間対高度の図として利用されることが多い．観測地点上空を大気現象が西から東に移動した場合，時間軸を右から左方向にとると，時間軸を東西軸と見なして大気の立体構造を把握しやすい．前線などは風のシアとして把握することが可能であるほか，受信強度情報によって上空の融解層（0℃高度の下の層）の高さなどの把握も可能である．

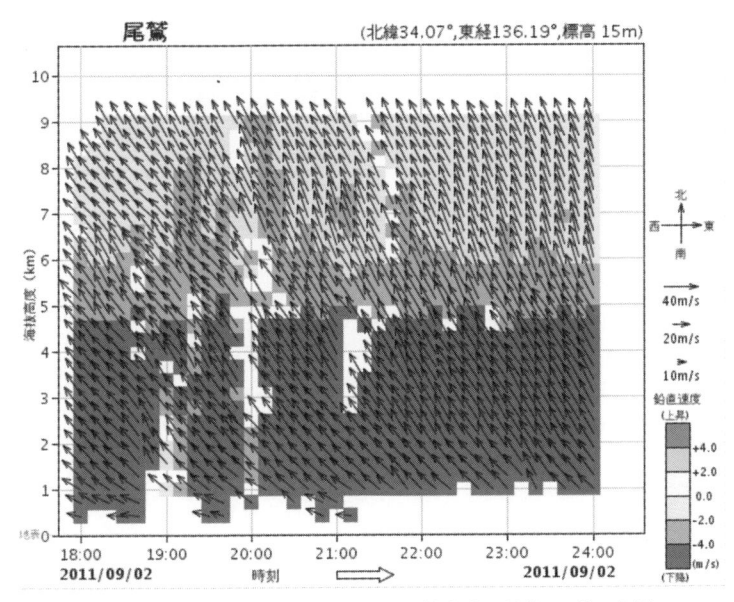

図 2.15 ウィンドプロファイラの観測例（気象庁，尾鷲．口絵1参照）

WINDAS のデータ

高度分解能	300 m
観測データ	風向，風速，鉛直速度，S/N 比（10分平均値）
最大観測高度	地上高 9.1 km

　天気予報作業では，上空の谷や寒冷前線の通過などに伴う上昇気流や風向の監視のほか，前述のラジオゾンデのデータと併せて，数値予報モデルの初期条件にも利用されている．図 2.15 に尾鷲におけるウィンドプロファイラの観測例を示す．

2.7 雷監視システム

　雷が近づくとラジオにガリガリと雑音が入るのを経験する．この雑音を利用して落雷や雲間放電に伴い発生する電磁波の発生を検知し，その発生地点を評定するのが雷監視システムである．テレビの天気予報番組では，赤い×印などで表示されている．気象庁ではライデン（LIDEN：LIghtning DEtection Network system）と呼んでいる．全国約30の検知局（飛行場に立地する航空気象官署）に電磁波のやってくる方向を観測するためのアンテナ装置が設置されている．雷監視システムの検知局の配置

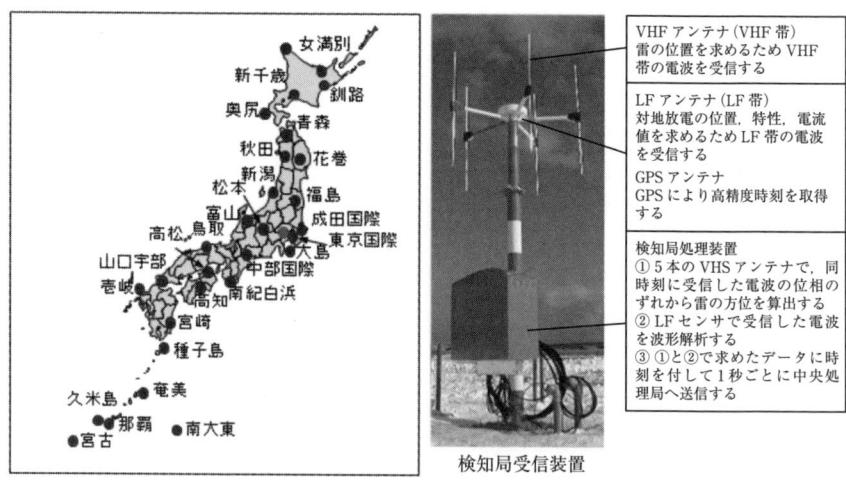

図 2.16 雷監視システムの検知局およびアンテナ装置（気象庁資料）

および受信装置の構成を図 2.16 に示す．各検知局で受信した雷に伴う一種の雑音電波を東京航空気象台に設置されている中央処理局に送信し，そこで雷の発生地点を特定している．原理は図にみるように，個々の検知局の 5 本の VHF（超短波）帯受信アンテナで観測される電波の位相のずれから雷の方向を求め，同時に LF 帯の電波を受信してその波形を解析し，結果を 1 秒ごとに中央処理局に送信している．なお，このシステムは航空気象向けに整備されたもので，気象庁のほか航空機関や航空会社に提供されているが，いまのところ，部外には公開されていない．

2.8 気象衛星

2.8.1 静止気象衛星

最初の気象観測実験衛星タイロスは，1960 年地球を周回する軌道に打ち上げられ，地球の写真撮影や温度分布の観測を行った．ついで 1966 年，気象衛星 ATS が赤道上約 36000 km の静止軌道に打ち上げられ，地球を撮影した写真から得られた雲の分布によって，衛星からの天気監視の有効性が確かめられた．

このような成果に基づき，世界気象機関（WMO）は複数の静止軌道衛星と極軌道衛星によって地球全体をカバーする気象衛星観測ネットワークを提唱し，日本は静止気象衛星観測網のうち，東経 140° の位置での観測を受け持った．

日本で最初の静止気象衛星 GMS（愛称「ひまわり」）は，1977 年 7 月に打ち上げられ，翌年 4 月から本格運用が始まった．GMS シリーズは 5 号を数え，2005 年の MTSAT（運輸多目的衛星）シリーズへ引き継がれている．

2.8 気象衛星

a. 衛星観測の仕組み

現在運用中のMTSATシリーズの衛星は，GMSシリーズの衛星と構造に大きな違いがある．

GMSシリーズでは，衛星をコマのように回転させて姿勢を保つスピン衛星であったため，構造が比較的簡単なので衛星も小型であった．しかしながらスピン衛星では多くの観測機器を搭載できないこと，また地球を望むことができる時間は1回転中の1/20程度しかとれないことなど観測条件に制約が多かった．

一方，2005年からのMTSATシリーズでは，衛星の特定面を常に地球に向けておくことができる三軸制御衛星となった．三軸制御衛星の長所は，衛星を大型化でき，さまざまな観測機器を搭載できることである．さらに常に地球を望むことが可能なことから，スピン衛星に比べ地球を観測できる時間を長くとることができるようになった．このため，雲画像の分解能を向上させることや観測時間を短縮させるなど，観測の高度化が実現した．

静止気象衛星では，観測センサを地球の北から南へ順次走査させて画像を取得する．MTSATシリーズでは北極から南極まで走査する時間は約20分である．たとえば9時の画像は8時32分から8時53分にかけて撮像する．北緯40～30°付近の走査は観測開始からおよそ4～5分後となるので，日本付近では8時36～37分頃の時刻の状態を表している．

観測センサの分解能は，可視領域1km，赤外領域4kmである．これは衛星直下点（ひまわりでは東経140°の赤道）での値である．衛星直下点から離れると，地球を斜めから望むことになるので観測される分解能はこの値より低下する．

MTSATシリーズでは観測の高度化により多様で高頻度の観測が可能となった．通常は，北極から南極までを走査する全球観測を1時間ごとに，北半球観測を全球観測の合間におおむね1時間ごとに行う．このため，北半球では30分間隔で画像が得られる．このほか，全球観測とその前後の北半球観測，南半球観測を組み合わせ，大気追跡風（後述）計算用観測を6時間ごとに行う（また三軸制御衛星の特徴を生かして，ある限られた領域を対象に短時間で繰り返し観測（たとえば1000km四方の小領域を対象とした約1分間隔の観測）できる機能も持っている）．

b. 画像の特徴

気象衛星では，特定の波長帯を感知できるセンサを用いて地球表面を観測する．「ひまわり（MTSAT-IR，2）」では，可視領域の1波長帯と赤外領域の4波長帯による観測が行われ，それを画像へ視覚化する（表2.1参照）．可視センサで観測した画像を可視画像と呼ぶ．雲や地表面から反射した太陽光の強弱を表し，反射の大きいところは明るく，小さいところは暗くなるよう画像化される．雲の反射率は，含まれる雲粒や雨粒の密度，量に依存する．下層の雲や積乱雲のように発達した雲は，明るくみえる．なお，太陽光の反射は太陽高度に影響される．朝夕や高緯度地方では，入射光が少ないので反射量も少なく，暗くみえることに注意が必要である．

表2.1 気象衛星の赤外および可視センサチャネル（気象庁資料）

名称	観測波長帯(μm)	GMS	GMS-2	GMS-3	GMS-4	GMS-5	MTSAT-1R	MTSAT-2
赤外	10.5~12.5	○	○	○	○			
赤外1	10.5~11.5					○		
赤外2	11.5~12.5					○	○	○
赤外3	6.5~7.0					○	○	○
赤外4	3.5~4.0					○	○	○
赤外1	10.3~11.3						○	○
可視	0.5~0.7	○	○	○	○			
可視	0.55~0.9					○	○	○

　赤外1のセンサで観測した画像を赤外画像と呼ぶ．大気の窓と呼ばれる水蒸気などによる吸収が少ない波長帯の赤外線領域で観測し，地球表面の温度分布を表す．一般に，温度の低いところを白く，温度の高いところを黒く画像化している．対流圏では高度が高いほど温度が低いので，雲頂高度の高い（雲頂温度の低い）雲ほど白くみえる．可視画像と異なり，太陽高度に影響されないので，昼夜を通した連続観測に適している．

　赤外3のセンサで観測した画像を水蒸気画像と呼ぶ．水蒸気に吸収されやすい特性を持った波長帯の赤外線領域を観測し，赤外画像と同様に温度分布を表す．ただし，水蒸気による吸収が支配的であるため，画像の明暗は大気の上層や中層における水蒸気の多寡に対応する．たとえば，上層が乾燥していると水蒸気の吸収が少ないので，より下の層からの放射を観測する．したがって水蒸気画像では，上・中層が湿った部分ほど白く（温度が低く），乾いた部分ほど黒く（温度が高く）みえる．なお，水蒸気画像では，大気の上・中層における水蒸気の乾湿分布を表しているのであって，下層の水蒸気の多寡を表しているものではないことに留意しなければならない．

　このほか，赤外1チャネルと赤外2チャネルとの観測値の差を画像化した赤外差分画像は火山噴煙や黄砂の識別に，赤外4チャネルの画像は夜間における霧の探知に，それぞれ利用される．

c. 静止気象衛星のプロダクト

　気象衛星の観測データは，赤外や可視の画像として天気予報に利用されるほかに，さまざまなプロダクトの作成に利用されている．

　「大気追跡風」は，連続して観測したひまわりの赤外画像や可視画像から，特徴ある雲や水蒸気の動きを捉え，風向や風速を算出するプロダクトである．北半球で1日24回，南半球で1日4回，それぞれ算出される．海洋上は観測値が少ないため，大気追跡風は数値予報の初期値として有効に活用される．

　「海面水温」は，台風や低気圧の発達など短期的な気象変化だけでなく，長期の気

候変動にまで影響を与える物理量である．ひまわりや極軌道衛星であるNOAA（米国大気海洋庁）のデータから，太平洋域や日本付近の海面水温分布を算出している．これらのデータは，数値予報モデルの初期値としても利用される．

「雲量格子点情報」は，ひまわりが観測したデータから，雲量，雲頂高度，雲型など，衛星から解析した雲の情報である．この情報は毎時作成され，気象実況の監視や天気予報などに活用されている．

大気中に浮遊する微粒子であるエーロゾルは，太陽からの日射を吸収，あるいは散乱するため，地表・大気における放射収支量に影響を及ぼす．ひまわりとNOAAの可視センサのデータから，日本付近の海域における「エーロゾルの光学的厚さ」を算出し，黄砂の実況監視などに利用している．

2.8.2 極軌道気象衛星による観測

極軌道気象衛星は，北極・南極地方の上空を通過する軌道で地球を周回し，地球上の全表面を観測できる．NOAA衛星（ノア）は米国が運用している代表的な極軌道気象衛星で，軌道高度およそ850 kmを約100分で地球を一周する．NOAAは三軸制御衛星で，常に地球表面を向き，観測機器を軌道に直角な方向に走査して観測する．観測する範囲は，観測機器によって異なるが，衛星直下から左右へそれぞれ50°程度で，地表面では幅2000〜3000 kmに相当する．さらに太陽同期軌道を採用しているため，地球上の同じ緯度の地点を毎日ほぼ同じ時刻に2回通過する．気象庁では，2機のNOAA衛星のデータを受信しているので，日本付近ではおよそ6時間ごとの画像を得ることができる．

極軌道気象衛星の特徴は，その軌道高度が静止気象衛星の高度の約1/40と低いため，高い分解能での画像が得られるほか，静止気象衛星では得られない「気温や水蒸気の鉛直分布データ」や，大気中の「オゾン量データ」などを観測できることである．

2.9 海上・海洋での気象観測

船舶による気象観測などについて，気象業務法で「船舶安全法で無線電信施設を備える必要があると規定されている船舶は，気象測器を備え付けて，日本の近海を航行するときは，気象および水象を観測して，その成果を気象庁長官に報告しなければならない」との趣旨が定められている．当該の船舶は，観測結果を2.2節で触れた海上実況気象通報式（SHIP）で日本沿岸の無線局などを通じて，気象庁に報告している．この通報式は，海上で船舶が行う気象観測の結果を通報するものである．基本的なフォーマットは地上実況気象通報式（SYNOP）と同一であるが，観測地点の位置情報が付加されている．

一方，海のアメダスとも呼ばれるブイを用いた観測がある．アルゴ（ARGO）計画と呼ばれ，異常気象に伴う防災や気候の監視・予測などを目的とした国際的なプロジェクトである．プロジェクトのメインは自動的に海洋中を浮沈することができる高さ約1m程度の漂流ブイ（中層フロート）の投入である．水深2000mまでの水温・塩分を反復して自動観測し，浮上時に衛星の通信機能を利用して基地局にデータを伝送する．米国のイニシアチブで進められたもので，全世界で約3500個の中層フロートの運用が行われている．なお，フロートは海流に乗って漂流し，寿命は約3年，使い捨てである．

2.10 航空機による気象観測

航空機の安全運航などを確保するために，国際民間航空機関（ICAO）条約のもとで種々の技術規則が定められている．航空機による気象観測について，気象業務法で「高層の気温や風などの航空予報図の交付を受けた航空機は飛行中及び飛行した区域の気象の状況を気象庁長官に報告する必要がある」との趣旨が定められている．高層気象観測時刻以外に航空機の航路上で得られる航空機による機上観測データは，高層気象観測データと同様有効な観測データである．

観測されたデータは，機上観測報告として報告される．機上観測報告には，国際民間航空機関（ICAO）で定められた位置の通過時および決められた時間間隔で通報する「航空機上観測報告」，機長などから飛行中に遭遇したときに航空気象台などへ報告される「航空機気象観測報告」，各航空会社が運航管理のために行っている気象報告などがある．

また，近年では航空機が自動観測した運行データと地上を結ぶ"ACARS（Automatic Communications Addressing and Reporting System）"により自動通報されている．

これらの報告では，航空機の位置情報や運航情報とともに，気象情報として高度・気温・風向・風速などが報じられる．

a. 観測方法
1) 高度（気圧高度）　航空機の高度は，機体前部側面のピトー管の側面から取り入れた空気（静圧）を，その高度における気圧として，標準大気（3.2.5項参照）を用いて高度に換算している．
2) 気温　気温は，ピトー管の前面から取り入れた空気（動圧＋静圧）を白金抵抗温度計（電気式温度計）で測定する．しかし，この方法で測定された気温は，正しい気温よりも高い値（例：外気温が $-50°C$，マッハ数 0.8 のとき約 $28°C$ 高くなる）を示す．これは，温度計にぶつかった空気が断熱圧縮で昇温するためである．

このため，エアデータコンピュータにより，航空機の速度（マッハ数）と測定さ

た気温から正しい気温を求める．

3) **風向・風速**　風向・風速は，航空機の大気に対する速度（対気速度）と地面に対する対地速度および機首方位の各ベクトルから求められる．航空機の対地速度（移動した距離と時間）は，地上の航空援助施設や慣性航法装置，GPSを組み合わせた航法システムにより時々刻々得られる現在位置から求められる．

b. **データの利活用**

航空機により観測されたデータは，電文として気象庁に送られ，自動品質管理（AQC）を行い，数値予報の初期値の解析や毎時の風解析などに利用されている．これらのデータは，ラジオゾンデやウィンドプロファイラによる観測では取得が困難な海上の観測値であり，有効に利用されている．

c. **飛行場での観測**

日本の空港には成田航空気象台や千歳航空測候所などのような航空気象官署が設置されており，航空機の離発着などを支援するための観測および予報を行っている．通常の気象官署における観測以外に，雲底高度や滑走路上の視程などが観測されている．また，滑走路の近傍に風向風速計が設置されており，2分間平均のデータとして処理されている．さらに，航空機が搭載している気圧高度計（3.2.5項参照）の原点調整のために，QNHと呼ばれる現地気圧も観測している．これらの観測データはMETARとして，国内および国際的に通報されているほか，QNHは常時，航空管制部門に提供されている．

3

天気予報と主な気象現象

　典型的な東進する低気圧が九州付近にあり，自分は東京にいると仮定しよう．西日本の上空には低気圧に対応する気圧の谷が接近している．その谷は地球規模でみれば，偏西風波動の南への蛇行の一つに対応している．関東地方の上空には西から温暖前線面の先端が伸び，上層雲である巻雲がたなびいているだろう．空は時間とともに上層雲から中層雲へと次第に変化して低くなり，厚みも増していく．翌日には乱層雲を伴って雨が降りだす．やがて寒冷前線が通過すれば，それまでの南西風から北西風に変わって，気温は急激に低下し，突風が吹き，時には雷すらも経験するだろう．低気圧が東に去れば高気圧の圏内に入り，晴れ間がやってくる．低気圧の接近，襲来に伴う教科書的な天気変化である．

　短期予報は，このような天気の変化を数日前から予測する予報メニューの一つである．たとえば，夜の天気予報では「明日，南寄りの風，曇り後，時々雨，最高気温25℃」のように気象要素を用いて表現される．またテレビなどではその背景として，低気圧や前線などの概況が報じられる．近年，ピンポイント予報の名のもとに，都市規模で1時間刻みに予報が発表されている．台風の予報は，位置や中心気圧，暴風域，進路予想などで構成される．一方，竜巻や雷などの現象については，竜巻注意情報や雷注意情報などを通じて，それらの生起の可能性が報じられる．さらに予報期間の長い週間予報や1か月予報などでは，温度や降水量などの予報は，日単位あるいは週単位で丸められて発表される．

　これらの天気予報の内容と表現をよくみると，特段の説明はなされていないが，どのような事象を対象にしているか，どのように時間や地域を丸めて予報しているかが暗黙の了解となっている．しかしながら，実際の種々の天気予報は，予報すべき現象や事象の時間や空間的な広がりを考慮して，それらの予報を可能とする技術に基づいて行われていることに留意する必要がある．予報を提供する側と受け取る側のコミュニケーションを欠けば，せっかくの予報も外れと受け取られてしまい，想定外の結果に至ってしまう．

　本章では，現代の天気予報の対象となっている，あるいはその予報に間接的に含まれている種々の気象現象について，それらがどのような構造やメカニズムを持っているかについて，一般的および基本的な概念について記述する．なお，以下に述べる種々の現象は決して独立して存在しているのではなく，相互に影響を及ぼしあって生起している複雑系を構成しているが，ここではそれらに立ち入ることは避けて，あく

までも実用的な天気予報を念頭において話を進めることにし，より気象学的な議論は専門書に譲る．

以下では，最初に気象現象が振る舞う大気の平均的な場に触れた後，数時間先までの降水短時間予報から，数日先までの短期的な予報，週間予報や季節予報に至るまで，それぞれの予報対象となる気象現象について記述する．

3.1 大気の組成

大気の組成とその空間分布は，水蒸気を除いて，きわめて安定しているので，通常の天気予報ではその変化を考慮する必要はない．しかしながら，季節予報やエルニーニョ，さらに気候変動などを扱う場合は，大規模な森林火災や火山噴火，温室効果気体である二酸化炭素などの変化を適切に取り込む必要がある．

大気を構成している気体の組成を容積比でみると，窒素が78％，酸素が21％で全体の99％を占めており，残りの1％をアルゴン，ネオン，ヘリウムなどが占めている．これらの気体は濃度が時間や場所によってほとんど変化しないことから，永久ガスと呼ばれる．ここで注目すべきことは，窒素と酸素の割合は約80 kmの高さまで一定であり，このことは空気がこの高度までよく混合されていることを意味している．

一方，大気は濃度が時間と空間で変化する水蒸気や二酸化炭素，オゾンなどを含んでおり，可変ガスと呼ばれる．可変ガスは，水蒸気0～4％，二酸化炭素0.038％（380 ppm），以下，メタン，一酸化二窒素，オゾンと続く．このうち水蒸気は，気体・液体・固体という相変化を伴う雲や降水の生成などを通じて，大気に対する加熱や冷却効果をもたらし，大気の運動を非常に複雑なものにしている．また，オゾンは，太陽放射に含まれる紫外線を吸収して成層圏での熱源となるとともに，有害紫外線が地表に届くのを防御している．他方，二酸化炭素やメタン，一酸化二窒素などは，地表から上空に向かう赤外放射を吸収し，地表に向かって再放射することから温室効果気体と呼ばれている．化石燃料の消費に伴う二酸化炭素の排出量の増加は，地球温暖化の観点から，近年，グローバルな政治的・経済的な課題となっている．

なお，現在の大気の組成は，地球が誕生した頃の初期の大気（原始大気と呼ばれる）と異なっている．すなわち地球内部からの脱ガスと呼ばれる大規模な火山噴火ガスに含まれていた大量の水蒸気のほか，二酸化炭素および窒素の成分が，徐々に現在の組成に変化してきたものである．噴火ガス中の二酸化炭素は，たびたびの降水によって，石灰岩のような炭酸塩として海中に固定されて，窒素の割合が次第に大きくなり，酸素は，水蒸気が光解離と呼ばれる過程を通じて酸素と水素に分解されて生成され，また，植物の光合成を通じて現在の組成になったと考えられている．

3.2 大気の鉛直構造

　地球を取り巻く空気の空間は大気圏と呼ばれ，その外縁ははるか上空まで広がり，連続的に宇宙につながっている．地表の気圧は約 1000 hPa であるが，気象衛星「ひまわり」が巡る高度約 36000 km の宇宙では真空状態で，もはや空気抵抗はなく軌道は低下しないが，高度 800 km 程度やそれ以下の高度を周回する極軌道衛星の高度では空気がわずかに存在するので，その抵抗により軌道が少しずつ低下し，やがては大気圏に突入し落下する可能性がある．100〜200 km 上空に現れるオーロラは電離層内の現象であり，通常，気象現象には含めない．気象学の対象は 100 km 程度までの上空であるが，天気予報では高々 50 km 上空に境界をおいている．

　気象現象の中で目にみえる一番高度の高いものとして，スコットランドやアラスカなどの高緯度地方の約 30 km 付近に現れる真珠雲と呼ばれる氷晶の雲があげられる．日没時などにたまに紅い彩雲として観測される．その高度の気圧は約 10 hPa である．高層気象観測の代表選手である風や気温を観測するレーウィンゾンデはこの高度まで達する．次に高いのは，中緯度や低緯度でみられる 10 km 規模の高さの積乱雲である．この雲頂高度の気圧は $-50°C$ にも達するから氷晶となっており，「ひまわり」の赤外画像では一番白くみえる（最も低温の）雲である．低気圧などに伴う厚い雲の高さは数千 m 規模である．偏西風の一番強い高度は約 10 km 付近である．このほか，目にみえにくい現象として，重力波と呼ばれる波動が数 km から数十 km 上空まで存在している．

　通常の天気予報が対象としているのは高々 50 km 上空までで，生活圏である地表付近の気象であり，航空機の運航では，上部対流圏から下部成層圏の温度や風である．機内でもときどき，飛行高度や気温，速度などが表示される．一方，これらの気象を予測するための数値予報モデルでは，モデル上のトップ（上端）を約 30〜70 km あたりに設定している．

　これらのことを念頭において，まずある日の上空の気温分布をみてみよう．図 3.1 (a), (b) は，それぞれ稚内，館野の約 30 km までの気温分布である．いずれの地点でも地表から上空に向かうにつれてほぼ一様に気温が減少し，圏界面を経て，成層圏となっている．たとえば稚内では圏界面は 360 hPa（約 7000 m）付近で $-50°C$ となり，その上では等温ないし上昇に転じている．館野では圏界面は 220 hPa 付近にあり，ここには示していないが，鹿児島では圏界面高度は 100 hPa より上に位置している．なお，もう一つの実線は露点温度である．

　図 3.2 は，こうした気温分布の鉛直方向の広がりを地球規模の平均でみたもので，約 100 km 上空までの気温分布を示している．一般に大気の鉛直区分と呼ばれる．これはまた国際民間航空機関（ICAO）が航空機の管制などのために採択している標準大気と呼ばれるもので，気温の鉛直構造の特徴から対流圏，成層圏，中間圏，熱圏の

3.2 大気の鉛直構造　　　　　　　　　　49

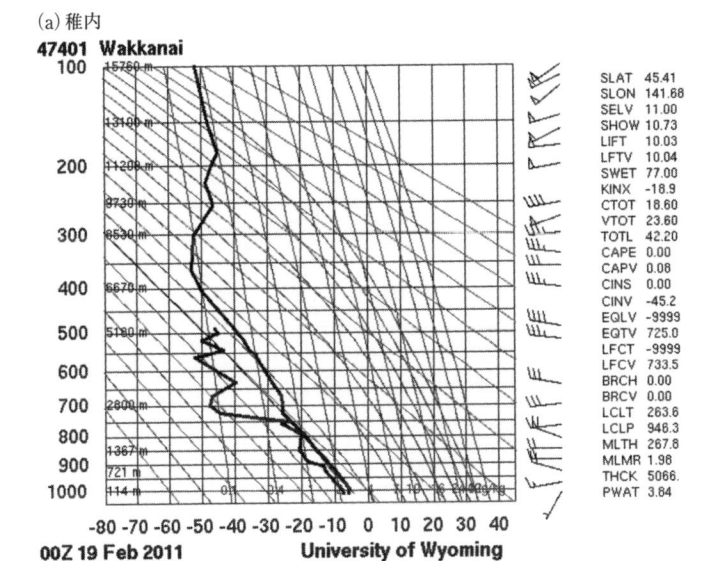

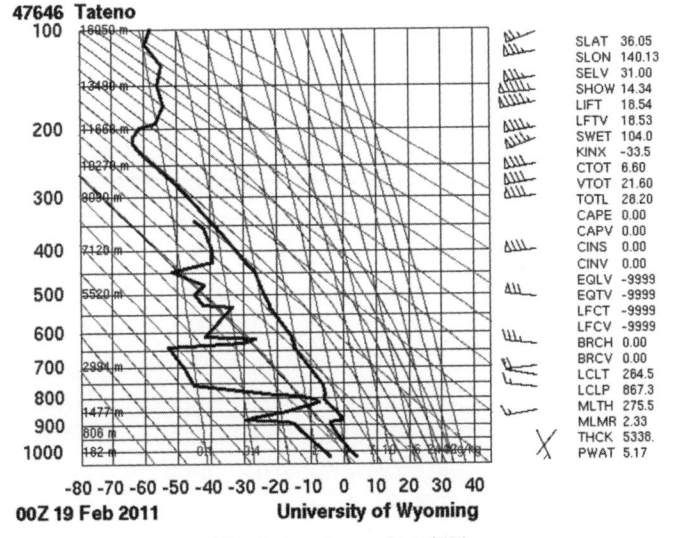

(a) 稚内

図3.1　レーウィンゾンデ観測

四つの層に区分されている．なお，図3.2では経度および緯度方向の変化は平均操作により現れていない．

　最下層は対流圏と呼ばれ，文字どおり対流に伴う雲や低気圧などによる降水など鉛

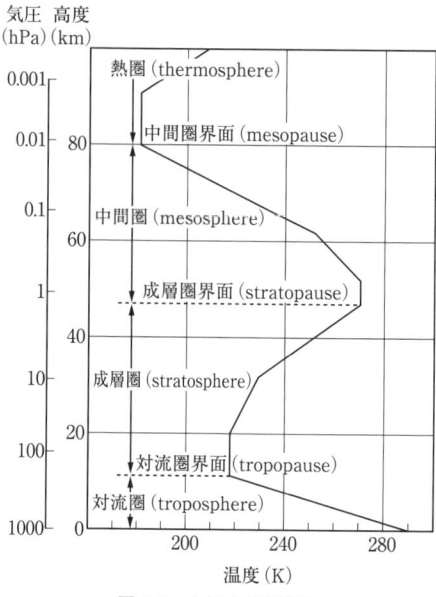

図3.2 大気の鉛直構造

直方向の対流活動が盛んな層で，したがって空気が上下によく混じりあわされている．気温は地表から一定の割合で減少しており11 kmまで続いている．標準大気ではこの層の気温減率は6.5℃/kmと定義されている．

対流圏界面は，対流圏とその上の成層圏を境する面で，気温の鉛直分布からみると不連続面的である．tropopause（トロポポーズ）と呼ばれ，対流活動の届く平均的な頂きに相当する．平均の高度はこのように11 kmであるが，南北方向の実際をみると，赤道地方では約15 km，高緯度付近では約8 kmと北に向かうに従って低くなっている．これは低緯度地方では，下層の空気が暖かく湿っているため積乱雲などの対流が活発で，高緯度に比べてより高いところまで対流が及んでいることの反映にほかならない．

成層圏では，対流圏界面から上空に向かうにつれて気温が高く，したがって鉛直安定度が大きく，空気の鉛直方向の変位が押さえられることから，水平な運動が卓越しやすく層を成す流れとなっている．成層圏という名の由来である．太平洋などを横断するジェット機がほとんど揺れを感じないのはこの成層圏を飛ぶからである．もっとも成層圏といっても通常の巡航飛行高度は36000フィート（約11000 m）くらいであるから，ときどき積乱雲や風の急変などに遭遇して揺れることがあり，航空気象用語でタービュレンス（乱気流）という．重力波の一種である．なお，成層圏上部の気温が高いのは，20〜25 km付近に極大を持つオゾン層が太陽の紫外線を吸収して加熱されているためである．

成層圏の上端は成層圏界面で，その上部は再び気温が減少に転じ，中間圏と呼ばれている．

3.2.1 対流圏・対流圏界面

約 10 km の厚さを持つ対流圏は，日々の気象が生起する空間であり，天気予報で取り扱われる舞台である．そこに現れる現象は一つとして同じものはないが，その月平均や季節平均，さらに年平均などは，過去数十年をさかのぼって，ある期間をみても，ほとんど変わらない．日々の天気は，こうした平均の周りの揺らぎであると解せられる．しかしながら，近年，こうした平均値が年とともに変化していることが見出され，地球温暖化と認識されている．

ここで気温の鉛直方向の変化の割合を表す気温減率について述べておこう．通常，気温減率は，Γ を用いて，

$$\Gamma = -\frac{\partial T}{\partial z} \quad (\text{℃/km})$$

と表される．

ここで T は気温，z は高さである．したがって，気温が高度とともに低下している場合，減率 Γ は正の値となり，逆に高度とともに増加している逆転の場合は負となる．

対流圏は，図 3.2 にみるように，地表から上空に向かって，気温がほぼ一定の割合で低下している領域であり，文字どおり対流を伴う雲や降水現象が頻繁に起こっている領域である．また，高・低気圧や台風などの現象が存在する空間でもある．対流圏の平均的な気温減率は約 6℃/km である．この値は，乾燥断熱減率 10℃/km より小さく，湿潤断熱減率（3～5℃程度）より大きくなっていることに留意しておこう．実際の大気では，種々の現象に伴って，気温減率は時間・空間で変化しているが，対流圏全体の平均でみれば，約 6℃の減率となっている．気温は高度 10 km 付近から，等温層を経て今度は上昇に転じている．その境界が対流圏界面であり，上空の成層圏につながっている．このように対流圏界面は，気温逆転の下限となっているので，対流圏界面の上空では大気は非常に安定になっており，下方からの対流活動を押さえる一種の蓋の役割を演じている．

夏の日などに積乱雲の頂上付近でかなとこ雲が水平方向に広がっているのがよく見受けられるが，これは対流圏界面の付近で起きている現象である．また，3.4 節で述べるように対流圏界面の直下は偏西風の極大域であるジェット気流が存在していることから，長距離を飛行するようなジェット機は，東に向かう便ではその強風を利用し，逆に西に向かう便ではできるだけジェット気流を避ける飛行をしている．

なお，対流圏の厚さである対流圏界面の平均高度は約 10 km であるが，対流活動が活発な熱帯地方では，極地方に比べて高くなっていることに留意しておく必要がある．

3.2.2 成層圏・成層圏界面

成層圏の気温は，対流圏界面から数 km の厚さの等温層を経て，高度とともに上昇に転じている領域であり，高度約 50 km の上空まで広がっている．この高度で気温は極大となっており，成層圏界面と呼ばれる．成層圏の上限に一致している．成層圏内を気温減率でみれば，下部でのゼロ（等温層）から，中・上層では -1℃ ~-3℃ 程度で，逆転層となっている．このように成層圏は静的安定度でみれば非常に安定な層となっており，鉛直方向の運動が強く抑制されているので，水平方向の流れが卓越している．その意味で成層圏は，安定な層で，また静かな領域ということができる．成層圏の底の付近では，ときどき，対流圏界面を突き破って上昇してくる強力な積乱雲がみられ，オーバーシュートと呼ばれている．

ここでオゾンの極大と気温の極大の高度が大きく異なっていることに留意する必要がある．オゾンの極大は約 25 km，気温の極大は約 50 km 付近と異なっているが，これはオゾンによる紫外線の吸収による加熱の割合が，オゾンの極大となっている 25 km 付近よりも，むしろより上空の空気密度の小さい約 50 km 付近で極大となるためである．なお，オゾン層のオゾンは，酸素分子が紫外線を吸収して光解離により生まれた酸素原子に，別の酸素分子が結合して生成されたものである．オゾン濃度の最大は，低緯度の上空約 30 km 付近にあり，南北方向の循環によって中緯度に運ばれ，そこで沈降している．このようなオゾンの子午面循環はブルーワー・ドブソン循環と呼ばれている．

成層圏は上述のように安定な領域であるが，その下部の領域には種々の波動が存在している．熱帯の下部成層圏には，東風と西風がほぼ 1 年ごとに入れ替わる準 2 年振動（QBO）と呼ばれる現象が存在し，平均周期は約 26 か月である．QBO は，対流圏から成層圏に伝播する波動（ケルビン波や混合ロスビー重力波）が持つ運動量と風の東西成分の相互作用で起きると考えられている．このほか下部成層圏には，真冬から春先にかけて極域地方で温度が数日間で数十℃以上も上昇する現象がみられ，成層圏突然昇温と呼ばれている．突然昇温に伴って，風は通常の西風から東風に変化する場合がある．突然昇温は，西風の中をプラネタリー波（長波長のロスビー波）が西向きの運動量を保持しながら上空に伝播する際，西風が減速されて東風となり，それに伴って熱の輸送が極向きとなることに起因するといわれている．

3.2.3 中間圏

成層圏の上空は中間圏と呼ばれ，約 50 km 上空の成層圏界面から，約 80 km の高度にある中間圏界面まで広がっている．中間圏では気温は再び低下に転ずる．これはオゾンの濃度が高度とともに減少しているため，紫外線の吸収量が少なく加熱の割合が小さいためである．この領域では大気は極端に希薄で，平均気圧は約 1 hPa である．したがって，これより上空には，全大気のわずか千分の 1 が存在しているだけである．このように中間圏の密度が地表の約 1/1000 以下と非常に小さいことから，下

方の成層圏から伝播してくるプラネタリー波などの波動エネルギーの振幅がこの中間圏で増大しやすく，また，局所的な乱流が存在していることが知られている．

3.2.4 熱圏・電離圏

熱圏は，中間圏界面のさらに上空に広がっている領域であり，宇宙につながっている．この領域では，大気の組成は少量の原子と分子しかなく，酸素分子が太陽放射を吸収して空気を暖めている．したがって，気温の日変化が非常に大きい．また，太陽からの高いエネルギーを持つ荷電粒子がイオン化されている空気分子と反応して，高緯度地方ではオーロラを出現させている．

電離圏は，大気を電気的性質から区分した層で，イオンおよび自由電子の濃度が高い，帯電した粒子が存在する領域である．電離圏の全体は熱圏に含まれる．ちなみに，電離圏の活動は AM 電波の伝播と深くかかわっており，日中は約 60 km の下層 (D 層) が AM 電波をよく吸収してしまうため電波は遠方には届きにくい．夜間は約 180 km の上層 (F 層) が AM 電波を強く反射し，地表との間で反射を繰り返すため，非常に遠方まで到達することが可能である．日本でのラジオ放送が夜間に外国の混信を受けるのはこのためである．

なお，熱圏では，空気分子の密度がきわめて小さいため，通常の温度計では温度は測定できない．そのため人工衛星の軌道が空気分子の抵抗によって，ごくわずかに低下することから密度を求め，そこから気温を求めている．

3.2.5 標準大気

標準大気の概念は，航空機の運航にかかわる航空管制の分野で重要な役割を演じている．航空機は，他機との衝突を避けるために，管制官の指示に従って希望する航空路および飛行高度を飛んでいる．そのためパイロットは，自機の位置や高度を知る必要があるが，その際に用いられる高度が「標準大気」に基づいた仮想的な大気である．

上空の気圧と高度の関係は，気温の鉛直分布が与えられれば，気体の状態方程式と静力学平衡の式を用いることにより，測高公式で求まる (2.4.1 項参照)．具体的には，地上の気圧と気温，それに気温（正しくは仮温度）の鉛直分布を与えれば，上空の気圧は高度の関数として一義的に決まる．標準大気は，地上気圧を 1013.25 hPa，気温を 15℃とし，気温減率は対流圏では 6.5℃/km，対流圏界面高度は 11 km と仮定した大気である．また，圏界面の上では等温層が高度 20 km まで続き，さらに高度 32 km までの成層圏界面の気温減率は -1℃/km，その上空では -2.8℃/km と決められている．このように標準大気とは，気圧と高度が一対一で対応する架空の大気である．

航空機に搭載されている高度計は，空盒式（アネロイ式）の気圧計であり，観測した気圧に対応した標準大気の「高度」が表示される．図 3.3 は航空機用の気圧高度計を示す．航空機は，この気圧計に表示される高度を飛行しているが，実際はその高度

図 3.3　航空機用気圧高度計（ディジタル表示の高度計もある）

に対応する等圧面を飛行していることになる．たとえば飛行高度 35000 フィートは，標準大気の約 300 hPa の等圧面上を飛行していることになる．実際の等圧面の高さは時間的・空間的に変化するが，すべての航空機は標準大気の高度目盛に対応した高度計で等圧面を飛んでいるから，混乱は起きない．

　航空路は鉛直方向に，およそ 1000 フィート（約 300 m）の高度差で分割されているので，約 30 hPa の気圧差に相当する．航空機が標準大気の高度で飛行している限り問題はないが，巡航から高度を下げて着陸に移るときには，工夫がなされている．すなわち航空法で，高度が 14000 フィート以下で飛行する場合は，高度計の原点を最寄りの空港の現地気圧に規正しなければならないとされている．その場合は，当該空港の標高をゼロとした高度が表示される．着陸の場合は飛行場の現地気圧を時々刻々，無線で受信して原点を規正しながら降下するので，着陸したときには，ちょうど航空機の高度表示が滑走路面に一致するゼロになる．

　このため，飛行場にある気象観測所では毎時現地気圧を観測し，前述のように高度計規正値（QNH）として，航空機機関および航空機に提供している．

　天気予報の観点でみると，気象現象は一般に「静力学平衡」が成り立っているが，積乱雲などではそれが破れている可能性があり，したがって標準大気の関係も当てはめられない可能性がある．ちなみに，航空機はこうした積乱雲を避けるよう運航されている．

3.2.6　大気境界層

　これまで大気の区分および鉛直構造の議論では，自由大気を対象としたが，人の生活圏は，大気の地表付近である．したがって，天気予報の観点からは，そこでの気温や風などの予測が問題である．一方，大気が地表と接する境界面では，摩擦力が働いているほか，熱エネルギーの交換や水蒸気の輸送が存在している．地表から約 1000 m 上空までの厚さの層は「大気境界層」と呼ばれ，そこでは地表摩擦や日射による熱的な影響を直接に受け，その効果が支配的となる．大気境界層では，熱的な影響を大きく受けるため，気温の日変化が大きい．日中は，熱的な対流が卓越するので対流境界層（対流混合層とも呼ばれる）が発達し，その上端は 1000～2000 m に達する．

一方，夜間には，日射がないので地表付近の温度が放射により下降するため，一般に，高度が200〜300m程度の安定層が形成される．特に，夜間の放射冷却が強い場合は，逆転層（接地逆転層）を生じる．秋や冬の夕暮れ時などに，地面からまっすぐに立ち昇る煙が，ある高度でほとんど水平に流れている様は，接地逆転層が形成されている証拠である．大気境界層のうち，地表から数十m程度までの層を特に接地境界層と呼んでいる．この層では地面での加熱や摩擦応力によって生まれる乱流が，運動量，熱，水蒸気の鉛直方向の輸送を担っている．

なお，海陸風は，陸上と海上における大気境界層の高さが昼間と夜間で日変化することに伴って，水平方向の温度傾度および気圧傾度が生じるために起きる局地的な風系である．したがって，程度の差はあるものの，日中は海風，夜間は陸風という日変化を持つ．

3.3 オゾン層

上空約25km付近に極大を持つオゾン層は，前述のように成層圏の生成・維持に本質的に寄与している．オゾン（O_3）は，成層圏の酸素分子（O_2）と原子（O）が太陽の紫外線エネルギーによって光乖離を起こして生成され，また，もとの分子と原子に戻る反応を繰り返している．低緯度上空の成層圏では紫外線が最も強いため，そこで生成されたオゾンは，子午線面循環を通じて南北両半球に輸送され，高緯度で対流圏界面の割れ目を通じて下降するという南北循環がみられる（ブルーワー・ドブソン循環）．一方，南極上空では，春先にかけてオゾンホールと呼ばれるオゾン濃度の非常に低い領域の出現がみられ，その原因として，フロンガス（クロロフルオロカーボン類）の成分である塩素の作用によってオゾンが破壊されることが科学的に証明された．このため1988年に発効したオゾン保護のためのウィーン条約によって，国際的な排出規制がなされたので，新たなガスの放出によるオゾン層破壊の危険性はなくなったといえるが，現在でもオゾンホールの出現はみられている．ちなみに，最近は同様のホールが北極圏でも確認されている．

なお，オゾン濃度の多寡は，通常の天気予報では問題にならないが，オゾンは二酸化炭素およびメタンガスとともに温室効果ガスの一種であるため，地球温暖化など気候の変化を扱う際は無視できない．

3.4 偏西風

日々の天気予報で，低気圧の移動速度や台風の進路の説明の際，よく偏西風の蛇行に言及される．偏西風は南北両半球の中緯度上空に，地球を取り巻くように1年中吹

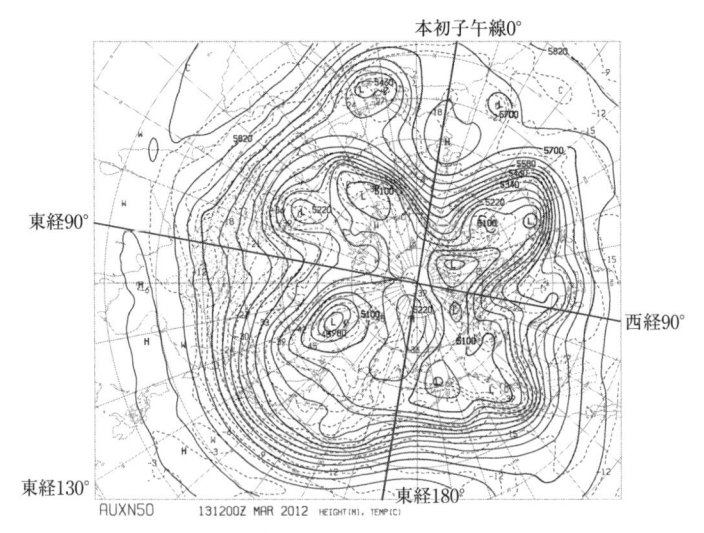

図 3.4 北半球 500 hPa 天気図（2012 年 3 月 13 日 12 Z，太線の交わる点が北極を示す）

いている西よりの風であるが，決して一様ではなく時間・空間的に変化している．偏西風およびその強風軸あるいは強風帯を意味するジェット気流はどうなっているのであろうか．

まず，ある日の上空の流れをみてみよう．図 3.4 は，北極を中心にみた 500 hPa 面の流れを示す（注：5700 などの数値は 500 hPa 面の高度を表す）．

中緯度上空を巨視的にみると，等圧面は北のほうが低く傾いており，地衡風を想定すると西よりの風，すなわち偏西風が吹いていることがわかる．また，等圧面の傾き具合を示す等高線の間隔は中緯度で一番混んでおり，したがって，そこでは偏西風が一番強くなっており，強風帯あるいは強風軸として認識される．このような強風帯は一般にジェット気流と呼ばれる．さらに，等高線の走行をみると同心円状というよりむしろ南北に蛇行しているのがみえる．この蛇行を一種の波動と認識すると，地球を取り巻いて 4 個程度の波が大きな蛇行（大きな振幅）をしているのが見受けられる．

次に，このときの日本周辺の上空をみたのが図 3.5 で，上段は 300 hPa 天気図，下段は 500 hPa 天気図である．

中国大陸方面から日本列島にかけてジェット気流がみられ，日本の上空 300 hPa では約 150 ノット（約 80 m/sec），500 hPa では 90 ノット（約 45 m/sec）程度の強い西よりの風がみられる．

さらに，同じ時刻で風と気温の場を南北方向の断面でみたのが図 3.6 である．横軸はほぼ東経 130° に沿って北から南への距離を表し，対応するレーウィンゾンデから解析されたものである．鹿児島付近の上空 250 hPa（11 km）付近にジェット気流の

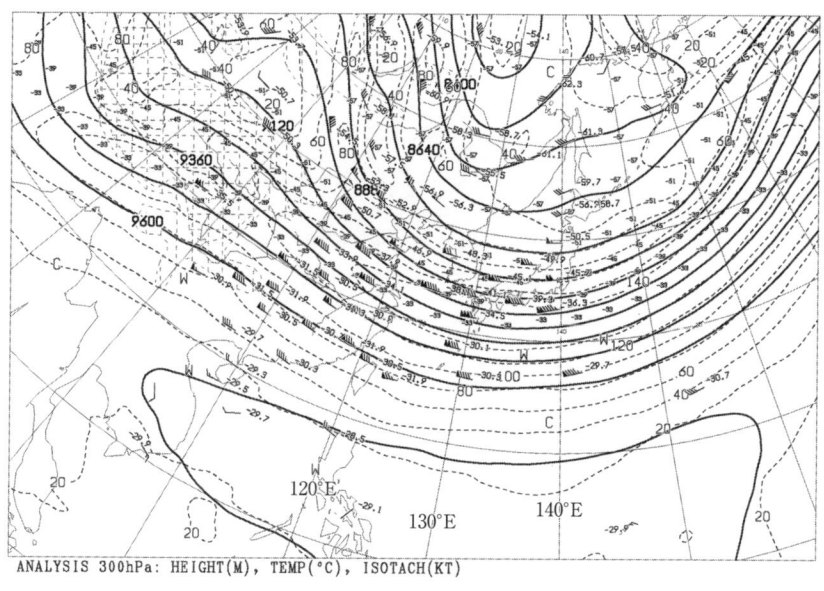

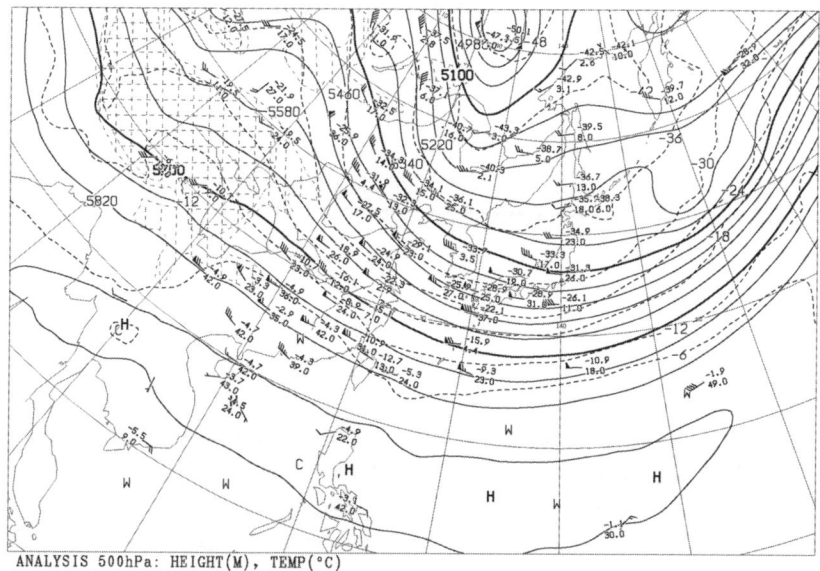

図 3.5 高層天気図（300 hPa, 500 hPa. 2012年3月13日12 Z）

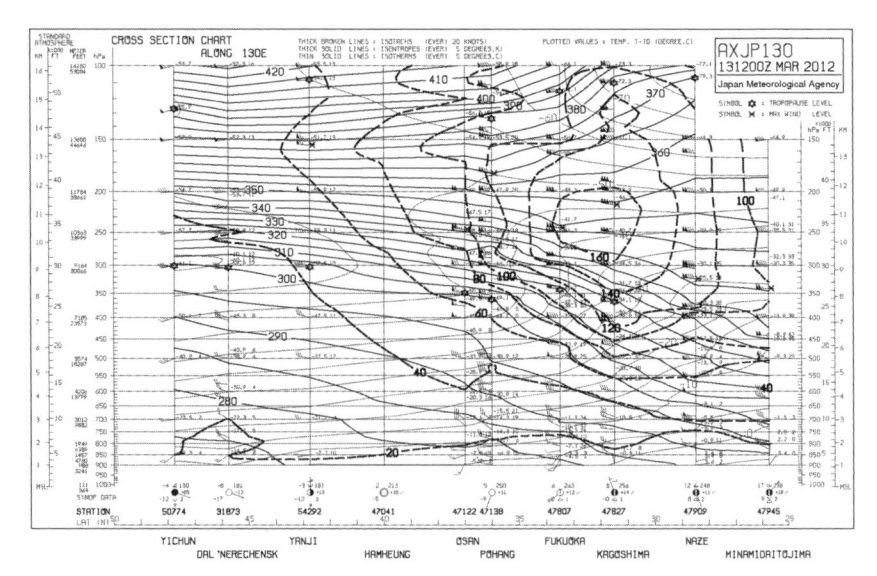

図3.6 風と気温の南北鉛直断面 (2012年3月13日12Z)

核がみられる.

これまで上空の風と気温の場を3月13日12Z (21時) という時刻でみたが, 次に, 図3.7で冬 (1月) と夏 (7月) の季節的な平均をみてみよう. 太実線で圏界面が描かれ, 点線で等風速線, 細実線で等温線が表されている. まず, 季節を問わず, 中緯度上空には偏西風がみられ, 低緯度地方では逆に偏東風が吹いている. また, 対流圏の温度は低緯度で高く, 北極に向かって低くなっていることがわかる. 偏西風の強風核 (ジェット気流) の位置は, 冬季 (1月) は北緯30°, 夏は50°付近にそれぞれ存在している. その高度は成層圏界面の直下に位置し, そこで気温の南北傾度が最大となっている. なお, この図は北半球におけるもので, 上段は冬半球, 下段は夏半球を示しているが, 南半球でみれば, 上段が夏, 下段が冬とみてよい.

上述の風および気温の場の特徴を以下にまとめる.
(1) 対流圏と成層圏が対流圏界面で分かれており, 対流圏では気温は上空に向かうにつれて低下し, 成層圏では等温あるいは上昇に転じている.
(2) 気温は赤道付近の下層で一番高く, 北極に向かって低くなっている. すなわち等温面が北に傾いている. 成層圏では, 逆に, 極に向かって気温が高くなっている. これは対流活動が低緯度でより活発であることと符合する.
(3) 中緯度付近では上空にいくほど偏西風は強くなっている. 偏西風のジェット気流の核は成層圏界面付近にある. その直下では気温の南北傾度が最も大きい (北側が低温で等温線が混んでおり, かつ傾きが大きい). 成層圏界面付近より上空に向かうと, 逆に, 風は弱くなる.

3.5 モンスーン，気団，梅雨　　　　　　　　　　　59

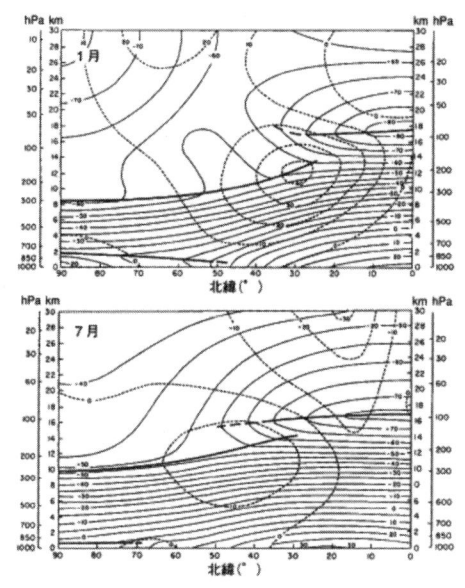

図3.7　風と気温の平均図（上段：1月，下段：7月）

(4) 低緯度では下層が東風で，低緯度地方の北東貿易風の反映である．なお，夏にはこの東風は中緯度まで及ぶ．

(5) 赤道付近の上空は成層圏までほとんど東風である．なお，成層圏の風については準2年周期といって，太陽の動きに連動した1年周期とは異なった循環系がある．

(6) 気温の水平分布（水平傾度）と風の鉛直シアの間には，「温度風」という関係があり，等温面の傾きが大きいほど風の鉛直方向の変化率も大きい．図3.7の南北断面図でいえば，(2)での等温面の傾きに対応して，上空ほど偏西風が強くなり，中緯度圏界面で極大（強風核）となっている．また，中緯度上空の成層圏では，この逆の関係がみられる．

なお，注意すべきことは，最初にこのような固定的な対流圏や成層圏ありきではなく，これらは水蒸気を含む大気の日々の運動を平均した構造であるという点である．

3.5　モンスーン，気団，梅雨

3.5.1　モンスーン

冬季になると，シベリア大陸で高気圧が発達して，日本の周辺ではしばしば縦縞模様の「西高東低」の気圧配置が出現し，日本列島は冷たい北西の風に見舞われる．一方，夏季になると，北太平洋高気圧が発達して日本付近までを覆い，南よりの湿った

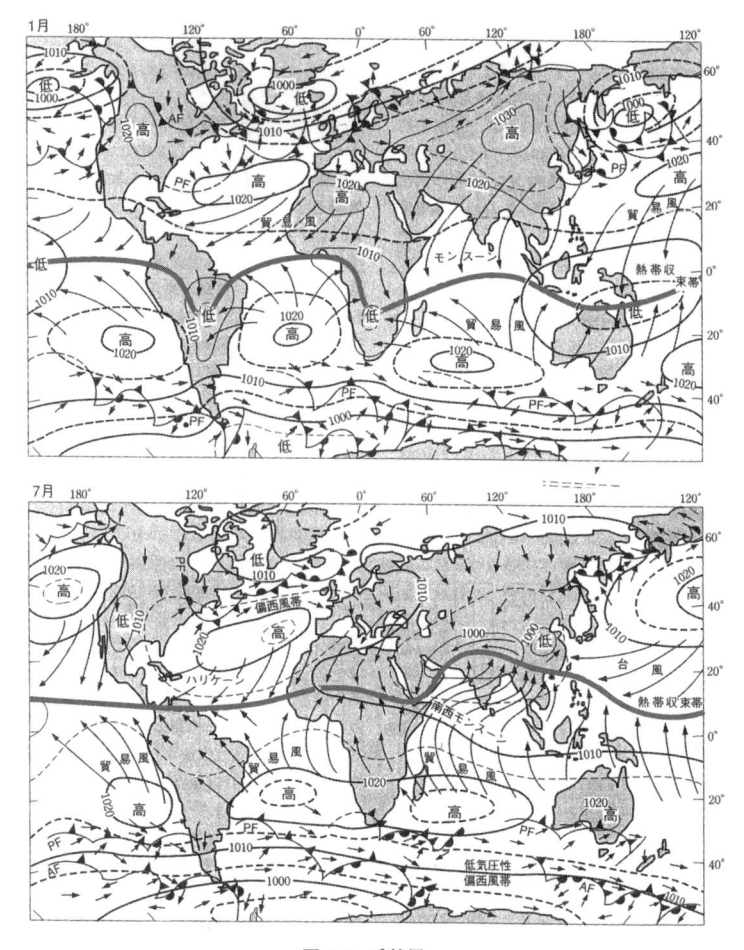

図 3.8 季節風
1月と7月の平均的な風系．AF は極前線帯，PF は寒帯前線帯を表す[6]．

風が吹く．このように，ある季節を通じて風向が持続的であるが，季節が変わると風向が著しく変化する風を一般にモンスーン（monsoon）あるいは季節風と呼ぶ．モンスーンはアラビア語の mausim（モウシム）を語源としており，アラビア海では夏の南西風，冬の北東風を意味する．

このような風は，世界各地の気象観測所における日々の風のデータから日平均値を求め，さらに月平均値を求めることによって，その全体像が得られる．同様にして気圧についても平均値を求めることができる．図 3.8 は，全球規模での気圧分布と風の平均をみたもので，冬の代表として1月を，夏の代表として7月を示したものであ

3.5 モンスーン,気団,梅雨　　　　61

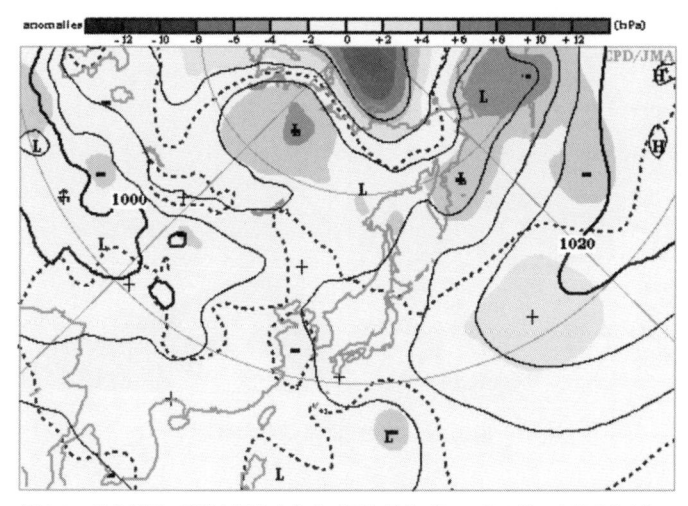

図 3.9 日本周辺の平均気圧分布および平年偏差(2011 年 8 月,気象庁資料)

る.矢印で風向を,またその長さで風速の強さを表す.

　北半球の 1 月をみると,大規模な高気圧がアジア大陸に存在し,風が時計回りに吹き出しており,日本周辺では北西風をもたらしている.7 月をみると,今度は大規模な太平洋高気圧が存在し,日本周辺に南東の風をもたらしている.

　ここで天気予報の観点からモンスーンを眺めてみよう.たとえば,1 か月予報の立場でみれば,その期間内にどのような季節風(平均の気圧配置)に見舞われるかは気温の高低や降水量の多寡に結びつくことから,大いに関心がある.また,アジアモンスーンの開始時期や強さは,日本の梅雨の消長,さらに小笠原高気圧の消長とも密接に関連しているので,当然その年の台風の進路にも影響を与えることになる.

　図 3.9 は,2011 年 8 月の日本周辺の平均気圧分布および平年からの気圧偏差を示す.このときは,この図にみるように北太平洋高気圧が例年になく発達し(平年に比べて 5 hPa 程度),日本列島全体が猛暑に見舞われた.

3.5.2 モンスーンと気団

　次に日本周辺のモンスーンを眺めてみよう.図 3.10 は,アジアにおけるモンスーンを眺めたものであり,気団,シベリア高気圧,亜熱帯高気圧などの風系が示されている.モンスーンを発生地域でみると,夏は日本付近に南東モンスーン,インド半島付近には南西モンスーンがみられる.冬は日本などの大陸東岸付近には北西モンスーン,インド方面には北東モンスーンがみられる.これらの総称としてアジアモンスーンと呼ばれる.

　これらのモンスーンは,高気圧側から低気圧側に向かって吹き出している地表の風

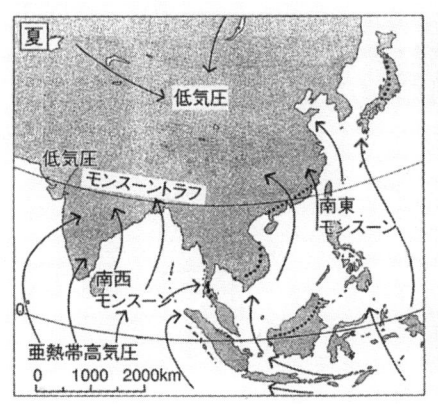

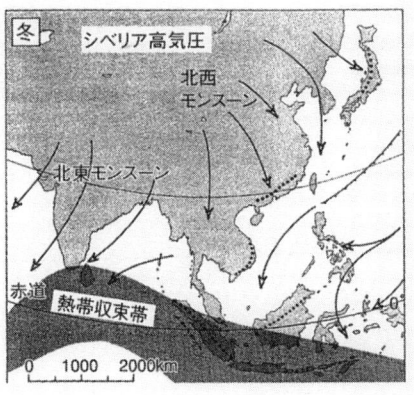

図 3.10　日本周辺のモンスーンなど

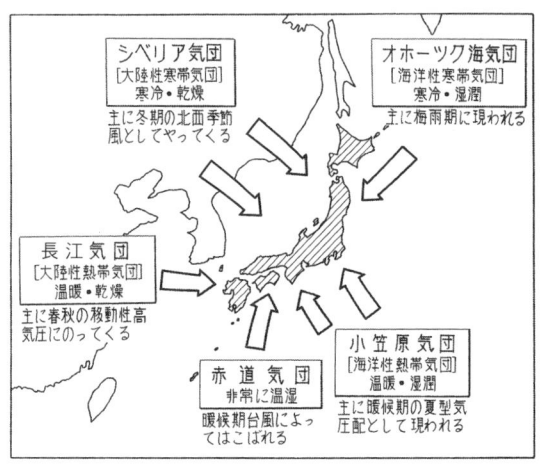

図 3.11　日本天候に影響を及ぼす気団[7]

系であり，それらを維持するシベリア高気圧など気圧分布と表裏一体の関係にある．風の場と気圧場は，後述する地衡風の関係を満たしている．また，これらの高気圧は，それぞれの地域内でほとんど同質の温度および湿度を持つ空気である気団を持つ．図 3.11 は，日本付近の季節風（モンスーン）と及ぼす気団との関係を示したものである．

　この図に示されている高気圧はそれぞれ特有の鉛直構造と循環を持っている．冬季シベリア大陸を中心にみられる大規模なシベリア高気圧は，地面における日射による加熱に比べて，放射による冷却の割合のほうが大きいために形成されるもので，低温で密度の大きい空気が下層に滞留している．したがって背が低い高気圧である．オホ

ーツク海高気圧は，洋上で冷却された低温で多湿の背の低い高気圧である．一方，夏季の太平洋高気圧は，熱帯地方の熱帯収束域で上昇した空気が北上し，亜熱帯地方の上空から断熱的に沈降・昇温して形成されるもので，シベリア高気圧などとは異なって，逆に背が高く温暖である．なお，長江気団は中国大陸で形成されるが，他の気団と異なって一般に移動する性質を持っている．

現在の数値予報モデルは，このようなモンスーンを含む地球規模の循環を数か月先まで予測することが可能となっており，気象庁では，後述のように季節予報として一般にも公表している．

3.5.3 梅　　雨

春夏秋冬という四季の中で，晩春から夏にかけて雨や曇りの日が多く現れる現象として梅雨がある．梅雨は気象現象というにはやや馴染みにくいが，梅雨期の雨の多寡は，農業などの産業活動にも大きな影響を与えるほか，梅雨入りや梅雨明けは人心にも少なからず作用する．また，梅雨末期などには，たびたび集中豪雨にも見舞われる．したがって，天気予報の観点からみても，梅雨の入り・明けや天候の予想は重要な課題である．

まず，梅雨入り・明けについて眺めてみよう．梅雨の季節だからといって毎日曇りや雨の日が続いているというわけではなく，他の季節に比べてその状態が比較的はっきりしているにすぎない．また，梅雨入り・明けとはいっても，決してある1日を境に明瞭に梅雨入りとなるわけではなく，晴れの日や曇り・雨天の日を繰り返しながら数日の遷移期間を経て，梅雨に移っていくのが普通である．梅雨入りの時期が明瞭にわかる年もあれば，いつの間にか梅雨の季節に入っているというように梅雨入りの時期が明瞭でない年もある．わが国での梅雨の季節では，平均的にみると，図3.12に表すように，5月の10日前後にまず沖縄付近が最も早く梅雨入りする．その後九州南部が6月上旬前半に，西日本から東日本にかけては6月上旬の後半に梅雨入りし，最後に東北地方まで梅雨の季節となる．東北北部は沖縄より1月以上遅れて，6月中

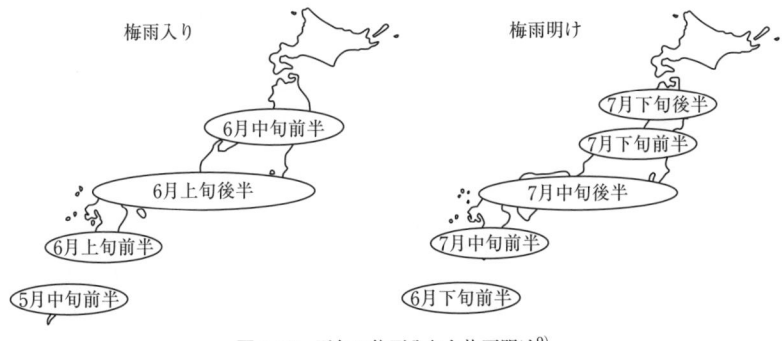

図3.12 平年の梅雨入りと梅雨明け[9]

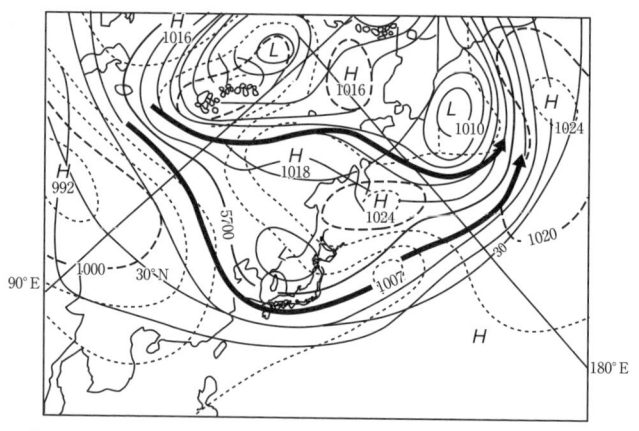

図3.13 梅雨入り時期の気圧配置とジェット気流（1968年6月15〜19日の半旬平均）

旬に梅雨の季節に入る.

　なお，北海道には梅雨はないといわれているが，北海道でもこの時期に曇りや雨の日が続くことがあり，このような状況を「えぞ梅雨」と呼ぶことがある．梅雨が明けるのは沖縄が6月下旬の初めで，次第に北に移り，最後に東北北部が7月下旬の後半に明けて，ようやく全国的に盛夏の季節となる．

　なお，「梅雨入り」「梅雨明け」について，気象庁では数日から1週間程度の天候予想に基づき，鹿児島や大阪などの地方予報中枢官署が気象情報として発表する．情報文には予報的な要素を含んでいる．なお，メディアでよく「梅雨入り（明け）の宣言」などの言葉が用いられるが，気象庁は宣言という用語は用いないことにしている．

　さて，梅雨の頃の気圧配置といえば，日本の北にオホーツク海高気圧があり，南には太平洋高気圧があって，この二つの高気圧の間に梅雨前線が横たわっているというパターンが典型的であろう．図3.13は1968年に九州から東北まで梅雨入りした時期の北半球5日平均天気図の一部で，6月15〜19日の半旬である．細い実線は500 hPaの等高度線，点線は地上の等圧線，太い実線はジェット気流の軸を示している．

　この天気図のパターンの特徴はジェット気流の流れにある．日本のはるか西方のチベット方面でジェット気流が大きく分流しており，日本を挟んで北と南の2本の流れがみられる．3.12節で述べるブロッキングが起こっている．すなわち，北の流れのリッジ（気圧の峰）に対応してオホーツク海高気圧が形成されており，南の流れは日本付近でトラフ（気圧の谷）を形成している．この図には示していないが，南のジェット気流の下層，本州南岸付近に梅雨前線が位置している．このように，日本に梅雨をもたらすオホーツク海高気圧は日本付近だけの局所的なものではなく，東アジアの大規模な大気の流れと密接不可分にある．地球規模の季節変化の中でみれば，梅雨は日本から朝鮮半島およびユーラシア大陸東岸にかけての東アジアの地域にみられるアジアモンスーンの一環にほかならない．

3.6 温帯低気圧

　新聞天気図などで日々の天気図をみると，日本周辺のどこかに必ずといっても過言でないほど，低気圧および高気圧，前線がみられる．高気圧は一般に晴天をもたらすが，低気圧は全天を覆うような巻雲や積乱雲，雨や風，雪，湿気などをもたらし，たびたび大雨などの災害を起こすことから，その振る舞いは天気にはもちろん，社会に大きな影響を及ぼす．したがって，低気圧や高気圧は普段の天気に最も密接な影響を及ぼす気象現象ということができる．

　天気予報の歴史を振り返ると，高・低気圧がどこにあり，この先どのように進み，発達あるいは衰弱するか，どんな天気をもたらすかは，予報技術者にとって最も大きな関心事であり，このことは現代でも通じる．気象学ではこのような高・低気圧の振る舞いに着目する立場を総観気象学（synoptic）と呼ぶ．

　明治中期に始まる日本の天気予報の歴史は，長い間，このような高・低気圧の経路を主に地上天気図を用いて分類し，各経路に伴う天気との関係を整理し，それらの性質を分析し，日々の予報作業に役立てていた．近い過去の天気図の推移から，それと一番類似している過去の天気図を選び出すことにより，今回もそれに近い天気図（天気）が実現すると見なす方法である．いまから1世紀も前の日露戦争の日本海海戦では，当時不十分な学理の中で，データもまばらな地上天気図を睨んで，経験と勘を頼りに，あの有名な「天気晴朗なれども浪高かるべし」の予報がなされた．しかし，このような天気図の類似性に基づく予報技術は，類似性自体の判断に主観が入ること，また類似が多数ある場合など，おのずと限界があった．

　現代の数値予報技術では，高・低気圧の位置や中心示度，等圧線の形状などは，1週間先程度まで相当よい精度で予測可能となっている．さらに，数値予報モデルの結果を，1時間刻みで気圧分布や等温線として，あるいは地点ごとの時系列表として，出力することも容易である．しかしながら，個々の地点や地域の天気分布（雲量，風，気温など）を予測する場合には，さらに数値予報モデルの結果を後処理して作成される「ガイダンス」（後述する）が用いられる．

　さて中緯度地方で発生し，東西方向に移動する低気圧は一般に温帯低気圧と呼ばれ，熱帯地方に起源を持つ熱帯低気圧と区別される．また，このような温帯低気圧は一般に高気圧と隣り合って一連の現象として発生・発達・移動する．したがって，このような高気圧の成因や機構は，シベリア高気圧や太平洋高気圧，オホーツク海高気圧のように，ほぼ同じ地域にかなり長期にわたって停滞する高気圧と区別される．

　ここでは，このような温帯低気圧の典型的な発生・発達の様子を地上および高層天気図，気象衛星画像，天気の推移で概観し，また数値予報モデルによる予測結果にも言及する．その後，予報技術者の間で共有されている低気圧の構造，発生・発達の概念モデルについて述べる．

3.6.1 温帯低気圧の発生・発達

ひとくちに日本付近における温帯性低気圧（以下，単に低気圧という）といっても，その態様は千差万別で，一つとして同じ経過をたどるものはない．低気圧の進路でみると，日本の南岸を東進するものや本州から日本海に進むもの，中心が本州と日本海に分かれて「二つ玉低気圧」として進むものなどがある．当然，出現する天気もその経路に依存する．

しかしながら，昔から多くの予報者は，たとえば，台湾付近の地上風がある変化をしてくると，やがて東シナ海に低気圧が発生し，西日本に近づき，ほぼ1日後には東日本に移動し，雨をもたらすことなどを知っていた．天気予報の世界では，このような低気圧のタイプを「東シナ海低気圧」あるいは「台湾坊主」などと呼んでいる．このタイプは低気圧の発生・発達の典型的な現象の一つであり，温帯低気圧の一般的特徴を持っていると考えられるので，以下に取り上げる．

a. 地上天気図での経過

東シナ海低気圧の生涯を，まず地上天気図を手がかりにみてみよう．図3.14-1(a)～(g)は12時間おきの地上天気図である．着目した時間帯は，低気圧の九州西方海域での発生から，カムチャツカ半島に抜けるまでのおよそ4日間である．2010年12月1日21時(a)の段階では日本全体が高気圧圏内にあり，台湾の北の東シナ海に低気圧性の湾曲した等圧線がみられる．図には示していないが6時間後（12月2日03時）には東シナ海に弱い低気圧が発生した．2日9時(b)には低気圧の中心は九州の西に進み中心示度は1014 hPa，2日21時(c)には四国付近に進み1010 hPa，3日9時(d)には東北地方の日本海沿岸に進み998 hPaと急速に発達した．その後も，さらに発達を遂げ，3日21時(e)には982 hPa，4日9時(f)には北海道の北に進んで972 hPaと，まさに「台風並み」に猛烈に発達し，4日21時(g)にはカムチャツカ半島方面に北東進した．

前線についてみると，3日9時(d)までに閉塞が始まり，その後，次第に南に閉塞前線が延びている．

次に気象衛星の画像で，低気圧の経過を眺めてみよう．図3.14-2(h)～(l)は赤外画像で，12月1日12UTC（1日21時）から3日12UTC（3日21時）までの2日間を12時間おきに示したものである．

1日21時(h)の段階では，上述の地上天気図（図3.14(a)）にみられた東シナ海付近の低気圧性の等圧線パターンに対応して，雲域が現れている．2日9時(i)には，地上天気図（図3.14-1(b)）の低気圧の発生に伴う雲域がみられ，その後は(j)，(k)をみると，低気圧の発達に伴って，雲域が進行方向の前面に広がっているのがわかる．3日21時(l)には閉塞前線の付け根付近の西側にドライスロットと呼ばれる独特の暗域（下降気流）がみられる（地上天気図3.14-1(e)参照）．

最後に，この低気圧に伴う天気の推移をみると，1日は日本列島は高気圧に覆われているが（晴れていたと思われるが），2日から3日にかけて西から雨となり，各地

3.6 温帯低気圧

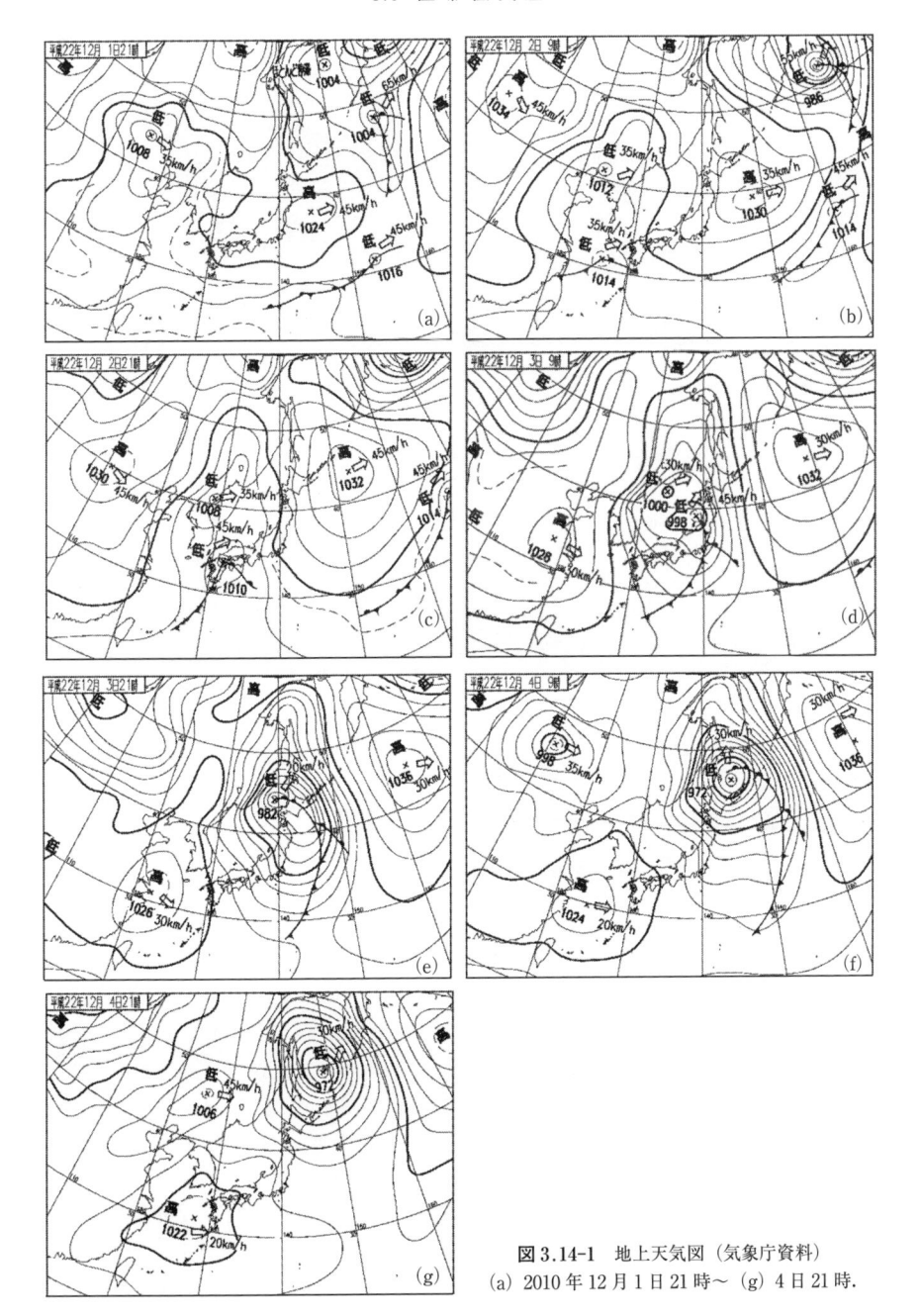

図 3.14-1 地上天気図（気象庁資料）
(a) 2010 年 12 月 1 日 21 時 〜 (g) 4 日 21 時.

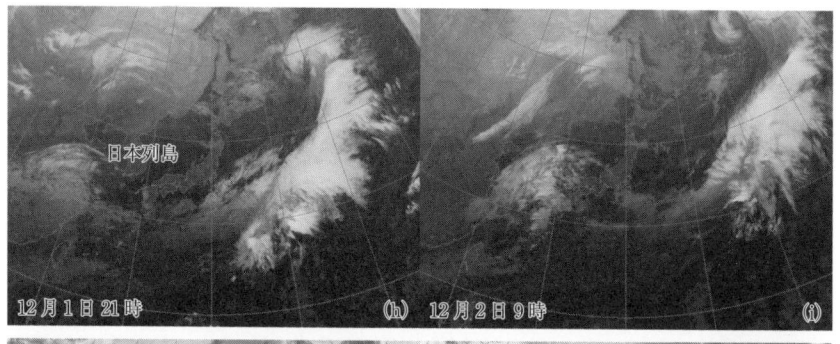

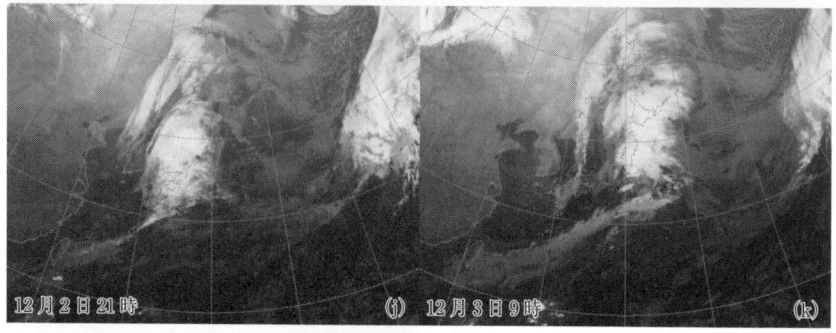

図 3.14-2 気象衛星による赤外画像（気象庁資料）
(h) 2010 年 12 月 1 日 21 時〜 (l) 3 日 21 時.

で12月としての雨の記録を更新した．また，3日から4日にかけて東日本から北日本で，いわゆる大荒れの天気となり，太平洋岸では大雨，強風や突風に見舞われた．4日には北日本で暴風が続き，青森県八戸では最大瞬間風速35.6 m/sを記録した．その後，天気は西日本から回復し，各地は乾燥した晴天に覆われた．

　ここで低気圧の東進と関連して，福岡，大阪，東京，札幌における日照時間，降水量などの時系列をみる．

　一番西の福岡では，低気圧の接近に伴い，1日の日中の晴天から，2日の朝には曇りとなり，午後からは雨が降りだし，20時頃まで続いている．大阪では雨の降りだ

しは 2 日の 20 時頃，東京では 3 日午前 2 時頃となっており，雨域も低気圧の東進とともに東に移動している．札幌では 3～4 日にかけて降水があり，10 m/s 前後の強風が長期間継続した．

b. 高層天気図での経過

このような低気圧の発達は上空の場とどのように結びついているのであろうか．以下には，2010 年 12 月 1 日 12UTC（21 時）から 3 日 12UTC までの期間を対象に，24 時間おきに，300，500，700，850 hPa の天気図を掲げた．なお，低気圧の発生および発達と低気圧性循環の鉛直方向の傾き（予報現場では，単に「軸の傾き」と呼ばれる）の様子をみるために，気圧の谷（太い実線）と峰（太いぎざぎざの線）のおおよその位置を記入した．

図 3.15(a)～(d)は，それぞれの日における各時刻の天気図を示し，300，500，700，850 hPa の順に配置されている．

まず 12 月 1 日 21 時の時点でみると，地上天気図図 3.14-1(a)でみられる東シナ海から九州西方域にかけての弱い谷の領域は，高層天気図の図 3.15(a)でみると，中国大陸の上空にみられる谷の前面（東側）に当たる．また 850 hPa でみると谷の前面および後面（西側）で，それぞれ弱い暖気移流および寒気移流がみられる．24 時間後の 2 日 21 時では，すでに地上では，九州付近で低気圧が発達中である（図 3.14-1(c)参照）．一方，上空の図 3.15(b)の 500 hPa や 700 hPa をみると，この低気圧の西側に谷があり，低気圧の循環の中心が西に傾いていることがわかる．また，850 hPa ではさらに暖気・寒気移流が強まっており，地上の気圧も急速に深まっている．これらの特徴は 3 日 21 時にはいっそう顕著になっている（図 3.15(c)参照）．しかしながら，4 日 21 時をみると，低気圧は上空の谷のほぼ直下に位置しており，また，暖気・寒気移流はみられない（図 3.15(d)参照）．

この事例のような低気圧の発生・発達期にみられる暖気と寒気の移流は，相対的に低気圧の前面での暖かい空気の上昇と後面での冷たい空気の下降を伴っており，低気圧性循環の軸が西方へ傾斜しており，また最盛期以降にみられる移流の減少と循環軸の傾きの減少は，最も教科書的な低気圧の発達論と一致している．なお，温帯低気圧の発生・発達論は「傾圧不安定論」と呼ばれ，第 5 章で改めて触れる．

c. 数値予報モデルによる予測

最後に，現代の数値予報モデルがどの程度，実際を再現しているかをみておこう．数値予報モデルの予測精度の評価には種々の方法があるが，ここでは地上天気図でみた 2 日間の実況とモデルによる予想天気図（気象庁では FSAS と呼んでいる）を比較してみよう．図 3.16(a)，(b)は 1 日 21 時を初期時刻とする 24 時間および 48 時間予想であり，一方，その時刻に対応する実況図は，上述の図 3.14-1(c)，図 3.14-1(e)である．予測が完全であれば，それぞれが一致すべきものである．低気圧の発達や移動，等圧線の形状は，視覚的にみるとほとんど一致していることがわかる．数値予報モデルと天気との関係で留意すべきことは，気圧パターンがこのように精度よく

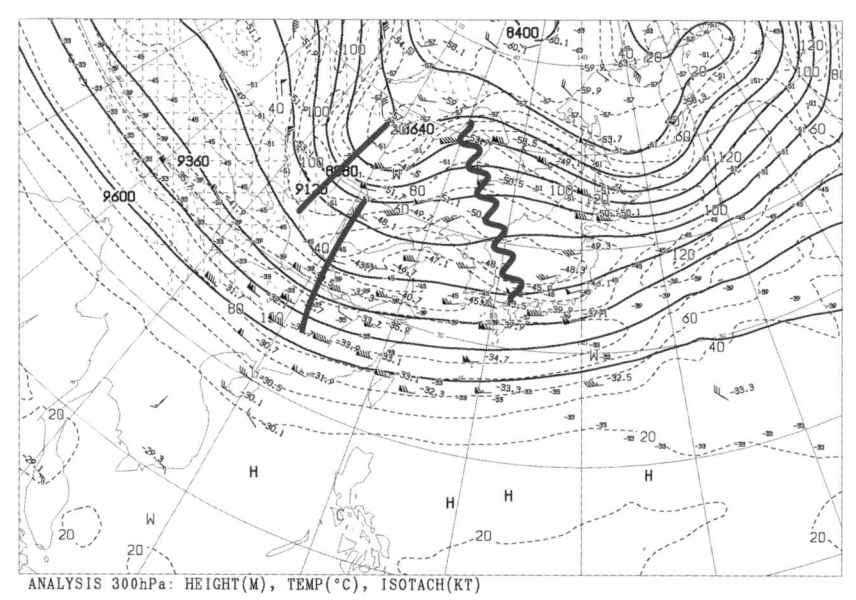

ANALYSIS 300hPa: HEIGHT(M), TEMP(°C), ISOTACH(KT)

ANALYSIS 500hPa: HEIGHT(M), TEMP(°C)
AUPQ35　011200UTC DEC 2010　　　　　　　*Japan Meteorological Agency*

図 3.15(a)-1　高層天気図（上段：300 hpa，下段：500 hpa）
2010 年 12 月 1 日 12UTC（21 時）.

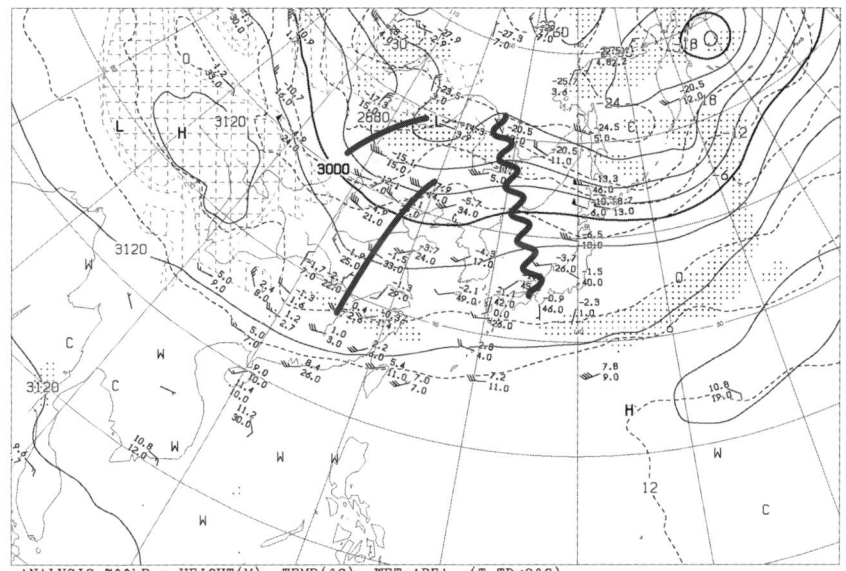

3.6 温帯低気圧

図 3.15(a)-2　高層天気図（上段：700 hpa，下段：850 hpa）
2010 年 12 月 1 日 12UTC（21 時）．

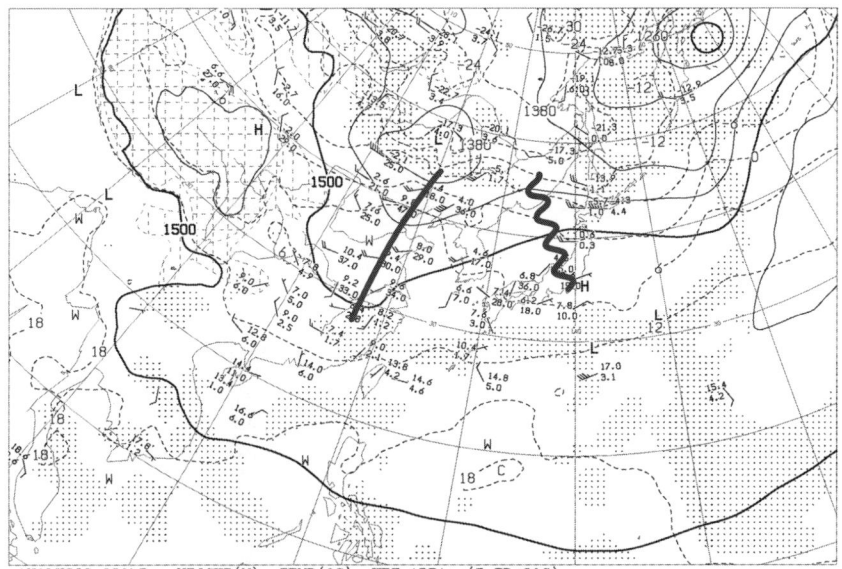

72   3. 天気予報と主な気象現象

ANALYSIS 300hPa: HEIGHT(M), TEMP(°C), ISOTACH(KT)

ANALYSIS 500hPa: HEIGHT(M), TEMP(°C)
AUPQ35   021200UTC DEC 2010   *Japan Meteorological Agency*

図 3.15(b)-1　高層天気図（上段：300 hpa，下段：500 hpa）
2010 年 12 月 2 日 12UTC（21 時）．

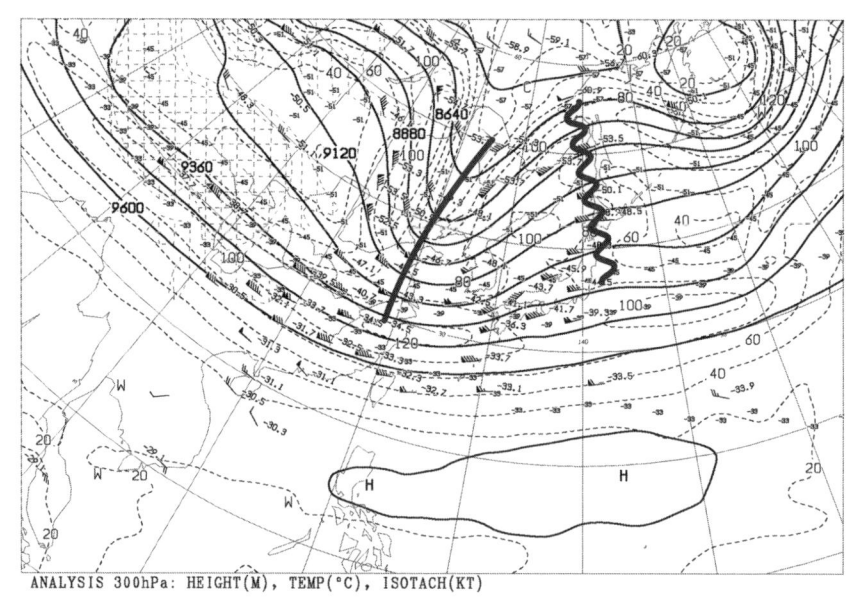

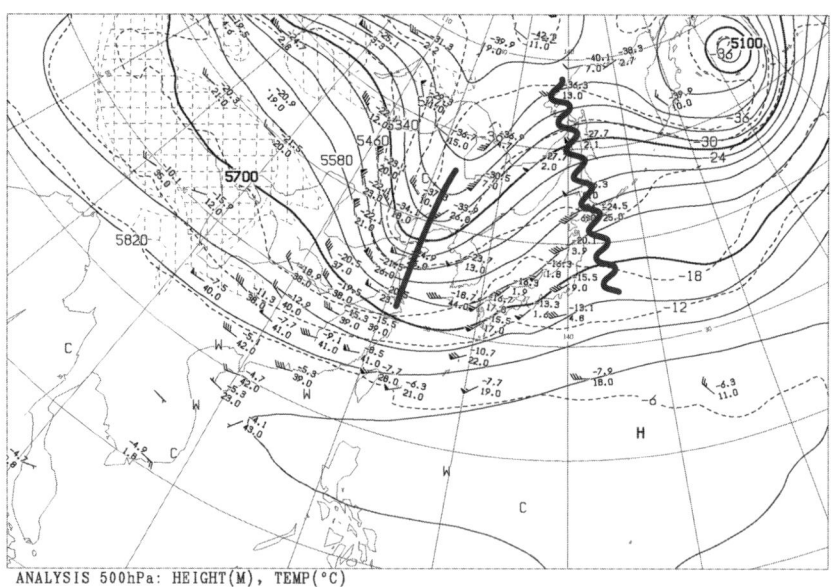

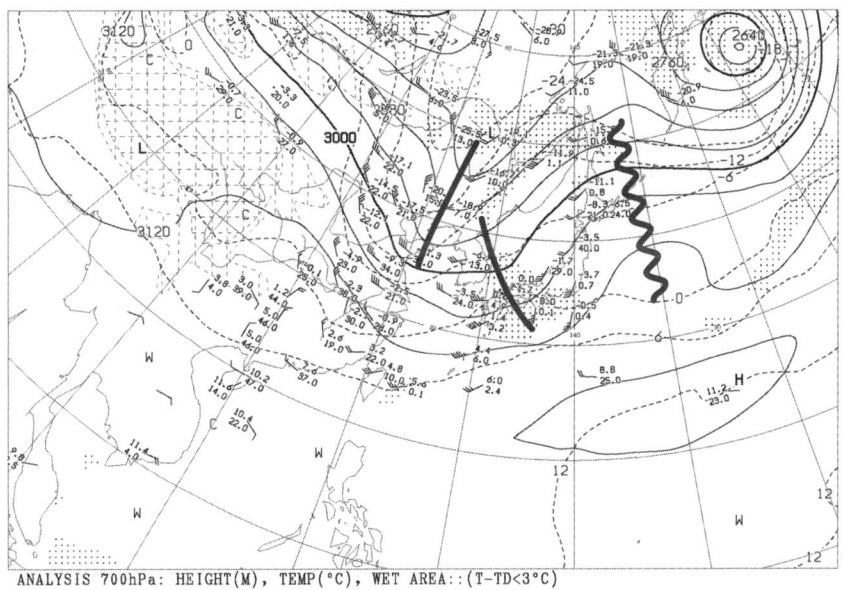

3.6 温帯低気圧　　　　　　　73

ANALYSIS 700hPa: HEIGHT(M), TEMP(°C), WET AREA::(T-TD<3°C)

ANALYSIS 850hPa: HEIGHT(M), TEMP(°C), WET AREA::(T-TD<3°C)
AUPQ78　　021200UTC DEC 2010　　　　　　　　　Japan Meteorological Agency

図 3.15(b)-2　高層天気図（上段：700 hpa，下段：850 hpa）
2010 年 12 月 2 日 12UTC（21 時）．

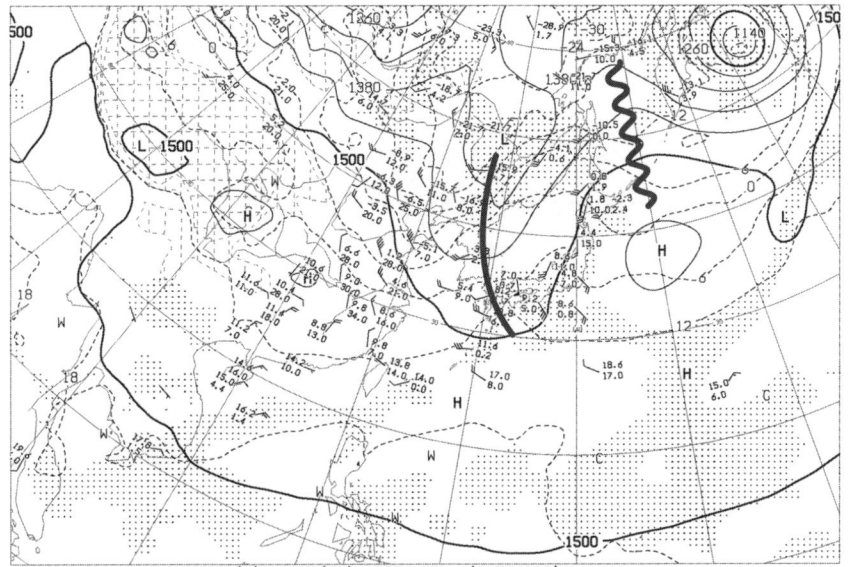

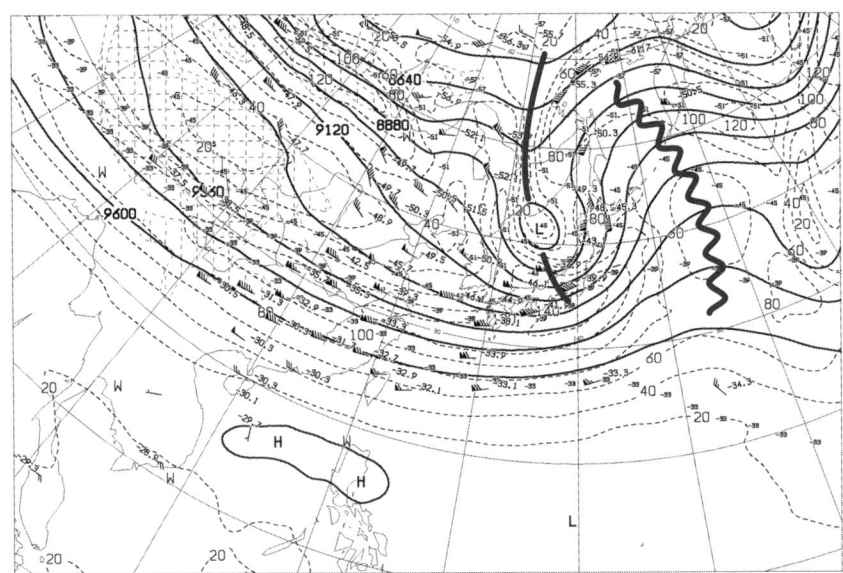

図 3.15(c)-1 高層天気図（上段：300 hpa，下段：500 hpa）
2010年12月3日12UTC（21時）．

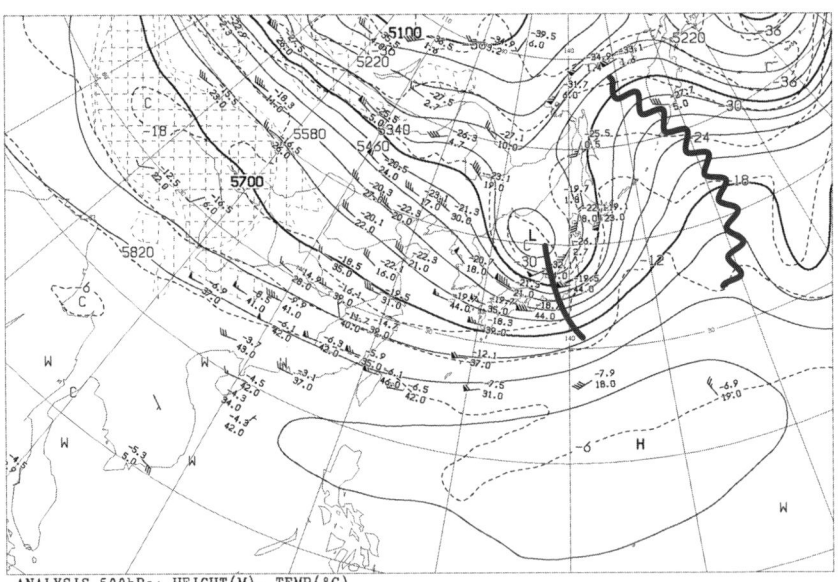

3.6 温帯低気圧

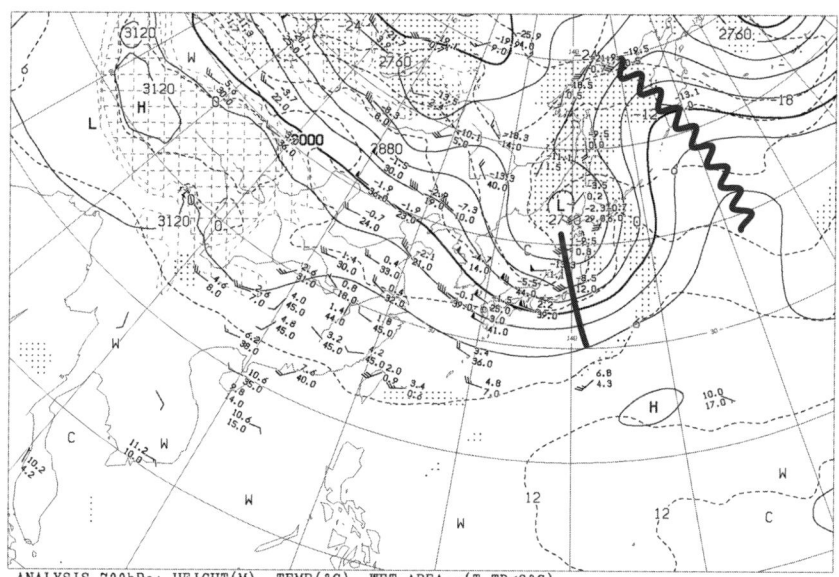

ANALYSIS 700hPa: HEIGHT(M), TEMP(°C), WET AREA::(T-TD<3°C)

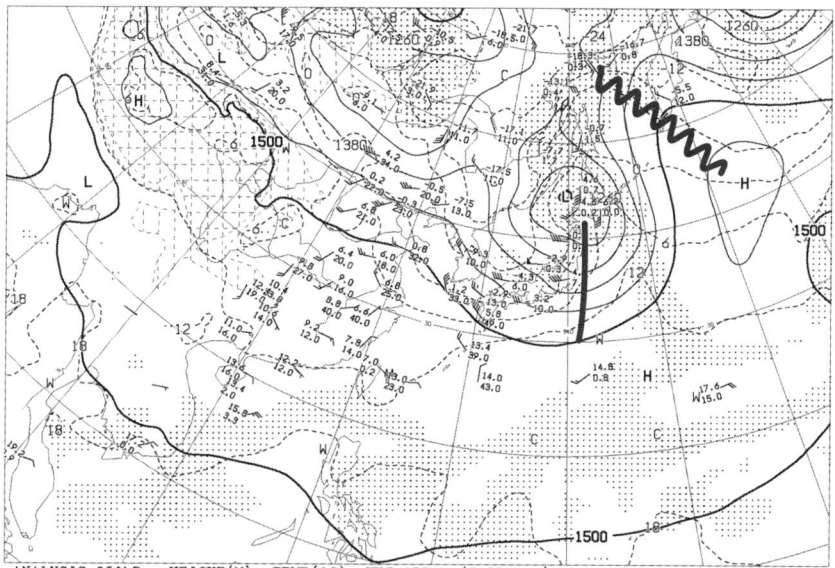

ANALYSIS 850hPa: HEIGHT(M), TEMP(°C), WET AREA::(T-TD<3°C)
AUPQ78　031200UTC DEC 2010　　　　　　　　Japan Meteorological Agency

図 3.15(c)-2　高層天気図（上段：700 hpa，下段：850 hpa）
2010 年 12 月 3 日 12UTC（21 時）．

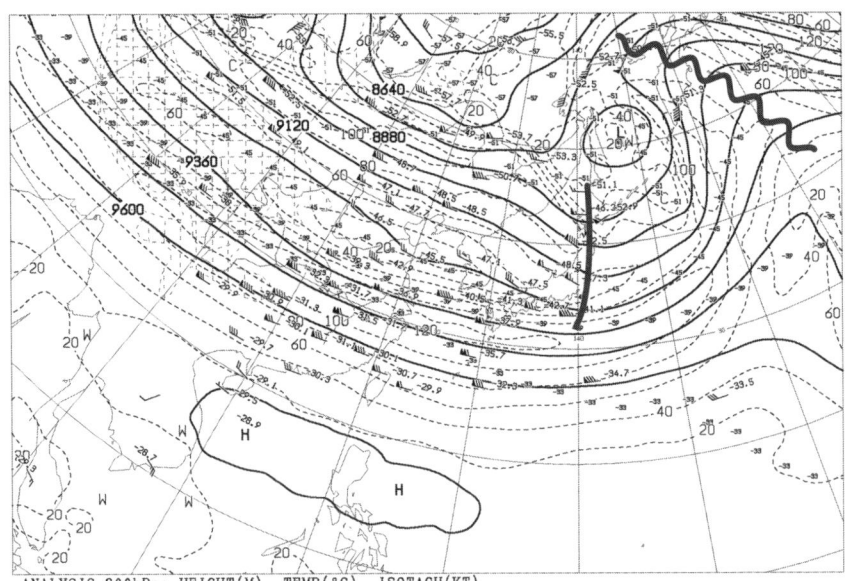

76 3. 天気予報と主な気象現象

ANALYSIS 300hPa: HEIGHT(M), TEMP(°C), ISOTACH(KT)

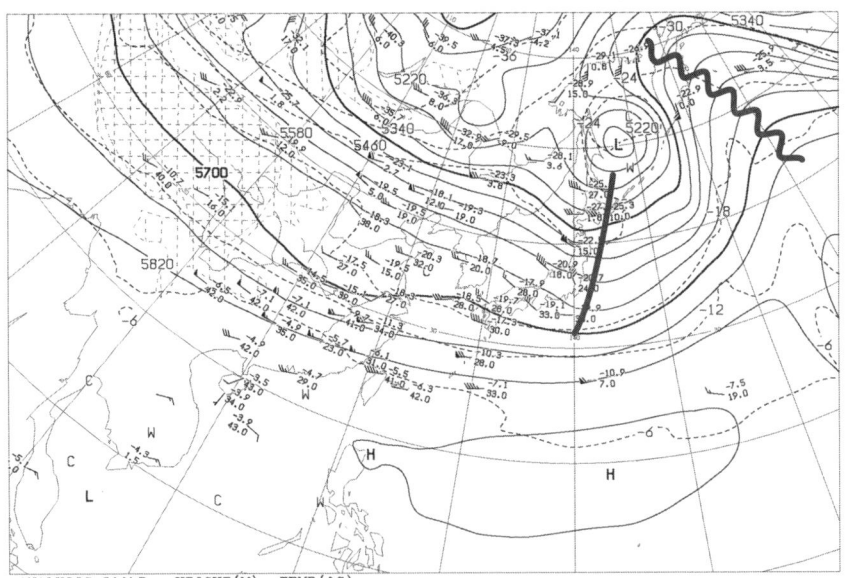

ANALYSIS 500hPa: HEIGHT(M), TEMP(°C)
AUPQ35　041200UTC DEC 2010　　　　　　Japan Meteorological Agency

図 3.15(d)-1　高層天気図（上段：300 hpa，下段：500 hpa）
2010 年 12 月 4 日 12UTC（21 時）．

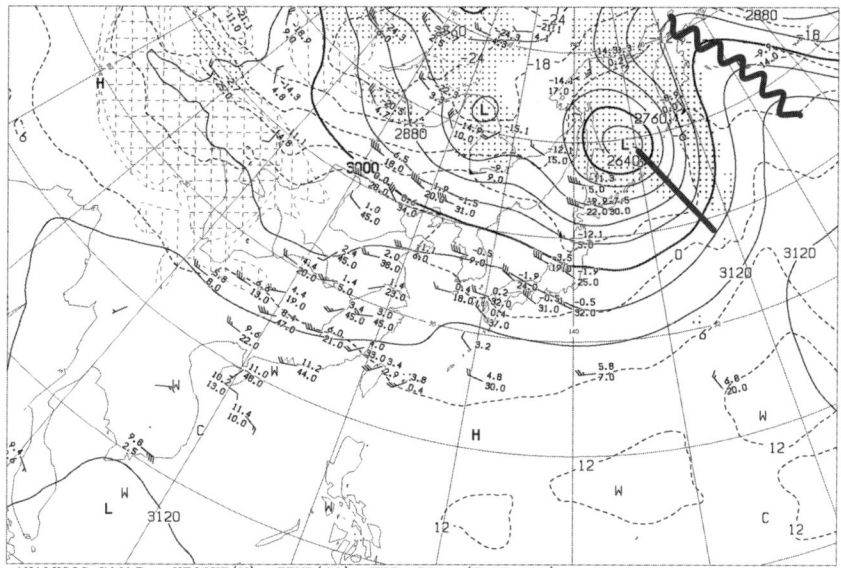

3.6 温帯低気圧

ANALYSIS 700hPa: HEIGHT(M), TEMP(°C), WET AREA::(T-TD<3°C)

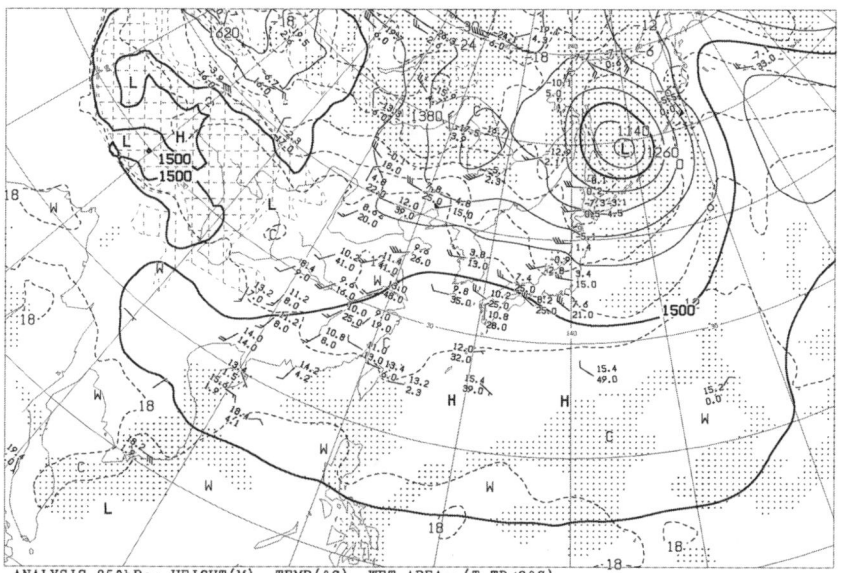

ANALYSIS 850hPa: HEIGHT(M), TEMP(°C), WET AREA::(T-TD<3°C)
AUPQ78　041200UTC DEC 2010　　　　　　　　　Japan Meteorological Agency

図 3.15(d)-2　高層天気図（上段：700 hpa，下段：850 hpa）
2010 年 12 月 4 日 12UTC（21 時）．

(a) 24 時間予想 (b) 48 時間予想

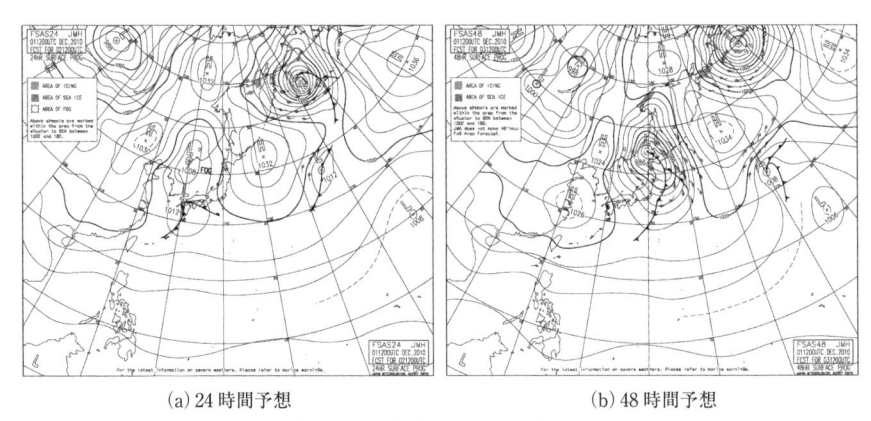

図 3.16　予想天気図（気象庁資料）

予測できるからといって，各地の天気の予測がうまくいくとは限らないことである．このことは第 8 章で改めて触れる．

3.6.2　温帯低気圧の概念モデル

前項では実際の低気圧の例を詳細にみたが，ここで温帯低気圧の構造として教科書的に用いられているものを示す[10]．低気圧は三次元的な構造を持っているが，まず地上気圧パターンと前線をみる．

図 3.17 に示すように，最盛期の低気圧は寒冷前線および温暖前線を伴い，中心付近では閉塞前線となっている．また，寒冷前線の西端は停滞前線となっている．

低気圧自身は一般に北東進するが，それぞれの前線は低気圧と相対的に矢印の方向に進む．すなわち寒冷前線は南東方向に進み，温暖前線は北東に，また閉塞前線は東方に進む．

次に低気圧に伴う雲の分布の典型例をみる．図 3.18 は温暖前線を東西方向に横切

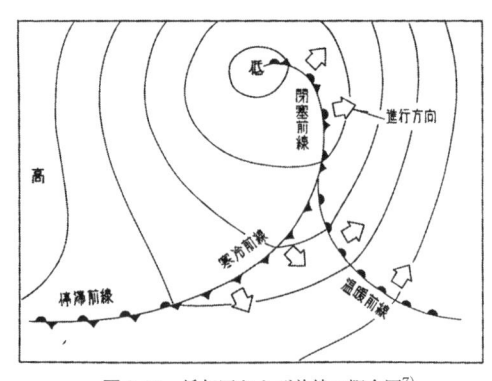

図 3.17　低気圧および前線の概念図[7]

3.6 温帯低気圧

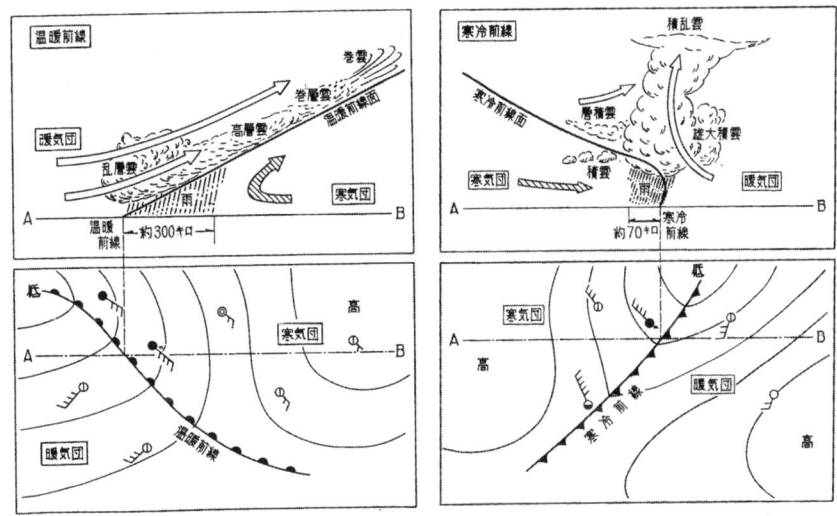

図 3.18 温暖前線の構造概念図[7]   **図 3.19** 寒冷前線の構造概念図[7]

る鉛直断面（A—B）で切った面での空気の流れと雲の現れ方，降水域を概念的に示したものである．温暖前線のすぐ南側ではかなり強い南西風があり，北側では南東風となっている．南西の暖気が温暖前線面に沿って上昇している．気流が前線面上を滑昇するという言葉も使われる．空気は上昇するにつれて凝結が起こり，図にみるように乱層雲，高層雲，上層雲と，より東方に，より上空に広がっていく．降水がみられるのは，地上の前線から約 300 km 程度であり，1000 km も離れると高空には氷晶でできた薄い巻雲や巻層雲が現れ，太陽や月があると暈（うん，ハローとも呼ばれる）がみられる．温暖前線面の傾斜は 1/100 程度で，寒冷前線のそれと比べて緩やかであり，したがって，雨の降り方も地雨と呼ばれるように雨が持続する．温暖前線から上空の東側に傾斜する温暖前線面に沿って，南よりの湿潤な暖気が滑昇するので，温暖前線の東側に位置する場所でみると，前線の接近に伴って，上層雲，中層雲，下層雲とより低い高さの雲が現れ，やがて降水をもたらす．一方，寒冷前線面の先端付近では，乾燥した相対的に冷たい北西の空気が暖かい空気を押し上げるように東に進むことから，その接近に伴って，対流性の雲が現れ，しばしば積乱雲となり，雷を伴う．

寒冷前線について同様な切り口で示したのが図 3.19 である．

寒冷前線の北側から北西風が吹き出し，前線面の傾斜は急で前面の暖かい空気を強制的に押し上げるように吹いている．このような気流によって，寒冷前線の近傍で対流活動が活発になり，雄大積雲や積乱雲が発生する．しばしば雷鳴を伴い，驟雨性の雨が降る．降水の範囲は 70 km 程度である．地上の気圧分布から想像されるように，寒冷前線の通過に伴って，南西風から北西風に急激に変化する．また，気温も低下する．

80 3. 天気予報と主な気象現象

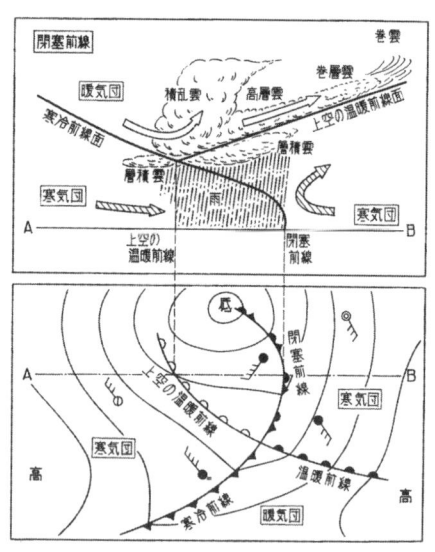

図 3.20 閉塞前線の構造概念図[7]

図 3.21 気象衛星でみた低気圧の雲（気象衛星画像〔可視〕2008 年 4 月 1 日 09 時〔JST〕）

最後に閉塞前線について眺める．閉塞前線は，図3.20の下段にみるように，寒冷前線が前方の温暖前線に追いついたもので，温暖前線の下に潜り込む形態をとる．図3.20は，下段に示した東西方向の（A—B）に沿った鉛直断面の風の流れや雲の種類を表している．

このような低気圧の一例を気象衛星から見下ろし，前線のおおよその位置を書き加えたのが図3.21である．

温暖前線に伴う雲域は広く層状であり，寒冷前線に伴う雲域は対流性の雲で構成されているのがよくみえる．低気圧の中心の北側にみられる暗域は，閉塞過程でみられる特徴的な領域で，乾燥した空気が貫入して下降しており，ドライスロットと呼ばれている．

3.7 台　　風

台風の襲来は大雨や強風をもたらし，社会活動のみならず生命や財産を奪う恐れがあることから，台風に関する天気予報は，従来から他の低気圧などと異なって特別に扱われており，天気予報の中で最も重要な地位の一つを占めている．具体的には台風の進路，降水量，風速，高潮などが予報の対象となる．台風の襲来に伴って，注意報や警報も行われる．台風に関する天気予報および情報などを的確に理解し，それらを有効に活かす基礎として，ここでは台風の観測，発生域，台風の構造，発生・発達のメカニズム，進路などについて少し丁寧に記述する．

台風という呼び名は日本の周辺地域を対象として古くから使われている用語であるが，国際的にも typhoon（タイフーン）として通用する．台風は日本のはるか南の熱帯地方に起源を持つ．台風と気象学的にまったく同じ性質を持つ現象は，世界の各地にあり，それぞれ地域によって呼び名が異なるが，熱帯地方に発生する低気圧を総称して熱帯低気圧と呼ぶ．熱帯低気圧は，中心付近の気圧が周囲に比べて低く，また左巻きの渦という意味では普通の低気圧と同じであるが，その発生や発達のしくみ，さらに構造は温帯低気圧とまったく異なっているのが特徴である．

台風は弱い熱帯低気圧が以下の条件を満たしたものであり，地理学的に北太平洋の西部に存在するものに対する呼称である．具体的には，台風とは「熱帯低気圧のうち，東経100°と東経180°（日付変更線）に挟まれた，赤道より北側に存在し，かつ，中心付近の最大風速が17 m/s（34ノット）以上を持つもの」と定義されている．

台風の進路予報は，後述の「台風アンサンブル予報」および「全球モデル」に基づいている．ちなみに，気象庁は国内における台風サービス以外に，国際的には「太平洋台風センター」を設置して，台風の進路予報などをインターネットなどを通じて東南アジアの関係国の気象機関に提供している．

3.7.1 台風の観測

　台風の存在は，気象衛星「ひまわり」の画像をみると誰の眼にもはっきりとわかる．現在，気象衛星は 30 分おきに観測を行っていることから，熱帯低気圧の発生，台風への発達，さらに移動の様子などが常時監視できる．図 3.22 は，約 36000 km の赤道上空から台風を見下ろした，「ひまわり」の赤外画像（2007 年 9 月 6 日 17 時）である．

　画像のほぼ中央，本州の南海上にみえる白い丸みを帯びた大きな塊が台風で，中心付近の黒っぽくみえるのが台風の目と呼ばれる部分である．また，台風は全体が渦巻きのようにみえるが，渦巻きといっても，後述のように下層と上層では台風域内の雲の流れはほとんど逆向きとなっていることに注意する必要がある．「ひまわり」の赤外画像では，下方から受ける赤外線の強度情報に基づいて，白色が濃いほどその部分の温度が低く，したがって背の高い雲の存在を示すように，逆に黒っぽいほど温度が高く，したがって低い雲を表すように処理されている．このことを念頭に画像をみると，目を取り巻く濃い白色の雲域は背の高い積乱雲の上面およびそこから吹きだす巻雲であり，一方，台風の外縁や南から台風の南東側につながっている薄い白色の雲域などは，相対的に背が低いことを意味している．台風全体の雲域を日本列島の大きさと見比べると，直径が優に 500 km 以上に達しており，台風が巨大なシステムであることを表している．

　次に図 3.23 は，地表から約 250 km 上空を飛行するスペースシャトルからハリケーン「エレナ」を撮影したもので，台風が渦巻き状の構造を持っている様子が「ひまわり」の画像よりもはっきりみえる．台風の眼の縁辺で雲が高く盛り上がっているのがわかり，手前のほうには左巻きに渦を巻くように中心付近に入り込んでいる雲の帯

図 3.22　気象衛星「ひまわり」で見た台風（気象庁資料）

図 3.23　ハリケーン「エレナ」(1985 年) メキシコ上空 (NASA)

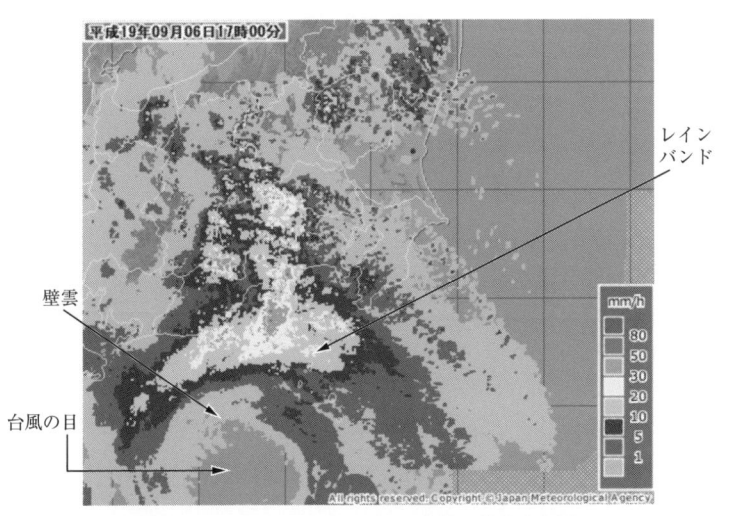

図 3.24　気象レーダーによる台風の観測 (気象庁資料)

が何本かみられる．台風の目のすぐ周辺の雲およびそれにつながる渦状の雲の帯は，それぞれ目の壁雲およびスパイラルバンドと呼ばれており，積乱雲などの背の高い雲の集団で構成されている．また，この画像では明確に区別はできないが，目の周辺の円盤状にみえる雲は壁雲などから吹きだす巻雲である．

　一方，台風の目の中の領域では，図 3.24 に示す気象レーダーでもわかるように，雨はみられず，目を取り巻いてリング状あるいはらせん状の雨域が存在している．われわれはこのような雨域の集中域をレインバンド（降雨帯）と呼んでいるが，レイン

バンドはしばしばらせん状の形状を持つことからスパイラルバンドとも呼ばれる．レインバンドの中では多数の積乱雲などが生まれては消え，台風とともに移動し，かつ目の周りを回転運動をするように移動している．

台風の雨域は，全域にまんべんなく現れるのではなく，多くはレインバンドの形で現れる．このことは対流雲がレインバンドに組織化されていると理解されている．一方，個々の雲は次のような性質を持っている．雲の発達に伴って形成された雨粒の一部は降水をもたらすが，その途中あるいは別の場所に運ばれた雲粒は蒸発し，蒸発熱で周囲を冷やし，局所的な流れを生じる．また，下層付近では地表との摩擦によって，雲域に流入する気流が影響を受け，雲の発達などが制御される．さらに，個々の雲は，風がなくても重力の影響を受けて，自力で移動する性質を持っている．レインバンドは，このような個々の雲が持っている性質の相互作用を通じて形成されるといわれており，線状あるいは円弧状などの形状をとることができる．また，レインバンドは，ひとたび形成されると長時間にわたって活動が維持される性質を持っている．

われわれが台風の来襲時に，しばしば強い雨を断続的に経験するのは，このようなレインバンドを構成する雨雲の通過によるものである．一つのレインバンドが通過した後は，一連の雨は止み晴れ間さえみられることがあるが，やがて次のレインバンドの雨雲がやってくると再び激しい雨に見舞われる．このように台風に伴う雨は積乱雲などの強い対流性の雲から降るため，地雨のようなしとしとしたものと異なって，短時間の強い雨が特徴である．

3.7.2 台風を取り巻く雲域

これまで「ひまわり」などでみられる台風の雲域とその内部の雨の様子をみてきたが，ここで台風の目および目の壁雲，スパイラル（らせん状）バンドなどの構造をモデル化してみる．図 3.25 は台風の雲域の様子を立体的に透視した模型図である．中心の周りには，目の壁雲と呼ばれる雲が存在しており，この図の場合は 3 本の帯（スパイラルバンド）を示している．これが「ひまわり」やスペースシャトルからみえるらせん状の雲域に当たり，降水域でみるとレインバンドにほかならない．

まずスパイラルバンドの中をみると，多数の雲が存在している．これは一般に積雲対流雲と呼ばれる積雲状の雲の群で，列状に形成されることから雲列とも呼ばれる．スパイラルバンドの外端では雲の高さは一般に低く，中心に近づくにつれて高くなっている．雲列はほとんどが雄大積雲や積乱雲で成り立っている．このことは「ひまわり」の赤外画像で，スパイラルバンドが中心に近い部分ほど濃い白色に変化していることに対応している．実態的には，スパイラルバンドの中の個々の雲は数 km の広がりを持ち，寿命も数十分程度で，発生・発達・衰弱を繰り返している．また，個々の雲の周囲は矢印で示されているように，雲の中心付近で上昇気流，周辺で下降気流という構造を持っている．一方，スパイラルバンドの水平的な規模は数百 km，寿命も数時間以上となっており，スパイラルバンドを形成している個々の雲に比べて，空間

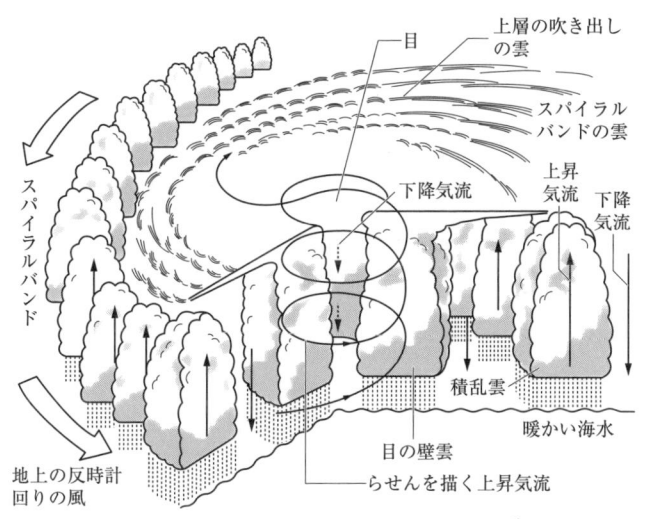

図 3.25 台風の雲域を立体的に透視した模型図[8]

および時間スケールが格段に大きいことに注目する必要がある．したがって，個々の雲は，台風という巨大な循環に制御されながら，スパイラルバンドという帯として組織されているわけである．

次に目の付近をみてみよう．スパイラルバンドは，左巻きにらせんを描いて目の壁雲につながっている．目の壁雲の内部では下層からの強い上昇気流によって積乱雲の集団が形成され，その雲頂は約 10 km に達している．時には 15 km に昇ることもある．壁雲の中を上昇した空気は，どこまでも昇ることはできず，ある高さで中心から離れるように周囲に吹き出しており，これを「上層の吹き出し」と呼んでいる．このような高度では，気温は零下数十℃であるから，雲はすべて氷晶で形成されており，上層雲に属する巻雲である．「ひまわり」の画像でみると中心付近の濃い白色にみえる部分に対応する．一方，目の内側では，壁雲の上昇気流による空気の上層への輸送を補償するように弱い下降気流となっている．このため空気は断熱圧縮されて暖かく，乾燥しており，一般に雲はなく青空となっているため，衛星画像でみると海面がみえ，目として黒く（可視画像では濃い黒色で，可視画像では海と同色に）表現される．また，壁雲の内部では，水蒸気が盛んに凝結して，周囲を加熱している．それゆえ，台風の中心付近の温度は下層から上層まで外側に比べて暖かくなっており，「暖気核」と呼ばれている．したがって，暖核の領域では空気の密度も相対的に小さく，地上から上空まで中心付近は気圧が低くなっており，また，気圧の勾配（気圧傾度）は壁雲付近で最大となっている．台風に伴う風は，近似的に傾度風の関係を満たしていると考えられるので，壁雲付近で反時計回りの風も最大となっている．実態的には，壁雲の直下の高度 1000 m 付近で一番強くなっている．なお，目，暖気核，壁雲

3.7.3 台風の発生域の特徴

低緯度地方では，普段はばらばらに発生している積乱雲などが，しばしば集団を形成するようになり，気象学ではこのような雲の集団をクラウドクラスターと呼んでいる．気象衛星「ひまわり」の赤外画像でみると，図 3.26 に示すように，インドネシア付近や，日本のはるか南などの低緯度地方に散在している濃い白色の塊として認識できる．多くの台風がこのようなクラウドクラスターの中から発生する．クラウドクラスターを発生させているエネルギー源は，低緯度地方の海洋上に存在する豊富な水蒸気にほかならない．それは海面温度と密接な関係を持っていることがわかる．

a. 平均海面水温

海面水温の分布を世界的規模で眺めてみよう．図 3.27 は，6 月から 8 月の 3 か月平均の海面水温を表す．インドネシア近海の赤道付近の 30℃ 前後を中心に，低緯度に高温域が横たわっている．当然，海面に接する空気の温度も高く，したがって水蒸気を多く含んでいる．仮に気温を 30℃ とすると，$1\,\mathrm{m}^3$ の空気（質量約 1 kg）中には最大 30 g の水蒸気を含むことができるので，湿度が 80％ とすると，約 25 g の水蒸気を含む．このような熱帯地方の下層の空気 $1\,\mathrm{km}^3$ の水蒸気量は，ざっと見積もって約 25000 トンに達する．

ここで水蒸気の持つ熱エネルギーについて簡単に触れておく．台所でやかんの水をガスコンロにかけてお湯を沸かすとき，3 分もすると沸騰し，沸かし続けるとお湯がどんどんなくなり，最後には空焚きになってしまう．水という液体が水蒸気という気

図 3.26　クラウドクラスターの例（ひまわり全球画像）

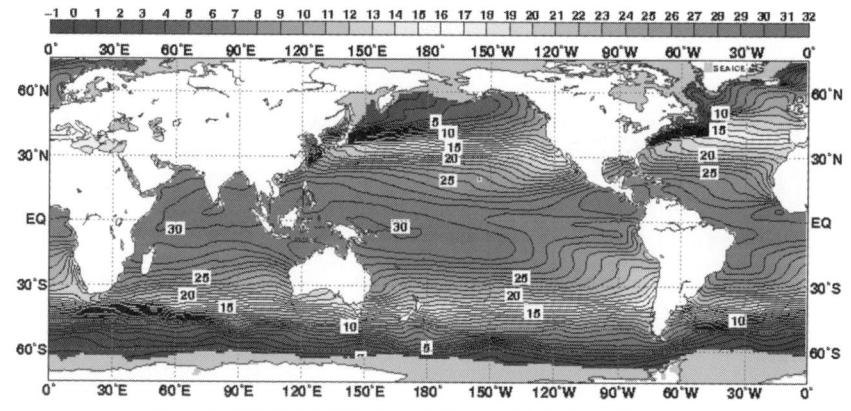

図 3.27 平均海面水温図（3 か月平均：気象庁資料．口絵 2 参照）

体に変わってしまったわけである．1 g の水が水蒸気に変化する過程で約 500 cal の熱量を必要とするが，その熱エネルギーは水蒸気自身に吸収され，潜熱として保存されながら，台所からあちこちに拡散していく．逆にもとの水に凝結するときには潜熱を吐き出す．100℃の水 1 kg がすべて水蒸気に変化したとすると，その潜熱は約 500 kcal となる．低緯度の湿潤空気 1 km^3 中に，上述のように約 25000 トンの水蒸気が含まれているとすると，その潜熱がいかに莫大であるかがわかる．もちろん，その水蒸気を蒸発させたエネルギーは太陽エネルギーにほかならない．

台風を一つのエンジンと考えると，その体内にガソリンを吸い込み，中心付近で燃焼を起こして周囲を加熱している．ガソリンは暖かい湿潤な空気に相当し，燃焼は水蒸気の凝結に対応する．ガソリンである水蒸気は日本の南方の低緯度地方を中心に豊富に存在している．後述のようにこの暖かい空気は凝結を通じて台風の中心付近の気圧を下げて，低気圧を形成・維持し，その気圧場が台風に伴う左巻きの風が持つ運動エネルギーを維持している．台風が持っている風速が 15 m/s を超える強風域の半径は数百 km にも達している．空気 1 km^3 の質量は約 100 万トンだから，こうした風の持つ運動エネルギーは莫大な量に上る．この運動エネルギーを維持している水蒸気の補給が絶たれれば台風は数日間で衰えてしまう．

b．熱帯低気圧・台風の発生域

図 3.28 は，熱帯低気圧の発生地域と主な進路を示している．陰影の部分が発生地域である．まず，熱帯低気圧は地球を取り巻いて，北半球および南半球の熱帯地方で発生し，発生後は北半球では西進しながら北に，南半球では同じく西進しながら南に進むことがわかる．次に熱帯地方を東西方向にみていくと，一様に切れ目なくどこでも発生するのではなく，いくつかの領域に分かれており，大陸の東側あるいは西側の洋上で発生がみられる．しかしながら，大陸の上では発生が見当たらない．熱帯低気圧に対する呼称は，その発生地域に依存して，日本の周辺では台風，インドの周辺で

88 3. 天気予報と主な気象現象

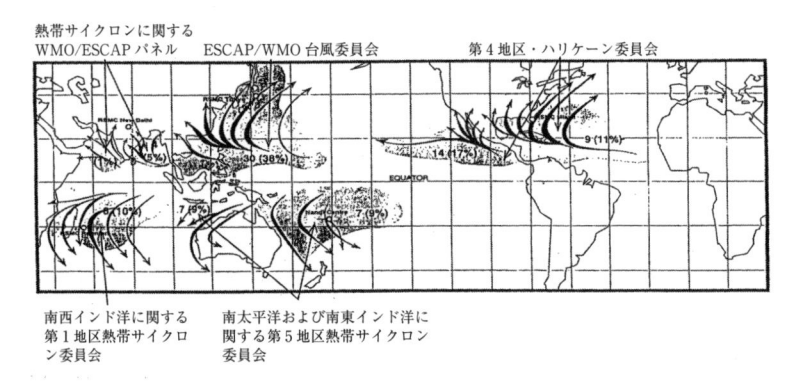

熱帯サイクロンに関する
WMO/ESCAP パネル　　ESCAP/WMO 台風委員会　　　第4地区・ハリケーン委員会

南西インド洋に関する　　南太平洋および南東インド洋に
第1地区熱帯サイクロ　　関する第5地区熱帯サイクロン
ン委員会　　　　　　　　委員会

図 3.28　熱帯低気圧の発生地域と主な進路

はトロピカルサイクロン，北米の太平洋岸および大西洋岸ではハリケーン，オーストラリアの東岸およびアフリカ東岸ではトロピカルサイクロンと呼ばれている．

図 3.28 にはまた，最大風速が 20〜25 m/s を持つ熱帯低気圧の年間発生数と進路，各地域に発生する割合も示されている．年平均でみると全体で約 80 個で，そのうち北太平洋西部に発生するもの（すなわち台風）が 30 個（38％）と最も多く，ついでハリケーンが 23 個（28％）などの順になっている．日本には，平均して毎年 2, 3 個の台風が接近あるいは上陸する．熱帯低気圧の発生地域で注目すべきことは，赤道を挟んで南北約 5° の緯度帯の中と南大西洋および南太平洋の東部の地域では，発生がみられないことである．この理由は後で触れる．

熱帯低気圧は南北両半球で発生すると述べたが，夏季には北半球，冬季は南半球と季節によって発生域が南北に移動する．図 3.29(a), (b) は，太平洋を対象に 8 月と 1 月の発生分布を示したものである．(a) の 8 月をみると，北半球では熱帯低気圧の発生の最盛期であるが，南半球では最も少ない期間となっている．一方，北半球では冬である (b) の 1 月をみると，南半球では最盛期で，北半球では非常に少ないことがわかる．

このように熱帯低気圧の発生は，年間を通して，文字どおり熱帯地方に限られており，季節的に南北に変動すること，さらに同じで熱帯でも赤道のすぐ近傍では発生しないことは，それらの場所が熱帯低気圧の発生にとって重要な役割を担っていることを意味している．

c. 熱帯低気圧の発生域と海面水温

ここで熱帯低気圧の発生と海面水温の関係をみておこう．海面水温は主に日射による加熱と放射による冷却に支配されるが，海流に伴う冷たいあるいは暖かい海水の輸送，さらに海面より下の冷たい海水が湧き上がる湧昇流の影響も受ける．先に示した図 3.27 を再び眺めてみよう．等温線はほぼ東西に走っており，赤道に近いほど高温

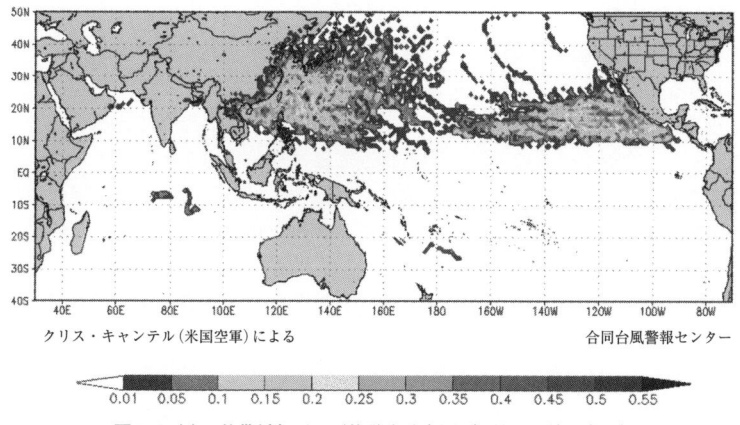

図 3.29(a)　熱帯低気圧の平均発生分布図（8月．口絵3参照）

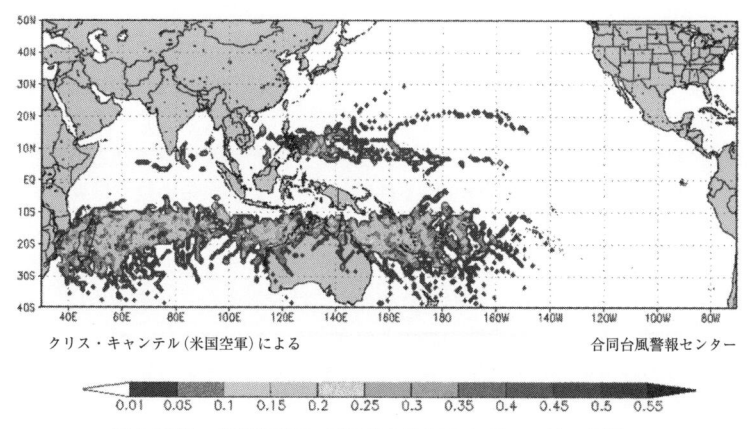

図 3.29(b)　熱帯低気圧の平均発生分布図（1月．口絵3参照）

となっているが，よくみると北米および南米大陸の西岸，アフリカ大陸の西岸などでは極のほうから赤道に向かって低温域が入り込んでいる．これらの地域は，海流図でみると，カリフォルニア海流，ペルー海流，ベンゲル海流が極方面から赤道方向に向かって流れている冷たい地域と一致している．すなわち，ちょうどこのような海面水温の低い領域に符合して熱帯低気圧の発生がみられず，海面水温が熱帯低気圧の発生や発達の決め手であることを示している．熱帯低気圧が発生する地域の海面水温の統計によると，ほぼ28℃以上の海域となっている．このような地域では，前述のように年間を通じて下層付近の空気は暖かく，しかも水蒸気を多く含んでいることから，後述のように台風の発生・発達に好都合となっている．

d. 低緯度の風系

　熱帯低気圧の発生地域と関連して，熱帯地方にみられる大規模な気流について述べる必要がある．熱帯の洋上では，気温はかなり一様で中緯度のような差がないので，地上気圧にも大きな差はなく，したがって等圧線の間隔は中緯度に比べて非常に開いている．また，特筆すべきことは，赤道付近ではコリオリ力がきわめて小さいため，中緯度や高緯度にみられるような地衡風や傾度風のような気圧場と風の場の関係はみられないことであり，したがって気圧差があると，それを解消するような流れが生じやすくなっている．

　しかしながら，赤道地方における恒常的な風系として，赤道を挟んで北側には北東貿易風，南側には南東貿易風が吹いており，両者の気流が合流する収束域として熱帯収束帯（ITCZ）と呼ばれる領域が帯のように形成されている．このITCZの位置は季節とともに南北に移動し，夏半球側に形成される．ITCZでは，湿った空気が収束しやすく，積雲対流が発生しやすい場である．前述の図3.8に熱帯収束帯を示す．熱帯収束帯の中では，対流活動が活発で積乱雲などが多数存在している領域がある．このような領域はクラウドクラスターと呼ばれ，熱帯低気圧はこのような熱帯収束帯の中から発生する場合が非常に多い．この様子を赤外画像でみると，図3.26でみたようなクラウドクラスターが多数みられる．

　低緯度に発生するこのようなクラウドクラスターは台風を発生させる可能性を秘めている．低緯度地方の空気は上空まで条件付不安定といわれる大気でほとんど占められているため，何らかの原因で下層の空気が持ち上げられると，後は自然にどんどんと成長し，積乱雲にまで発達することが可能である．クラウドクラスターの水平的な広がりは数百kmの規模を持っており，その中には，前述のスパイラルバンドと同様に，積乱雲や雄大積雲など対流性の雲が多数存在している．また，個々の雲はそれぞれ数十分程度の寿命を持って発生・発達・消滅を繰り返しているが，クラウドクラスター全体は数日程度の単位の寿命を持ち，ゆっくり移動している．

　ほとんどの熱帯低気圧は，このような赤道収束帯やクラウドクラスターから発生するが，そうでない場合もあり，熱帯低気圧の発生のメカニズムはいまだ完全には解明されているとはいえない．

3.7.4　台風の発生・発達
a.　熱帯低気圧の発生

　積乱雲などの対流雲が互いに離れて，孤立して存在している場合は，個々の対流に伴う風や温度分布も当然，互いに無関係である．しかしながら，対流雲がクラウドクラスターのようにある領域内にとどまって発生・発達を繰り返しはじめると，それぞれの雲から放出された凝結熱が次第にその領域の上空に蓄積され，空気が加熱されて，暖まることが期待される．領域内の上空で密度が小さくなるが，一方，領域の外側では通常と変わりがないので，領域の内部と外部とで相対的に上空の空気の重さに

差が生じ，地表の気圧分布でみると，対流雲がまとまっている領域のほうが弱い低圧部を生じる．低圧部の形成は同時に気圧傾度力を生じるので，空気が周辺から低圧部に流れようとするが，地球自転に伴うコリオリ力が作用して右向きの力が働くため，空気は等圧線に沿うように向きを変え，反時計回りに吹くようになり，左巻きの循環が生じはじめ，近似的に傾度風の関係を満たす流れが形成されることになる．南半球ではコリオリ力は流れに直角に左に働くので，右巻きの循環が形成される．

しかしながら，この議論から容易にわかるように，赤道上あるいはそのすぐ近傍では，クラウドクラスターに低圧部が生じてもコリオリ力の効果がゼロかきわめて小さいため，そもそもこのような渦巻きはできにくい環境にある．ちなみに，南北緯度5°におけるコリオリ力は，日本付近と比べて約10%しかない．

事実，赤道に近い低緯度では，風は気圧の高いほうから低いほうに吹く傾向があり，気圧場と風の場の間には，中緯度でみられる地衡風のような関係は見いだされない．詰まるところ，赤道を挟んで緯度が約5°のベルトの中では熱帯低気圧の発生がみられない理由は，その領域ではこのような地球自転に伴う効果が現れにくいことに起因している．地球自転の効果が渦巻の形成，したがって熱帯低気圧の発生域を支配していることは，自然の持つ神秘として感心させられる．ここまでの議論で，ひとたび積乱雲を主とする対流活動がある広がりの領域で組織化されると，北半球では弱い左巻きの低気圧（熱帯低気圧）が生まれるメカニズムを述べた．

b. 台風の発達

台風は，熱帯低気圧がさらに発達して生まれる．いったいどのような過程を経て発達するのであろうか．以下の説明では，簡便のため熱帯低気圧の気圧や風の分布は軸対象であると仮定して進めるが，この仮定は台風の発達の議論に本質的な影響を与えるものではない．

結論を先に示すと，熱帯低気圧は以下のしくみで台風に発達する．まず上述のような過程を通じて，弱い低圧部（熱帯低気圧の卵に相当する）が生まれる．そこでは，大気境界層と呼ばれる地表から約1km程度の層を通じて，周囲から湿った空気が流入し，中心付近で上昇し，水蒸気が凝結して目の壁雲を形成し，同時に周囲を加熱し，上空から周囲に吹き出すという循環が継続することにより発達するといえる．このことを別の観点でみれば，地表摩擦が存在するために大気境界層が存在し，その層では摩擦力が働くので，空気は等圧線を横切って低圧部へと吹き込む．このことが台風の発達にとって本質的である．

さて，熱帯低気圧は上空の自由大気中では風と気圧場が傾度風の関係を満たしていると考えることができる．ところがその下層にある大気境界層内で考えると，傾度風の関係に摩擦力を考慮しなければならない．傾度風の概念を摩擦がある場合に拡張すると，気圧傾度力，コリオリ力，遠心力，摩擦力の四者の間の平衡が成り立っているはずである．空気と地表（海上）との間には常に摩擦力が働いているために，大気境界層内の風は対応する傾度風よりも弱くなるので，コリオリ力も傾度風の場合より小

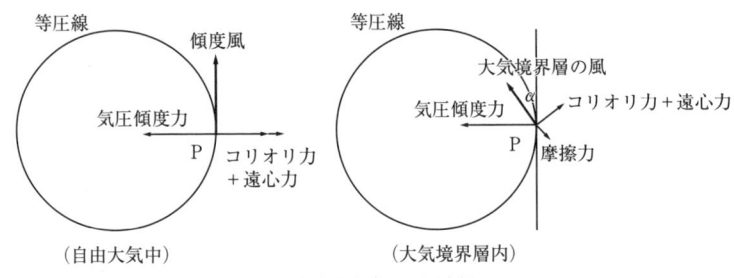

図 3.30 地上摩擦を考慮した傾度風

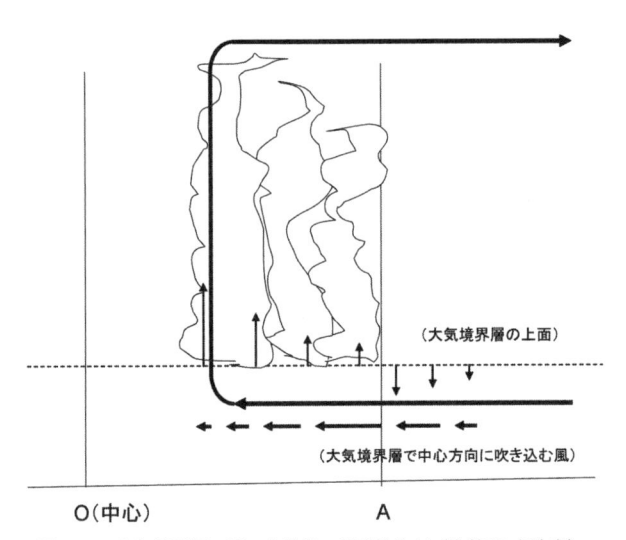

図 3.31 大気境界層の風，上昇流，積乱雲など（文献 11 を改変）

さくなる．しかしながら，大気境界層内では中心方向に働く気圧傾度力は，その上の気圧傾度力がこの境界層内にもそのまま働くので，風を低圧部に吹き込もうとする．詰まるところ，大気境界層の風は，図 3.30 にみるように，単にぐるぐる回る接線成分だけではなく，等圧線を横切って中心方向に吹き込む動径成分を持つような平衡関係が成り立ち，左巻きのらせんを描くように中心に向かうことになる．南半球ではコリオリ力が左向きに働くので右巻きのらせんとなる．左側が自由大気中の傾度風，右側が大気境界層内の傾度風を示す．

結局，台風域内の大気境界層での力の平衡関係をみると，内側に向かう気圧傾度力，外側に向かうコリオリ力と遠心力，さらに風向と逆方向の摩擦力を加えた四者の合力が平衡関係にあり，風は等圧線を横切って中心方向に向かっている．

次に台風の発達の過程を小倉に沿って進める[11]．図 3.31 は小倉の図を改変したも

のである[11]．大気境界層内およびその上面での流れ（水平流および鉛直流）を矢印で，また雲の発生の様子をモデル的に示した．形成されたばかりの熱帯低気圧では，中心からある程度離れたところで気圧傾度が最も大きく，そこで左巻きの風も最も強くなっているはずである．上空の風が最も強くなっている直下で大気境界層の風も最も強くなっているので，当然，吹き込む風の成分もそこで最大となっている．その半径を A としよう．図でみるように，半径 A を境に，それより内側では中心に近づくほど吹き込む風の成分（動径方向）が弱くなっているので，その風が水平方向に収束を起こす．すなわち，ここで A より内側で半径がわずかに異なる二つの円環を考えると，仮に吹き込む風速が両者で同じでも，円環を過ぎる質量は半径の小さい円周上のほうが小さくなる．したがってそのぶんが上昇流となって大気境界層の上面から空気を上に運ばなければならない．結局，水平収束の大きさに対応して，大気境界層の上面で縦方向の矢印で示すような上昇気流が生じる．このような台風域内の地上摩擦に起因する収束を摩擦収束と呼び，台風の発達にとって根幹的な役割を果たしている．

半径 A の内側で上昇する空気塊は，もともと水蒸気を十分含んだ暖かい空気であるから，非常に低い高度で凝結高度に達し，その後は浮力を得てさらに上昇し，背の高い積乱雲のような対流雲が立ち上がる．同時に潜熱が放出されて水蒸気の凝結が起こり，周囲を加熱するので，上空付近が暖かくなる．また，対流雲に伴う空気の上方への輸送を補償するように，中心付近では下降気流が生じるので，空気は断熱的に圧縮を受けて昇温する．このようにして形成される暖かい部分を，暖気核（ウォームコア）と呼ぶ．この暖気核は中心付近の地上から上空まで芯のように形成されるので，中心付近の気圧が一番低くなり，そのような気圧傾度に対応する傾度風も強くなる．ひとたび傾度風が強まると，大気境界層での吹き込む成分も強まり，より大量の水蒸気が中心に向かって送り込まれ，水平収束もさらに大きくなり，上昇流も強化される．より凝結量が増し，暖気核はさらに強化される．中心付近に流入する空気の質量より，上空で吹きだす質量が多い限り，中心付近の気圧はさらに低下し，台風はさらに発達を続け，傾度風も強まる．ある事象がきっかけとなって，さらに次々と事象が発達する過程はポジティブフィードバックと呼ばれるが，台風の発達は地上の摩擦収束が原因となるポジティブフィードバックの好例である．考えてみれば，摩擦は一般に運動を弱めるように働くが，台風の場合は地表摩擦の存在こそが，発達の鍵になっていることは不思議なことである．

ここで台風全体の循環をみると，A より内側では水平収束による上昇気流があり，外側では吹き込む風は水平発散となっているので，それを補うべく大気境界層の上面を通じて，図の矢印で示すように下降気流となっている．したがって，台風全体は太実線で示すように，中心付近の暖かい空気が上昇し，外側で下降するような一種の対流を形成していることになる．台風は，単一の雲の発達と異なって，域内の個々の雲と台風という大きな系との相互作用が働く独特の特徴を持っており，複雑系を構成し

ているといえる.

　最後に，台風の発達に不可欠な大気境界層の存在および摩擦収束とよく似た事柄は，お茶の入った碗をぐるぐるかき回して離すと，体験することができる．碗の茶は，中心方向に働く気圧傾度力（水面の傾きあるいは深さの差）と外向きに働く遠心力がバランスした流れがしばらく続く．このとき，碗の底をよくみると，茶のカスがゆっくり回転しながら中心付近に集まっている．これは気圧傾度力が，そのまま碗の底（摩擦境界層）にも付加されているが，底面では摩擦の影響で上面と同じように速くは回転できず，したがって対応する遠心力も小さいので，結局，中心に向かう流れのほうが卓越することになる．

3.7.5 台 風 の 目

　台風の目は，最も珍しい気象現象の一つにあげられる．この目は「ひまわり」でもしばしばみられるように，直径が数十 km のほぼ円形の筒のような領域で，時には 100 km に達することもある．目の境界は目の壁雲であり，積乱雲がまさに壁のように林立している．図 3.32 は，ハリケーンの中に実際に飛び込んで気象観測を行う米国の気象偵察機が目の内側から周囲を見わたしたもので，目の壁が円筒状になっており，上空には雲がないことがわかる．

　目が形成されるしくみは次のように考えられている．大気境界層の中を遠方から台風に近づく空気の塊は，角運動量が常に保存されるように運動するため，半径が小さくなるにつれて，左巻の接線成分の循環も強まる．しかしながら，循環の強まりに対

図 3.32　気象偵察機からみたメキシコ上空のハリケーン「エレナ」
（1985 年．Dr. Peter Black, NOAA より）

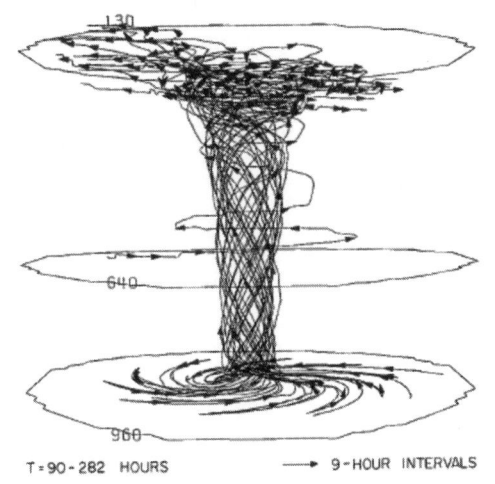

図 3.33 台風の数値予報モデルによる空気塊の軌跡[12]

応して,同時に遠心力も増大して外側への力が生じるので,ある半径より内側に近づくことができなくなり,その限界のところが目の壁にほかならない.目の壁の手前まで水平収束が起きているので,上昇気流が生じて積乱雲が発達し,目の壁雲を形成している.台風の発達につれて中心の気圧が低下して,気圧傾度が強まり,風も強くなるので,空気はより中心に向かう.したがって,目の半径も小さくなり最盛期では最小となるが,衰弱期に入ると気圧傾度が弱まるので,次第に広がっていく.

逆に台風の発生初期段階や勢力が弱い場合は,全体の気圧傾度が弱く,下層で吹き込む風も弱いので,通常,目は形成されない.自分が吹き込む空気の塊に乗っていると考えると,ちょうど目の壁のところで,内向きの気圧傾度力に対して,外向きのコリオリ力,遠心力,摩擦力が平衡した風が最大となる.詰まるところ,台風の目は,その台風が持つ気圧傾度のもとで,大気境界層の空気塊がどこまで中心に近づくことができるかの臨界点と見なすことができる.

台風の目の周りの空気塊の循環を表す数値シミュレーションの例を図 3.33 に示す.この図をみると,空気は反時計回りに回転しながら台風の中心に接近し,壁雲がある狭い領域中を回転しながら上昇して,対流圏上部に達し,次第に時計回りに向きを変えて,吹き出している様子がよくわかる.

暖気核

台風の中心付近の風と関連して,台風域内の温度場について言及しておく必要がある.図 3.34 は,台風の中心を通る鉛直断面での温度を表している.この図では温度の表示は絶対値ではなく,その高度における平均的な温度場を基準にして,それからの偏差で表されている.中心付近の上空に偏差の大きい領域がみられ,約 10 km あたりで最大となり,偏差は 15℃ にも達しているので,周囲より非常に高温になって

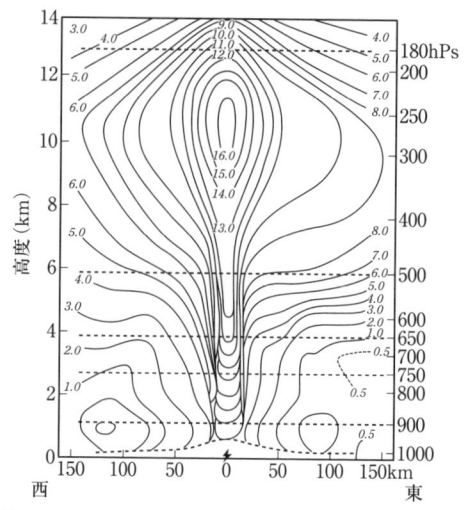

図 3.34 台風の中心付近の温度偏差分布（等温線は 1℃ おき．文献 13 を改変）

いることがわかる．前述の暖気核であり，象の鼻のように下方に伸びている．暖気核は台風が持つ大きな特徴の一つである．

　台風が中心に暖気核を持ち，しかも上空まで暖かいということは，静力学平衡を考えれば，地上気圧は暖気核の下部で一番低くなっていることを意味する．また，下層をみると，中心から少し離れた半径のところで偏差の等温線が鉛直方向に走っており，しかも非常に混んでいることがわかる．このことは気圧傾度が非常に大きく，この気圧傾度に伴って中心付近の反時計回りの強風が維持されていることを意味している．

　最後に，台風と温帯低気圧の構造上の大きな相違は，前者は暖気核を持ち，風，気圧，温度などの分布がほとんど軸対称であるが，後者は寒冷前線および温暖前線を伴っているなど非対称である．また，発達段階の構造をみると，台風の場合はずっと中心軸は鉛直であるが，温帯低気圧では上層と下層でずれており傾きがあることである．

3.7.6 台風の進路と予測

　図 3.35 は，台風の平均的な進路を月別に示したものであり，まず気がつくことは，台風は発生後すべて西に向かいながら，放物線を描くように次第に北上することである．北上する台風の進路が北東の方向に変わることを転向と呼ぶ．6 月では，発生後，そのままずっと西のフィリピンや中国南部に進むのが通例であるが，破線で示すようにフィリピンの近海で転向し日本に接近する場合もある（2012 年の台風 4 号）．台風の最盛期である 7，8，9 月の進路をみると，西に向かい，北上しながら，日本の

3.7 台風

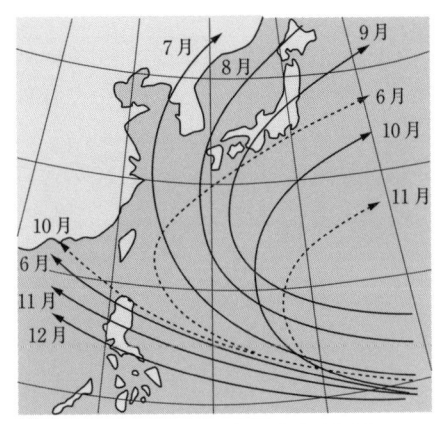

図 3.35 台風の経路図（気象庁資料）

南方洋上で転向して日本列島に近づく．特に，8月，9月では経路は日本列島に上陸する可能性が高いことを示している．しかしながら，秋になると転向地点が南に下がるので，台風は日本の南海上を東に進むようになる．一方，10月では，破線で示すように，北上せず西に進んでしまう例もみられる．季節の遅い11月の進路はより南側を東に抜ける進路をとる．

台風のこのような進路は，小笠原高気圧の上空の流れと密接に関係している．小笠原高気圧は盛夏に最も西に張り出すので，転向地点も西になり，西日本のほうに大回りしながら北上する．秋口には小笠原高気圧は弱まり東に後退するので，転向地点も東になり，本州などに接近するチャンスが多くなる．

台風は転向後は偏西風帯に入り，そこでは一般に西風が強いので，スピードを上げて北東に進むことになり，「超特急で進む」などと報道される．

これまで述べたことは，あくまでも平均的な経路の議論であり，小笠原高気圧は常にベルトのように存在するのではなく，衰弱することや分離することがある．進路が定まらない台風を迷走台風と呼ぶことがあるが，これは裏返せば小笠高気圧が弱く，台風を流すべき上空の風も弱いことの反映である．

小笠原高気圧が図 3.36 に示すように東西に分離（5880 m に注目）することもある．このような場合は，台風はその間を通って北上し，転向が早まることになる．このほか，複数の台風が隣り合って存在すると，互いの相互作用が大きくなり，進路も複雑になる．

最後に台風の進路について留意しておくべきことは，偏西風や偏東風のような大規模な流れの存在による移動がなくても，台風が持つ循環によって自身が移動する性質を持っているということである．すなわち，台風という左巻きの渦に伴って，つねに東側で渦度が減少し，西側では渦度が増加するので，渦の中心は西に動き，同時に β ジャイロと呼ばれる北向きの流れが生じて北に移動する傾向を持つので，全体として

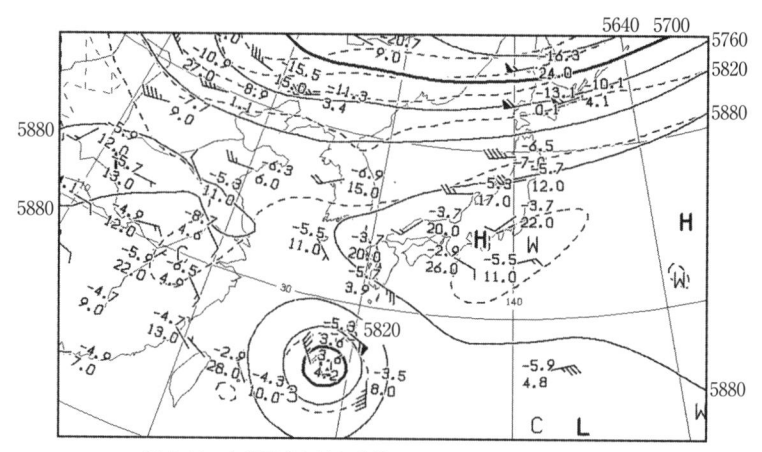

図 3.36 小笠原高気圧が分離している場合の高層天気図
（2002 年 9 月 4 日 21 時．等高線は 60 m おき）

北西方向に移動する．

a. 台風と前線

「台風が前線を刺激して，大雨となるでしょう」のようなアナウンスを聞くことがある．しかしながら，雨は，本来，風およびその中に含まれている水蒸気，上昇気流，地形，大気の安定度などが密接に絡んで生じるため，どのように刺激しているかを気象学的に説明することは容易ではない．

この言葉は，本州の中部や日本海側に前線が停滞し，南方から台風が北上しているとき，前線を維持している南よりの風と台風の前方で自身が持つ南東よりの風系が重畳して，より強い水平収束の場が生じる場合に，前線あるいは台風単独よりも激しく，また持続する雨をもたらすような状況を指している．台風は最盛期を迎えた後は一般に衰弱期に入り循環が弱まる．これは大気境界層を通じて供給される水蒸気が少なくなるため，台風の発達につながるポジティブフィードバックのメカニズムが働かなくなるからである．台風が北上を続け，海面水温が低い領域に入ってくると，台風が次第に衰弱を始めるのは，吹き込む風の温度が低くなり，したがって含まれている水蒸気の量も減少するためである．一般に台風が中緯度に進むにつれて，中心の西側では冷たく乾いた空気が流入し，東側では暖かく湿った空気が流入しやすくなるため，台風の持つ軸対象性は，温帯低気圧のように寒冷前線および温暖前線を持つ構造へと変質する．このような変質は台風の温帯低気圧化（温低化）と呼ばれる．注意すべきことは，台風は温帯低気圧化しても弱まるとは限らず，さらに発達することがあるという点である．

b. 台風の進路予測

現代のように数値予報がなかった時代には，台風の進路を予想する手法として台風

という渦を流す「指向流」を見出すことが盛んに行われていた．しかしながら，台風の渦は，先にみたように直径が全体では500 kmを超えており，しかも吹き込みや吹き出しを伴っているので，決して周囲の流れと独立しているわけではなく，互いに影響を及ぼしあっており，特に，スケールが大きく，また勢力の強い台風ほどその影響は大きくなる．どの部分が渦でどこが周囲の流れかは区別がつきにくく，周囲の風をどう求めるかに依存して，向きや速度が異なってしまい，予測はなかな困難であった．

現代の台風の進路予報は，数値予報に基づいている．従前は台風を囲む大きな領域を設定した進路予報モデルを用いていたが，現在では，後述の「台風アンサンブル予報モデル」を用いて，向こう5日先までの予測が行われている．

3.8 局 地 風

数kmから数十km程度の局地的な地形や海などの影響が卓越する風系は局地風と呼ばれる．主要なものとして海陸風やフェーン，おろしがあげられる．これらは発生域の風や雲，温度の分布など実際の天気に直接的なつながりを持っているが，通常の天気予報でそれらの生起が直接に予報されることはなく，必要に応じて補足的に言及される．

3.8.1 海 陸 風

瀬戸内海などの沿岸地方では，日中は海から陸に向かって風が吹き，夜間は逆に陸から海に向う風がみられ，海陸風と呼ばれる．海陸風は，風向が日変化するのみならず，気温の変化や雲の発生，時には降水を伴うことから，海陸風が卓越する地方の天気に直接に影響する．

海陸風は，日射に対する海域および陸域が持つ比熱の差に起因する．図3.37(a)に示すように，凪（なぎ）の状態から日中にかけて陸域で日射が強まると，陸に接する空気のほうが，海に比べて相対的に速く加熱されて暖まり，膨張し密度が小さくなる．相対的に地表には低圧部（L）が，上空には高圧部（H）が励起されるので，地表付近では気圧傾度力が海から陸の方向に働き，海風が卓越する．上空では気圧傾度は逆に海に向かう．次に日没後は陸面および海面でも温度は下降するが，その割合は熱容量の大きな海のほうが小さいため，相対的に陸より海の温度が高くなる．したがって(b)に示すように，気圧傾度力の向きが日中と正反対になり，陸風が卓越する．

海陸風に伴う鉛直面内の循環は，この図にみるように，ほとんど大気境界層内に限られており，また海陸風が陸域に侵入する距離はおよそ10 km程度である．なお，夏季に海風前線が関東地方の北部まで侵入した例が報告されている．

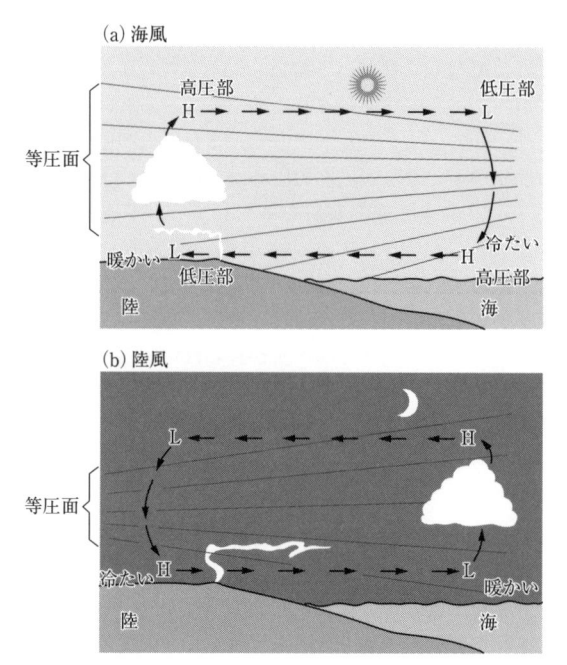

図 3.37 海陸風の概念図

わが国は周囲を海に囲まれており，また瀬戸内海のような内海を持つことから，沿岸地方では，大なり小なり海陸風の影響を受けるが，実際の海陸風は，高・低気圧などの大規模な現象の中に埋め込まれているため，海陸風の循環が顕著に現れるのは，このような大規模な風系が弱い時期や時間帯である．

一方，現在の数値予報モデルでは，このような海陸風を直接予測することは困難である．

3.8.2 フェーン

フェーンは，一般に風が山脈を越えるときに，風下側の気温が風上に比べて相対的に高くなり，また同時に乾燥した強い風が吹き降りる現象を指す．したがって湿度も低下する．フェーンは，発達した低気圧が日本海を進むときや高気圧が東から西日本方面に張り出すときに，多くは中国地方や北陸地方の日本海沿岸で発生がみられ，南よりの強い風が吹き，温度が非常に高くなる現象である．このほか，関東平野では南西風が卓越するときによく現れる．図 3.38 はフェーンのときの地上天気図を示す．左は 2010 年 8 月 5 日で，福井県の三国では 38.6℃を，右は 2003 年 4 月 29 日で，富山では 29.8℃を記録した．

フェーンは，fohn (foehn) と綴られ，元来，ヨーロッパのアルプス地方で山を吹

郵便はがき

料金受取人払郵便

牛込支店承認

8493

差出有効期間
2014年
3月31日まで

切手を貼らず
このままお出
し下さい

1628790

東京都新宿区新小川町6-29

株式会社 朝倉書店

愛読者カード係 行

|..||..||..||.|||....|.|..|.|.|.|.|.|.|.|.|.|..|.||..||..||

●本書をご購入ありがとうございます。今後の出版企画・編集案内などに活用させていただきますので, 本書のご感想また小社出版物へのご意見などご記入下さい。

フリガナ お名前		男・女	年齢 歳
ご自宅	〒	電話	

E-mailアドレス

ご勤務先 学 校 名	(所属部署・学部)

同上所在地

ご所属の学会・協会名

| ご購読
新聞 | ・朝日・毎日・読売
・日経・その他(　　　) | ご購読
雑誌 | (　　　　　) |

16124

書名　　現代天気予報学

本書を何によりお知りになりましたか

1. 広告をみて（新聞・雑誌名　　　　　　　　　　　　　　　）
2. 弊社のご案内
   （●図書目録●内容見本●宣伝はがき●E-mail●インターネット●他）
3. 書評・紹介記事（　　　　　　　　　　　　　　　　　　　）
4. 知人の紹介
5. 書店でみて

お買い求めの書店名（　　　　　　　　市・区　　　　　　　書店）
　　　　　　　　　　　　　　　　　　町・村

本書についてのご意見

今後希望される企画・出版テーマについて

図書目録，案内等の送付を希望されますか？　　　　・要　・不要
　　　　　・図書目録を希望する

ご送付先　・ご自宅　・勤務先

E-mailでの新刊ご案内を希望されますか？
　　　　　・希望する　・希望しない　・登録済み

ご協力ありがとうございます。ご記入いただきました個人情報については、目的
以外の利用ならびに第三者への提供はいたしません。

朝倉書店〈天文学・地学関連書〉ご案内

オックスフォード 天文学辞典

岡村定矩監訳
A5判 504頁 定価10080円（本体9600円）（15017-9）

アマチュア天文愛好家の間で使われている一般的な用語・名称から，研究者の世界で使われている専門の用語に至るまで，天文学の用語を細大漏らさずに収録したうえに，関連のある物理学の概念や地球物理学関係の用語も収録して，簡潔かつ平易に解説した辞典。最新のデータに基づき，テクノロジーや望遠鏡・観測所の記載も豊富。巻末付録として，惑星の衛星，星座，星団，星雲，銀河等の一覧表を付す。項目数約4000。学生から研究者まで，便利に使えるレファランスブック

天文の事典

磯部・佐藤・岡村・辻・吉澤・渡邊編
B5判 696頁 定価29925円（本体28500円）（15015-5）

天文学の最新の知見をまとめ，地球から宇宙全般にわたる宇宙像が得られるよう，包括的・体系的に理解できるように解説したもの。〔内容〕宇宙の誕生（ビッグバン宇宙論，宇宙初期の物質進化他），宇宙と銀河（星とガスの運動，クェーサー他），銀河をつくるもの（星の誕生と惑星系の起源他），太陽と太陽系（恒星としての太陽，太陽惑星間環境他），天文学の観測手段（光学観測，電波観測他），天文学の発展（恒星世界の広がり，天体物理学の誕生他），人類と宇宙，など

津波の事典（縮刷版）

首藤伸夫・佐竹健治・松冨英夫・今村文彦・越村俊一編
四六判 368頁 定価5775円（本体5500円）（16060-4）

メカニズムから予測・防災まで，世界をリードする日本の研究成果の初の集大成。コラム多数収載。〔内容〕津波各論（世界・日本，規模・強度他）／津波の調査（地質学，文献，痕跡，観測）／津波の物理（地震学，発生メカニズム，外洋，浅海他）／津波の被害（発生要因，種類と形態）／津波予測（発生・伝播モデル，検証，数値計算法，シミュレーション他）／津波対策（総合対策，計画津波，事前対策）／津波予警報（歴史，日本・諸外国）／国際的連携／津波年表／コラム（探検家と津波他）

自然災害の事典

岡田義光編
A5判 708頁 定価23100円（本体22000円）（16044-2）

〔内容〕地震災害-観測体制の視点から（基礎知識・地震調査観測体制）／地震災害-地震防災の視点から／火山災害（火山と噴火・災害・観測，噴火予知と実例）／気象災害（構造と防災・地形・大気現象・構造物による防災・避難による防災）／雪氷環境防災（雪氷環境防災・雪氷災害）／土砂災害（顕著な土砂災害・地滑り分類・斜面変動の分布と地帯区分・斜面変動の発生原因と機構・地滑り構造・予測・対策）／リモートセンシングによる災害の調査／地球環境変化と災害／自然災害年表

巨大地震・巨大津波 —東日本大震災の検証—

平田 直・佐竹健治・目黒公郎・畑村洋太郎著
A5判 212頁 定価2730円（本体2600円）（10252-9）

2011年3月11日に発生した超巨大地震・津波を，現在の科学はどこまで検証できるのだろうか。今後の防災・復旧・復興を願いつつ，関連研究者が地震・津波を中心に，現在の科学と技術の可能性と限界も含めて，正確に・平易に・正直に述べる

火山の事典（第2版）

下鶴大輔・荒牧重雄・井田喜明・中田節也編
B5判 592頁 定価24150円（本体23000円）（16046-8）

有珠山，三宅島，雲仙岳など日本は世界有数の火山国である。好評を博した第1版を全面的に一新し，地質学・地球物理学・地球化学などの面から主要な知識とデータを正確かつ体系的に解説。〔内容〕火山の概観／マグマ／火山活動と火山帯／火山の噴火現象／噴出物とその堆積物／火山の内部構造と深部構造／火山岩／他の惑星の火山／地熱と温泉／噴火と気候／火山観測／火山災害と防災対応／外国の主な活火山リスト／日本の火山リスト／日本と世界の火山の顕著な活動例

地球科学の新展開1 地球ダイナミクスとトモグラフィー

川勝 均編
A5判 240頁 定価4620円（本体4400円）（16725-2）

地震波トモグラフィーを武器として地球内部の構造を探る。〔内容〕地震波トモグラフィー／マントルダイナミクス／海・陸プレート／地殻の形成／スラブ／マントル遷移層／コアーマントル境界／プルーム／地殻・マントルの物質循環

地球科学の新展開2 地殻ダイナミクスと地震発生

菊地正幸編
A5判 240頁 定価4200円（本体4000円）（16726-9）

〔内容〕地震とは何か／地震はどこで発生するか／大地震は繰り返す／地震は変動する／地震を診断する／地球の鼓動を測る／地球の変形を測る／実験室で震源を探る／地震波で震源を探る／強い揺れの生成メカニズム／地震発生の複雑さの理解

地球科学の新展開3 マグマダイナミクスと火山噴火

鍵山恒臣編
A5判 224頁 定価4200円（本体4000円）（16727-6）

〔内容〕ハワイ・アイスランドの常識への挑戦／火山の構造／マグマ／マグマの上昇と火山噴火の物理／観測と発生機構（火山性地震，微動，地殻変動・重力変化，熱，電磁気，衛星赤外画像／SAR）／噴出物／歴史資料／火山活動の予測

日本の地質構造100選

日本地質学会構造地質部会編
B5判 180頁 定価3990円（本体3800円）（16273-8）

日本全国にある特徴的な地質構造—断層，活断層，断層岩，剪断帯，褶曲層，小構造，メランジュ—を100選び，見応えのあるカラー写真を交え分かりやすく解説。露頭へのアクセスマップ付き。理科の野外授業や，巡検ガイドとして必携の書。

日本地方地質誌〈全8巻〉

日本の地質全体を地方別に解説した決定版

1. 北海道地方

日本地質学会編
B5判 656頁 定価27300円（本体26000円）（16781-8）

北海道地方の地質を体系的に記載。中生代～古第三紀収束域・石炭形成域／日高衝突帯・島弧会合部／第四紀／地形面・地形面堆積物／火山／海洋地形・地質／地殻構造／地質資源／燃料資源／地下水と環境／地質災害と予測／地質体形成モデル

3. 関東地方

日本地質学会編
B5判 592頁 定価27300円（本体26000円）（16783-2）

関東地方の地質を体系的に記載・解説。成り立ちから応用まで，関東の地質の全体像が把握できる〔内容〕地質概説（地形／地質構造／層序変遷他）／中・古生界／第三系／第四系／深部地下地質／海洋地質／地震・火山／資源・環境地質／他

4. 中部地方 (CD-ROM付)

日本地質学会編
B5判 588頁 定価26250円（本体25000円）（16784-9）

「総論」と露頭を地域別に解説した「各論」で構成。〔内容〕〔総論〕基本枠組み／プレート運動とテクトニクス／地質体の特徴【各論】飛騨／舞鶴／来馬・手取／伊豆／断層／活火山／資源／災害／他

5. 近畿地方

日本地質学会編
B5判 464頁 定価23100円（本体22000円）（16785-6）

近畿地方の地質を体系的に記載・解説。成り立ちから応用地質学まで，近畿の地質の全体像が把握できる。〔内容〕地形・地質の概要／地質構造発達史／中・古生界／新生界／活断層／地下深部構造・地質／地震／資源・環境／地質災害

6. 中国地方

日本地質学会編
B5判 576頁 定価26250円（本体25000円）（16786-3）

古い時代から第三紀中新世の地形，第四紀の気候・地殻変動による新しい地形すべてがみられる。〔内容〕中・古生界／変成岩と変性作用／白亜紀・古第三紀／島弧火山岩／ネオテクトニクス／災害地質／海洋地質／地下資源

8. 九州・沖縄地方

日本地質学会編
B5判 656頁 定価27300円（本体26000円）（16788-7）

この半世紀の地球科学研究の進展を鮮明に記す。地球科学のみならず自然環境保全・防災・教育関係者も必携の書。〔内容〕序説／第四紀テクトニクス／新生界／中・古生界／火山／深成岩／変成岩／海洋地質／環境地質／地下資源

化石の百科事典

S.パーカー 著　小畠郁生監訳
A4判　260頁　定価9975円（本体9500円）（16271-4）

世界各地の恐竜などの脊椎動物，各種の無脊椎動物，植物，微生物375種をとりあげたオールカラー化石図鑑。約600枚の化石写真と350図の復元図・解説図を掲載。〔内容〕化石／地質年代／産地／化石のできる環境／採集と整理／進化／生きている化石／微化石／植物（藻類，シダ植物，裸子植物，被子植物ほか）／無脊椎動物（サンゴ，三葉虫，甲殻類，昆虫，二枚貝，腹足類，アンモナイト，ウニほか）／脊椎動物（魚類，両生類，爬虫類，恐竜，鳥類，哺乳類）

古生物学事典（第2版）

日本古生物学会編
B5判　584頁　定価15750円（本体15000円）（16265-3）

古生物学は現生の生物学や他の地球科学とともに大きな変貌を遂げ，取り扱う分野は幅広い。専門家以外の読者にも理解できるように，単なる用語辞典ではなく，それぞれの項目についてまとまりをもった記述をもつ「中項目主義」の事典とし，さらに関連項目への参照を示した「読む事典」として構成。恐竜などの大型化石から目に見えない微化石までの生物，さまざまな化石群，地質学や生物学の研究手法や基礎知識，古生物学史や人物など，日本古生物学会の総力を結集した決定版。

恐竜イラスト百科事典

D.ディクソン著　小畠郁生監訳
A4判　260頁　定価9975円（本体9500円）（16260-8）

子どもから大人まで楽しめる最新恐竜図鑑。フクイラプトルなど世界各地から発見された中生代の生物355種を掲載。〔内容〕恐竜の時代（地質年代，系統と分類，生息地，絶滅，化石発掘）／世界の恐竜（コエロフィシス，プラテオサウルス，ウタツサウルス，ディロフォサウルス，メガロサウルス，ステゴサウルス，リオプレウロドン，ラムフォリンクス，ディロング，ラエリナサウラ，ギガノトサウルス，パラサウロロフス，パラリティタン，トリケラトプス，アンキロサウルス他）

ホルツ博士の 最新恐竜事典

Th.R.ホルツ著　小畠郁生監訳
B5判　472頁　定価12600円（本体12000円）（16263-9）

分岐論が得意な新進気鋭の著者が執筆。31名の恐竜学者のコラムとルイス・レイのイラストを満載。〔内容〕化石／地質年代／進化／分岐論／竜盤類／コエロフィシス／スピノサウルス／カルノサウルス／コエルロサウルス／ティラノサウルス／オルニトミモサウルス／デイノニコサウルス／鳥類／竜脚類／ディプロドクス／マクロナリア／鳥盤類／装盾類／剣竜／よろい竜／鳥脚類／イグアノドン／ハドロサウルス／厚頭竜／角竜／生物学／絶滅／恐竜一覧／用語解説／他

恐竜野外博物館

小畠郁生監訳　池田比佐子訳
A4変判　144頁　定価3990円（本体3800円）（16252-3）

現生の動物のように生き生きとした形で復元された仮想的観察ガイドブック。〔目次〕三畳紀（コエロフィシス他）／ジュラ紀（マメンチサウルス他）／白亜紀前・中期（ミクロラプトル他）／白亜紀後期（トリケラトプス，ヴェロキラプトル他）

ゾルンホーフェン化石図譜Ⅰ

K.A.フリックヒンガー著　小畠郁生監訳　舟木嘉浩・舟木秋子訳
B5判　224頁　定価14700円（本体14000円）（16255-4）

ドイツの有名な化石産地ゾルンホーフェン産出の化石カラー写真集。Ⅰ巻ではジュラ紀後期の植物と無脊椎動物化石など約600点を掲載。〔内容〕概説／海綿／腔腸動物／腕足動物／軟体動物／蠕虫類／甲殻類／昆虫／棘皮動物／半索動物

ゾルンホーフェン化石図譜Ⅱ

K.A.フリックヒンガー著　小畠郁生監訳　舟木嘉浩・舟木秋子訳
B5判　196頁　定価12600円（本体12000円）（16256-1）

ドイツの有名な化石産地ゾルンホーフェン産出のカラー化石写真集。Ⅱ巻では記念すべき「始祖鳥」をはじめとする脊椎動物化石など約370点を掲載。〔内容〕魚類／爬虫類／鳥類／生痕化石／プロブレマティカ／ゾルンホーフェンの地質

気象予報士模擬試験問題

新田 尚編著
A4判 176頁 定価3045円（本体2900円）（16120-5）

毎年二度実施される気象予報士の試験と全く同じ形式で纏めたもの。気象に携わっている専門家が問題を作成し、解答を与え、重要なポイントについて解説する。受験者にとっては自ら採点し、直前に腕試しができる臨場感溢れる格好の問題集。

シリーズ〈気象学の新潮流〉1 都市の気候変動と異常気象 —猛暑と大雨をめぐって—

藤部文昭 著
A5判 176頁 定価3045円（本体2900円）（16771-9）

本書は、日本の猛暑や大雨に関連する気候学的な話題を、地球温暖化や都市気候あるいは局地気象などの関連テーマを含めて、一通りまとめたものである。一般読者をも対象とし、啓蒙的に平易に述べ、異常気象と言えるものなのかまで言及する。

気象予報士合格ハンドブック

気象予報技術研究会編
B5判 296頁 定価6090円（本体5800円）（16121-2）

合格レベルに近いところで足踏みしている受験者を第一の読者層と捉え、本試験を全体的に見通せる位置にまで達することができるようにすることを目的とし、実際の試験に即した役立つような情報内容を網羅することを心掛けたものである。内容は、学科試験（予報業務に関する一般知識、気象業務に関する専門知識）の17科目、実技試験の3項目について解説する。特に、受験者の目線に立つことを徹底し、合格するためのノウハウを随所にちりばめ、何が重要なのかを指示、詳説する。

気象ハンドブック 第3版

新田 尚・住 明正・伊藤朋之・野瀬純一編
B5判 1040頁 定価39900円（本体38000円）（16116-8）

現代気象問題を取り入れ、環境問題と絡めたよりモダンな気象関係の総合情報源・データブック。［気象学］地球／大気構造／大気放射過程／大気熱力学／大気大循環［気象現象］地球規模／総観規模／局地気象［気象技術］地表からの観測／宇宙からの気象観測［応用気象］農業生産／林業／水産／大気汚染／防災／病気［気象・気候情報］観測値情報／予測情報［現代気象問題］地球温暖化／オゾン層破壊／汚染物質長距離輸送／炭素循環／防災／宇宙からの地球観測／気候変動／経済［気象資料］

オックスフォード 気象辞典

山岸米二郎監訳
A5判 320頁 定価8190円（本体7800円）（16118-2）

1800語に及ぶ気象、予報、気候に関する用語を解説したもの。特有の事項には図による例も掲げながら解説した、信頼ある包括的な辞書。世界のどこでいつ最大の雹が見つかったかなど、世界中のさまざまな気象・気候記録も随所に埋め込まれている。海洋学、陸水学、気候学領域の関連用語も収載。気象学の発展に貢献した重要な科学者の紹介、主な雲の写真、気候システムの衛星画像も掲載。気象学および地理学を学ぶ学生からアマチュア気象学者にとり重要な情報源となるものである

ISBN は 978-4-254- を省略

（表示価格は2012年3月現在）

朝倉書店
〒162-8707 東京都新宿区新小川町6-29
電話 直通(03) 3260-7631　FAX (03) 3260-0180
http://www.asakura.co.jp　eigyo@asakura.co.jp

3.8 局 地 風

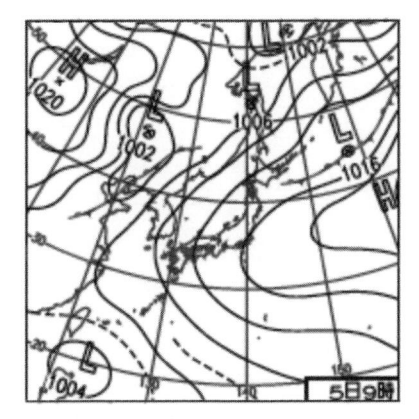

2010年8月5日(木)日本海側で記録的な猛暑．太平洋高気圧の勢力が強まり日本付近を広く覆う．西日本～東北の日本海側では南風によるフェーンもあり猛暑．福井県坂井市三国で平年より9.7℃高い観測史上最高の38.6℃．

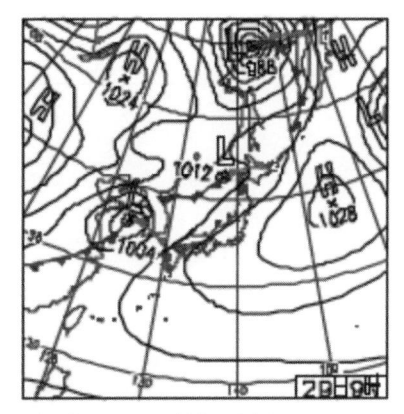

2003年4月29日(火)日本海側でフェーン．関東以西は広く高気圧に覆われ晴天．気温は全般に平年より高く，日本海側ではフェーンによる昇温．富山で29.8℃．黄海には低気圧が東進し，日本海では雲バンドが顕在化．

図3.38 フェーンのときの地上天気図

き下る風に対する言葉であったが，現在では，山の風下にもたらされる高温や強風に適用されて，フェーン現象と広義に呼ばれている．典型的なフェーンの基本的な概念は，湿潤な空気が山を越えるとき，凝結高度に達すると雲が形成され，引き続き凝結を伴いながら斜面に沿って上昇する．このとき，空気塊は湿潤断熱減率で冷える．この過程で降水に伴って水分が除去されるので一種の脱水が起きる．山を越えるまでにすべて凝結が終わり，水蒸気がなくなるとすると，その後は，空気は乾燥断熱減率で山を下ることになり，断熱圧縮により昇温する．湿潤断熱減率は4～6℃/km程度なので，乾燥断熱減率（約10℃/km）に比べて小さく，下降する空気塊は上昇で冷えたぶんの温度を超えてより暖まる．したがって，1km程度の山脈越えによる上昇と下降に対応して，5℃程度高温となる．このように山の風下側が相対的に高温となるためには，水蒸気の凝結（雲の形成）と降水による水分の除去という不可逆的な過程が不可欠である．このような場合には，気象レーダーや気象衛星「ひまわり」などで，山の風上側に雨雲域がみられるはずである．なお，山を越える湿潤な気流と山脈の高さとの相対関係で，降水雲が風下に及ぶこともある．フェーンの機構の概念図を図3.39に示す．

他方，このようなフェーンと異なって，ドライフェーン（乾いたフェーン）と呼ばれるフェーンが存在しうる．ドライフェーンとは，通常より高温の上空の空気塊が山の風下に吹き降りる場合である．上空に気温の逆転層が存在する場合などに起こりやすく，その空気塊が何らかの原因で地表付近まで下降すれば高温となる．実際，上空に安定層を持つ気流が山を越す場合に，安定度と風の鉛直分布（プロファイル）の両

```
湿潤な気流が山脈を越すときに起きる脱水と加熱
```

```
1. 飽和に達するまでは空気は乾燥断熱減率で冷える（10℃/km）
           ⇩
2. 飽和後は空気は湿潤断熱減率で冷える（5℃程度/km）
           ⇩
3. 山頂から下降する空気は乾燥断熱減率で昇温する（10℃/km）
```

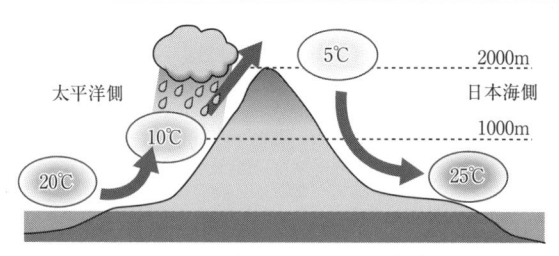

図 3.39　フェーンの概念図

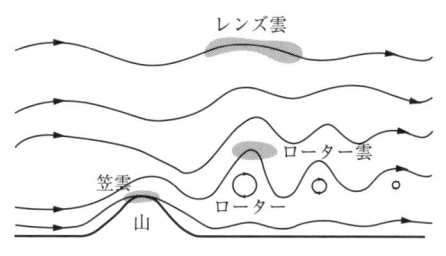

図 3.40　山岳波に伴うドライフェーン

者で特徴づけられ，スコラー数（Scorer number）と山の水平スケールとの兼ね合いで，風下山岳波と呼ばれる共鳴波が発生し，空気が鉛直方向に振動する波動が生じる．この場合，上空の風が波動の一部として山脈に沿って地表付近に下降し，高温，乾燥，強風をもたらす．図 3.40 に山岳波に伴うドライフェーンの概念図を示す．

　実際のフェーンは，種々と規模や機構が異なる．フェーンも海陸風と同様に，一般に大規模な現象の中に埋め込まれて出現するので，フェーンの部分を取り出すことはかなり困難である．したがって，テレビなどのメディアで，山岳周辺で高温が観測されると，しばしばフェーンという言葉で説明されてしまうのも考えものである．また，冬季の北西の季節風の場の中でもフェーンの機構が寄与して，そのぶん低温を緩和している場合があるはずであるが，あまり取り上げられていない．

　なお，これらのフェーンのほかに，山から強風が吹き下る「おろし」やハイドロリックジャンプ（跳ね水）と呼ばれる現象があるが，ここでは触れない．

いずれにしても，フェーンを記述する場合は，数値予報モデルに現れる鉛直方向の加速度を「非静力学」として取り入れることが重要である．現在の数値予報モデル（MSM）では非静力学の扱いがされているが，ここで触れているようなフェーン現象の持つスケールを十分に記述していないこともあって，通常の天気予報でこれらを予報するまでには至っていない．

3.9 前　　線

　前線は，一般に密度の異なる気団あるいは空気塊の境界面が地上と交わる線であり，前線を境に気温（密度）や風向が異なる．前線には，梅雨前線や秋雨前線のほか，温帯低気圧に伴う温暖前線や寒冷前線，閉塞前線などがあげられる．このようなシノプティックな前線のほかに，局地的な前線として房総前線や淀川前線などが知られている．さらに，地表における積乱雲などからの風の吹き出しの先端に形成されるガストフロントなどがある．これらの前線の挙動は，実際の天気および日々の天気予報に大きな影響を与える．低気圧に伴う前線はすでに3.6節で触れたので，ここではそれ以外の前線について述べる．

3.9.1 局地前線

　温帯低気圧に伴う前線は低気圧自体の発生や発達と密接に関連して形成されるが，局地前線は一般に，山岳や地形，海陸分布の影響などにより，局地的に気流がブロックされ，あるいは収束して発生する前線であり，局地前線あるいは局地不連続線と呼ばれる．日本の各地に存在し，それぞれ特徴的な天気，雨や風をもたらすことから，固有の名称が付されているものが多い．北陸不連続線，房総前線，石狩前線などがあげられる．

　現在の天気予報技術では，数値予報モデル（MSM）の助けを借りて，これらの前線の出現をかなりの程度予測できる．また，前線に伴う天気についても，後述のガイダンスを用いて，予測が行われている．ここでは房総前線と呼ばれる局地前線について述べる．

房総前線

　房総半島の沿岸付近に発生する局地的な不連続線で，房総不連続前線とも呼ばれる．大陸方面から高気圧が日本に張り出してくるとき，中部山岳地帯の影響で，関東地方の地上風は北よりの風となる一方で，東海地方から伊豆半島，伊豆諸島南部にかけては西よりの風となり，この二つの気流の収束線が房総半島付近に発生することがある．これが房総前線で，この前線の北側では層積雲が出やすく，小雨が降ることがある．このような現象は，北東気流型の天気分布の際に現れやすい．図3.41に房総前線の一例を示す．この例では前線が太平洋沿岸をかなり北まで伸びている．また，

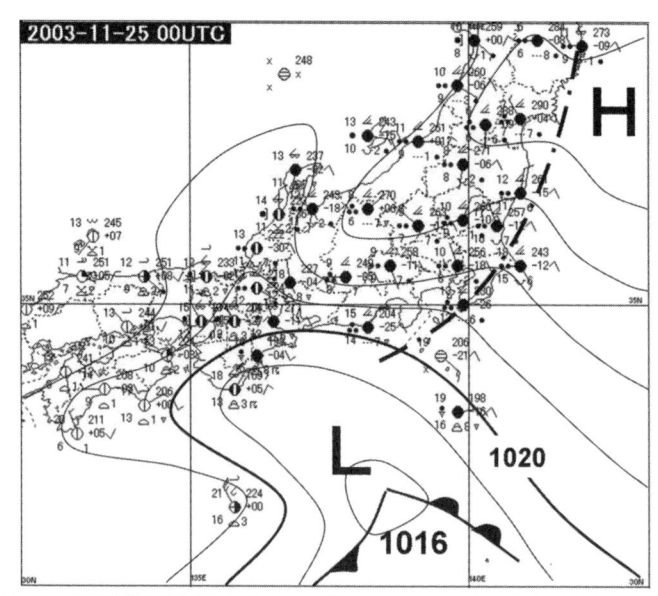

図 3.41 房総前線と天気図(2003 年 11 月 25 日 00UTC. 入田央氏の解析による)

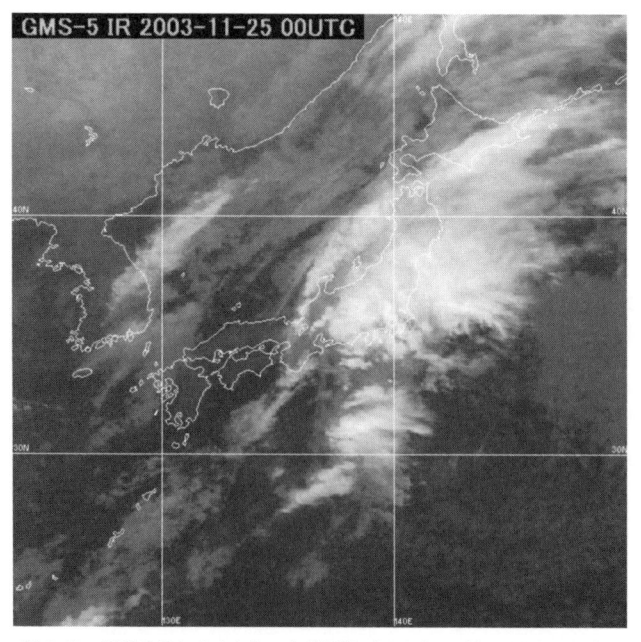

図 3.42 房総前線とひまわりの赤外画像(2003 年 11 月 25 日 00UTC)

この時刻に対応する「ひまわり」の赤外画像（図3.42）をみると，関東地方を中心に雲に覆われている．

3.9.2 ガストフロント，ダウンバースト

　局地前線は主に地形によって形成される前線であることから，停滞性であるのに対して，ガストフロント（突風前線）はほとんどが積乱雲に由来する前線であり，移動することが特徴である．ガストフロントが近づくと，急に強風が吹き出し，激しい雨や雷が始まり，ときどきひょうにも見舞われる．このような強雨やひょうは空気中を落下する際に，周囲の空気を引き込んで地表に達するので，その空気は強制的に周囲に吹き出され，突風を引き起こす．また，発達した積乱雲のもとでは，ときどき上空から冷たい空気塊が急な下降気流となって，地表にぶつかるダウンバースト（下降噴流）と呼ばれる現象がみられる．ダウンバーストはその水平スケールによって，2種類に分けられ，4 km 未満のものをマイクロバースト，4 km 以上のものをマクロバーストと呼ぶ．風速は前者が 75 m/s（150 ノット），後者は 60 m/s（120 ノット）に達することがある．ダウンバーストからの空気の吹き出しは，往々にしてガストフロントを形成する可能性がある．ダウンバーストは，竜巻と同様に人命や建物などに予期せぬ被害を及ぼすことから注意が必要である．図3.43 は，ガストフロントおよびダウンバーストの概念図を示したものである．

　ガストフロントやダウンバーストが滑走路および航空機の離着陸経路上に発生すると，航空機の運航に致命的な影響を及ぼしかねない．特にマイクロバーストは目視することはほとんど不可能であることから，ひとたび突っ込むと急に向かい風で機首が持ち上げられ，その後は逆に追い風で揚力を失い，失速の可能性すらある．

　ガストフロントは，単一の積乱雲以外に積乱雲群から生じる場合もある．図3.44 は積乱雲群から生じたガストフロントの衛星画像を示す．中央左側の積乱雲群の南東象限に円弧状のガストフロントがみえる．

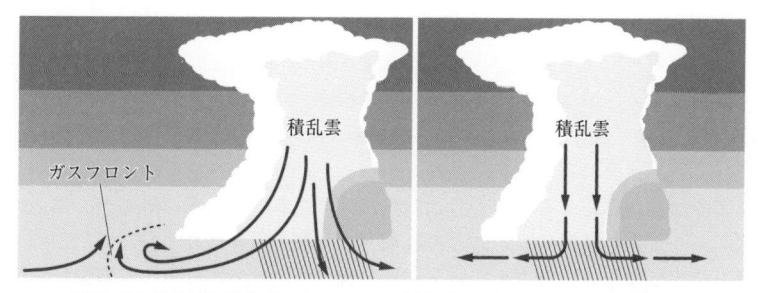

図3.43　積乱雲に伴うガストフロント（左）およびダウンバースト概念図

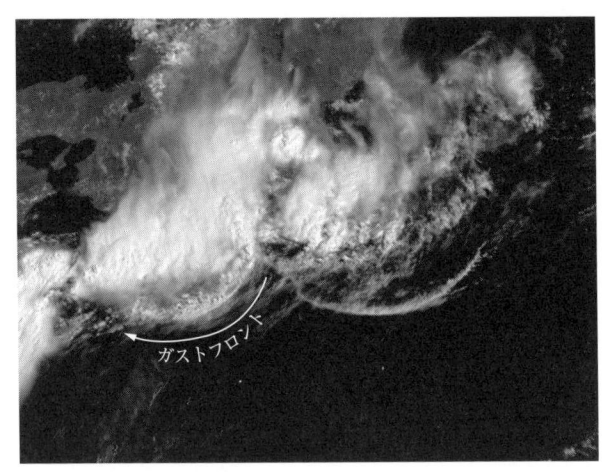

図 3.44 積乱雲群から発生したガストフロントの例

3.10 天気, 雲

天気予報にとって「晴れ」「曇り」「雨」になるかは, 日常生活はもちろん社会活動にも大きな影響を与える. 日々の天気予報は, 人々の天気予報に対する当たり外れの印象の蓄積を通じて, 天気予報全体に対する信頼性を左右し, いざというときの防災情報に対する信頼性にも密接につながることから, きわめて重要である.

現代の天気予報では, 個々の雲の発生や発達を直接には論じないが, 数値予報の結果をもとに予測している. また, 日々の予報作業者にとって, 天気や雲に関する観測結果は, 実況の把握のほか, 予測モデルが描くシナリオの時間的推移のチェックに必要な情報である. ここでは, 天気, 曇りや晴れがどのように観測され, 関係者に通報・伝達・共有されているかについて述べる.

天気の観測は, 当番者が原則として目視によって行い, 前述のように国際的に定められている「現在天気」の記号として表現される.「原則として」といったのは, 近年, 観測機器および通信技術の発展, さらに観測のためのコストの削減の観点から,「天気」の観測は米国や日本などでは, 目視観測から機器による自動観測への移行が進められている状況にあるからである.

まず雲の観測から述べる. 当番者は観測時刻になると, 露場に出て空を見上げ, 雲を観測する. どんな種類の雲が, どんな高さで, どちらに流れているか, どのくらいの視野（全天に対して）を占めているかを目視で観測する. それらを観測野帳に書きとめ, 気圧や気温などの他の気象要素とともに, 一定の書式で「気象電報」に組み込む.

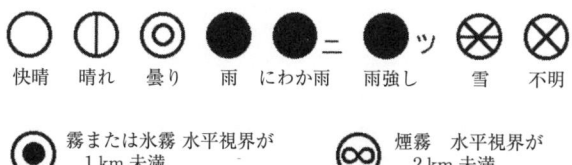

3.10 天気，雲

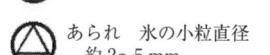

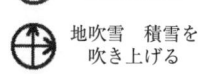

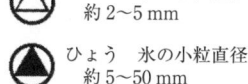

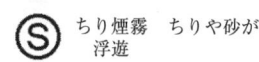

○ 快晴　◐ 晴れ　◉ 曇り　● 雨　● にわか雨　● 雨強し　⊗ 雪　⊗ 不明

● 霧または氷霧　水平視界が1km未満
∞ 煙霧　水平視界が2km未満
▽ みぞれ　雨と雪が同時に降る
Ⓢ 砂塵嵐　ちり，砂を吹き上げる
△ あられ　氷の小粒直径約2〜5mm
⊕ 地吹雪　積雪を吹き上げる
▲ ひょう　氷の小粒直径約5〜50mm
Ⓢ ちり煙霧　ちりや砂が浮遊
● 雷　雷電と雷鳴

図3.45　天気記号表（日本式）

天気予報で「明日の天気は晴れ，時々曇り…」などと表現される「天気」は，日本式の表記法では図3.45に示すように十数種類の記号で表現される．これらの記号は地上天気図上に記載され，日々の新聞天気図などでも利用される．

次に天気は，雲の量の多寡（雲量）に依存し，全天を10とした場合，快晴は雲量が2以下，晴れは3以上8以下，曇りは9以上と定義されている．ここで注意しなければならないことは，天気が同じでも薄い雲の場合は厚い雲の場合に比べて，日射量は多いので明るく感じることである．実際，全天が薄い巻雲で覆われている場合，雲量が10だから曇りであるが，日射をほとんど通すので体感としては快晴と同じである．逆に雄大積雲や積乱雲が直上を覆っている場合は曇りとなるが，この場合は昼間でも日射がほとんど届かないので，非常に暗くなる．

また，国際式では，観測時刻あるいは前1時間以内に起きた天気の事象によって，前述の図2.2(a)に示したように，それぞれ「現在天気（WW）」として100通りの天気と「過去天気（W1W2）」7通りが定義されている．国内式の天気は「新聞天気図」などで使われるが，国際式の天気は文字どおり世界共通の天気記号である（図2.3参照）．

3.10.1　10種雲形

雲は，その形成される高さによって，上層雲，中層雲，下層雲に区別され，また，成因によって対流性雲と層状性雲に区別される．雲の観測に国際的な共通性を持たせるために，雲の種類を定めた「10種雲形」がある．また，雲の状態を気象電報に組み込むための図表も用意されている．図3.46は「10種雲形」の雲の種類，高度，形状などを示した概念図である．

次に，表3.1は，気象庁が定めている雲の観測に用いられる表である．(1)には基

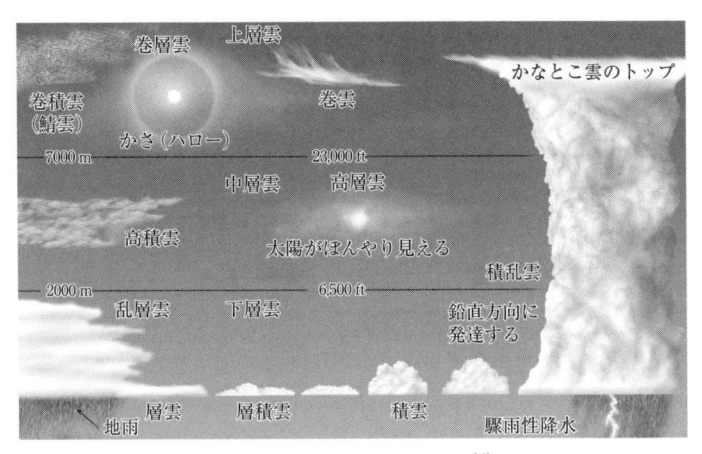

図 3.46 10 種雲形の種類と高さ[14]

本となる 10 種の雲の層，雲形，名称，よく現れる高度が記されている．(2) には雲の類，種，変種，雲の特徴が記されている．

表 3.1 雲の種類と名称，高さなど（気象庁資料）

(1) 10 類の雲形の名称とよく現れる高さ

層	名称	英名	略語	よく現れる高さと説明
上層	巻雲	Cirrus	Ci	極地方　3〜8 km
	巻積雲	Cirrocumulus	Cc	温帯地方　5〜13 km
	巻層雲	Cirrostratus	Cs	熱帯地方　6〜18 km
中層	高積雲	Altocumulus	Ac	極地方　2〜4 km
				温帯地方　2〜7 km
				熱帯地方　2〜8 km
	高層雲	Altostratus	As	As：普通中層にみられるが，上層まで広がっていることが多い
	乱層雲	Nimbostratus	Ns	Ns：普通中層にみられるが，上層および下層に広がっていることが多い
下層	層積雲	Stratocumulus	Sc	極地方　地面付近〜2 km
	層雲	Stratus	St	温帯地方　地面付近〜2 km
				熱帯地方　地面付近〜2 km
	積雲	Cumulus	Cu	Cu, Cb：雲底は普通下層にあるが，雲頂は中，上層まで発達していることが多い
	積乱雲	Cumulonimbus	Cb	

3.10 天気, 雲

(2) 雲の類, 種, 変種, 特徴のある形の雲および付随して現れる雲

類	種	変種	部分的に特徴のある形の雲*と付随して現れる雲**
巻雲 (Ci)	毛状雲 (fib) かぎ状雲 (unc) 濃密雲 (spi) 塔状雲 (cas) ふさ状雲 (flo)	もつれ雲 (in) 放射状雲 (ra) 肋骨雲 (ve) 二重雲 (du)	乳房雲 (mam)*
巻積雲 (Cc)	層状雲 (str) レンズ雲 (len) 塔状雲 (cas) ふさ状雲 (flo)	波状雲 (un) 蜂の巣状雲 (la)	尾流雲 (vir)* 乳房雲 (mam)*
巻層雲 (Cs)	毛状雲 (fib) 霧状雲 (neb)	二重雲 (du) 波状雲 (un)	
高積雲 (Ac)	層状雲 (str) レンズ雲 (len) 塔状雲 (cas) ふさ状雲 (flo)	半透明雲 (tr) すき間雲 (pe) 不透明雲 (op) 二重雲 (du) 波状雲 (un) 放射状雲 (ra) 蜂の巣状雲 (la)	尾流雲 (vir)* 乳房雲 (mam)*
高層雲 (As)		半透明雲 (tr) 不透明雲 (op) 二重雲 (du) 波状雲 (un) 放射状雲 (ra)	尾流雲 (vir)* 降水雲 (pra)* ちぎれ雲 (pan)** 乳房雲 (mam)*
乱層雲 (Ns)			降水雲 (pra)* 尾流雲 (vir)* ちぎれ雲 (pan)**
層積雲 (Sc)	層状雲 (str) レンズ雲 (len) 塔状雲 (cas)	半透明雲 (tr) すき間雲 (pe) 不透明雲 (op) 二重雲 (du) 波状雲 (un) 放射状雲 (ra) 蜂の巣状雲 (la)	乳房雲 (mam)* 尾流雲 (vir)* 降水雲 (pra)*
層雲 (St)	霧状雲 (neb) 断片雲 (fra)	不透明雲 (op) 半透明雲 (tr) 波状雲 (un)	降水雲 (pra)*
積雲 (Cu)	へん平雲 (hum) 並雲 (med) 雄大雲 (con) 断片雲 (fra)	放射状雲 (ra)	ずきん雲 (pil)** ベール雲 (vel)** 尾流雲 (vir)* 降水雲 (pra)* アーチ雲 (arc)* ちぎれ雲 (pan)** 漏斗雲 (tub)*
積乱雲 (Cb)	無毛雲 (cal) 多毛雲 (cap)		降水雲 (pra)* 尾流雲 (vir)* ちぎれ雲 (pan)** かなとこ雲 (inc)* 乳房雲 (mam)* ずきん雲 (pil)** ベール雲 (vel)** アーチ雲 (arc)* 漏斗雲 (tub)*

(注) 各類の欄中の種, 変種, 部分的に特徴のある形の雲と付随して現れる雲は出現しやすい順に並べてある。

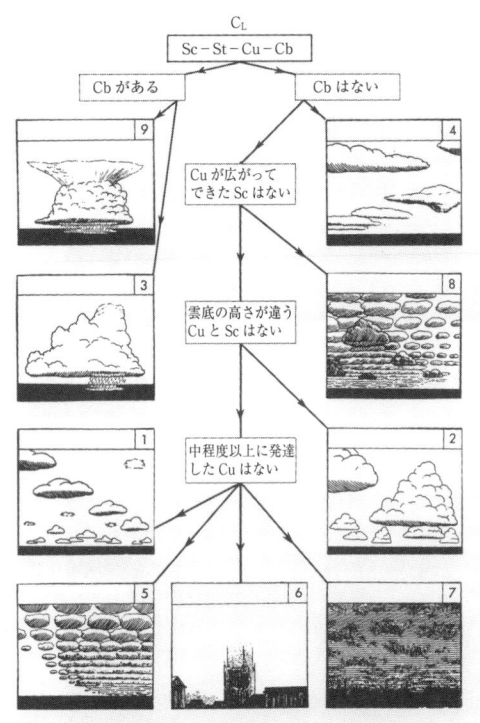

図 3.47 下層雲の場合の通報コード（気象庁資料）

1：晴天時の Cu，ほつれたりわずかに盛り上がっている．2：中程度以上に発達した Cu がある．3：雲頂が羽毛状やかなとこ状でない Cb がある．4：Cu が広がってできた Sc がある．5：Cu が広がったものではない Sc．6：St，St のちぎれ雲，悪天の際のちぎれ雲ではない．7：悪天の際のちぎれ雲，Cu・St．8：雲底の高さが違う Cu と Sc．9：雲頂が羽毛状でかなとこ状の Cb がある．

3.10.2 雲の観測と通報

観測者は空を見上げて，出現している雲の種類や高さ，さらに雲底の高さなどを識別し，個々の雲の雲量を見積もり，最後に個々の雲を鉛直方向に重ね合わせて，全雲量を見積もる．結果は雲に関する通報コード N および $N_hC_LC_MC_H$ に当てはめる（図2.2(a)参照）．雲の観測結果を，国際的な通報式にコード化するための標準化された図表が，上層雲，中層雲，下層雲ごとに用意されている．

たとえば，$C_H=7$ 全天を覆う，$C_M=3$ 薄い Ac，太陽・月がわかる，$C_L=9$ 雲頂が羽毛状でかなとこ状の Cb がある，のようにコード化される．予報作業でよく用いられる ASAS などの天気図にプロットされている雲の種類などは，このコードを解読したものである（図2.3参照）．ここでは下層雲の場合について，雲の通報コードを図3.47に示す．

3.11 竜　　巻

　竜巻は激しい風を伴っているため家屋などに甚大な災害を及ぼし，生命すらも脅かしかねない危険な現象である．竜巻の危険性があるときには，気象庁は「竜巻注意情報」を発表しており，テレビやラジオでは気象警報に準じて緊急的に報じられる．気象庁のホームページでもみられる．竜巻の実態やメカニズムはいまだ十分に解明されていないことから，竜巻の予測は行われておらず，情報にとどまっている．しかしながら，竜巻注意情報に対する理解や防災の見地からも竜巻の特徴について理解しておくことは有用である．

　竜巻は中心部で気圧が低く，その周りを空気が高速で回転している柱で，通常回転は地表にまで達する．竜巻は，気象庁の観測指針によれば，「積雲または積乱雲から垂れ下がる柱状または漏斗状の雲を伴う激しい鉛直軸の渦」と定義されている．漏斗状の雲（漏斗雲）は，雲から垂れ下がったようにみえるが，実際は激しい上昇気流によって生じている雲で，地表に達しない場合もある．竜巻は北米ではトルネードあるいはツイスターと呼ばれる．漏斗雲は英語では funnel cloud と呼ばれ，それが地上に達するさまはタッチダウンなどと報じられる．

　竜巻の直径は一般に100 m 程度であるが，もっと小さいものや大きいものもみられる．積乱雲や前線の周辺に発生しやすく，周囲の風に流されて移動する．日本では数 km 程度の移動にとどまるが，米国中西部のトルネードでは，数百 km も移動した例がある．図 3.48 は，竜巻を含むスーパーセルと呼ばれる巨大なシステムの概念図を示したもので，積乱雲やガストフロント（突風前線）などとの関係も表されている．

図 3.48　竜巻を伴う巨大な積乱雲，ガストフロントなどの概念図（文献14，図 14.43 を改変）

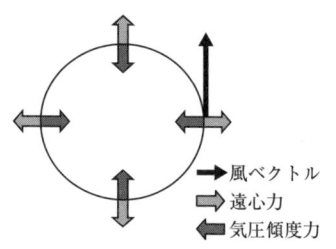

図 3.49 竜巻における力のバランス

図 3.50 竜巻の発生分布（1961～2010 年，気象庁資料）

　竜巻は，力学的にみると，図 3.49 に示すように「遠心力と気圧傾度力がバランスした現象（旋衡風）」である．竜巻の内部は低気圧となっているが，気圧傾度力にバランスする風は，北半球の温帯低気圧および熱帯低気圧，台風が必ず反時計回りであるのと異なって，時計・反時計回りのいずれも存在が可能である．しかしながら，観測される風は反時計回りの場合が圧倒的に多い．

　気象庁の統計によると，日本の竜巻の年間の発生件数は約 20 個である．米国では

年間約1000個と格段に多いが，100 km² 当たりの面積でみれば，日本は0.5個程度で米国は1個程度であり，日本が特に少ないわけではない．竜巻は大規模な積乱雲に伴って発生する場合が多いが，台風の襲来に伴う場合もかなりみられる．

竜巻（1961～2010年）の地理的分布は，図3.50に示すように，全国的にほとんどくまなく発生がみられ，関東地方ではかなり内陸部まで及んでいるが，一般に沿岸部で多く発生している．

3.12 ブロッキング

われわれは，日々の天気や天候が偏西風の流れ方（幾何学的な形状（パターン））と密接な関係を持っていることを知っている．実際，予報作業者の間では，日本の天候は，上空の気圧の谷が日本の西方に位置しているか（西谷型），東方に位置しているか（東谷型），あるいは偏西風の流れがほぼ東西方向（ゾーナル，zonal）であるかによって支配されることが以前からよく知られている．

日本付近の上空にみられる偏西風がぐるりと中緯度帯を取り巻いていることは，すでにみたとおりであるが（図3.4参照），偏西風は両極を中心に同心円状に吹いているわけではなく，南北に波動状に蛇行しながら地球を巡っている．したがって，天気予報の観点からみれば，偏西風の流れが予報期間内にどのようなパターンになるか，またどのくらいそのパターンが持続するかに関心がある．ここでは偏西風の流れ方の重要な1パターンであるブロッキングを現象面から眺める．

a. ブロッキングとその構造

高・低気圧に伴う波動は偏西風に重畳して，一般に東に移動するが，何かのきっかけで偏西風の蛇行が非常に大きくなると（振幅が増大すると），形態的にみて，低気圧の東進がときどきブロック（阻止）される．このような偏西風の大きな蛇行をブロッキングという．ひとたびブロッキングが起こると1週間以上にわたって持続する場合がしばしばあり，したがって同じような天候状態が持続することになる．ブロッキングが起きると，一般に図3.51に示すように，その領域の上流では1本であったジェット気流が，北と南の二つに分流し，偏西風の流れの一部が切り離されて渦となり，高気圧や低気圧の循環が偏西風から隔離されることになる．ブロッキングの典型的なパターンとして，ジェット気流の分流の仕方によって，双極型パターン（北に蛇行した部分の内側に高気圧，南に蛇行した部分に低気圧が存在する）とΩ型パターン（ジェットが北側に大きく蛇行してその南側に高気圧が切り離され，一方，南側は東西に流れる）の二つがある．

双極型の場合，その形成過程から推測されるように，北へ蛇行して切り離された高気圧（ブロッキング高気圧という）は背の高い暖気で形成され，南へ蛇行した低気圧の部分では寒気が南下する．

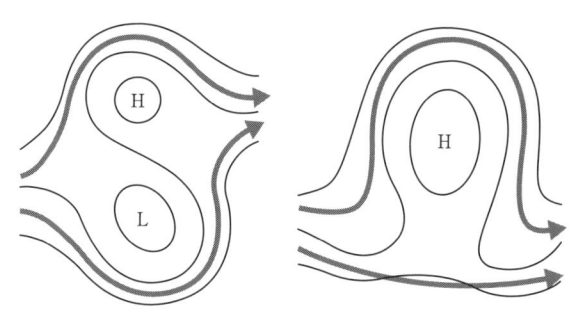

図 3.51　ブロッキングのパターン（左：双極型，右：Ω型）

ブロッキング現象によって生じるブロッキング高気圧の水平な広がりは非常に大きく，波長（東西幅）でみると約 10000 km に達する現象といえる．持続時間は，数日から 10 日程度で，形成・成長期，成熟期，衰退期とかなり明瞭な時間発展を示す．

b. **ブロッキングのもたらす天候**

予報作業では，ブロッキングの認識は通常 500 hPa 高層天気図においてなされ，蛇行の様子とともに等圧面高度の平年偏差が用いられる．ブロッキング高気圧の対流圏内は暖気で形成されているので，500 hPa の高度は通常より高く，したがって高度偏差は正となり，逆に切り離された低気圧圏内では冷たく，偏差も負となる．すなわち高気圧偏差のところで暖かく，負偏差の域で冷たい．高気圧偏差で覆われる領域は平年より温暖で，西風の北上に伴い低気圧の通過頻度の増大および降水量の増大が生じる．ただし，冬の大陸上や夏の高緯度の海など，冷たい地表面の上にブロッキング高気圧が形成されると，下層では寒冷高気圧が形成され気温は低くなる．北方に寒冷高気圧が形成された場合には，南下して停滞する前線に向かって冷たい空気が吹きつける影響で天気がぐずつき，低温傾向が持続する．梅雨期に上空にブロッキングを伴うオホーツク海高気圧が出現した場合が，この典型的な例である．また，北方に寒冷高気圧が形成されない場合でも，上空に寒気が入りやすく不安定な天候になったり，低緯度側でも分流した西風に沿って侵入する低気圧によって，平年より降水量が増えたりする．

c. **ブロッキングの実際例**

図 3.52 は，北半球の地上および 500 hPa および地上月平均図でみられたブロッキングの事例であり，グレーのバーは，500 hPa 高度の平年偏差を表している．この事例は Ω 型のブロッキングであり，高緯度側にブロッキング高気圧が存在している．この図から読み取れるブロッキングの特徴を以下にまとめる．

・強い偏西風であるジェット気流は，ブロッキング周辺で高緯度側（北緯 70°）と低緯度側（北緯 30°）に分断されている．
・ブロッキング高気圧の南側では東よりの風が吹いている．
・ブロッキング高気圧の西側では強い南風，東側では強い北風が吹いている．

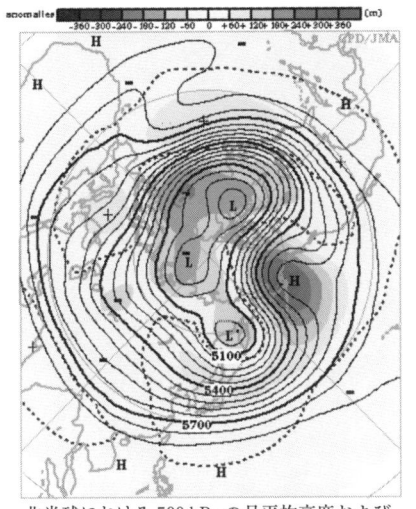

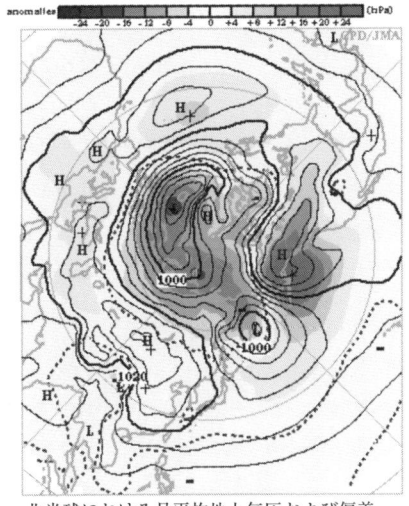

図 3.52 ブロッキング時の 500 hPa（左）および地上天気図（右）（気象庁資料．口絵 6 参照）
陰影は，それぞれ高度偏差および気圧偏差を表す．基準は 1981～2010 年．

・ブロッキング高気圧の東側と西側には深いトラフが存在している．

　ブロッキングの発生を地球規模でみると，北半球では地形（チベット高原やロッキー山脈）の影響で偏西風（ジェット気流）が南北に蛇行しやすいために，ブロッキングが形成されやすい．特に，ジェット気流が低緯度側に南下する冬季に多い．またブロッキングに伴う南風は高緯度側に暖気を運ぶため，たとえばアラスカでは-40℃であった気温が，数日後に 0 ℃にまで急上昇することもある．一方，南半球では偏西風の蛇行に与える地形の影響が小さく，したがってジェット気流は極を中心とした同心円状に吹き，蛇行も小さいためブロッキングは発生しにくい．

　日本付近でみると，ブロッキングが発生しやすい場所は，東のアリューシャン列島からアラスカ方面にかけてである．日本付近でこのようなブロッキングが発生すると，一般にじめじめした梅雨やあるいは持続的な寒波などをもたらし，大雨や寒冬となることが多い．2012 年の冬季は，日本を含め世界の各地で記録的な寒波に見舞われた．図 3.53 にそのときの北半球 500 hPa 天気図を示す．日本付近およびヨーロッパを中心に偏西風が大きく蛇行し，ブロッキングが起きている．このようなブロッキングは約 2 週間継続した．

d. ブロッキングの予測

　ブロッキングがどのようなメカニズムで形成され，維持されているのかは，いまだよく解明されていないが，その予測は，5 章，6 章，7 章で触れる「全球モデル」，「週間アンサンブル予報モデル」および「1 か月アンサンブル予報モデル」を基礎に

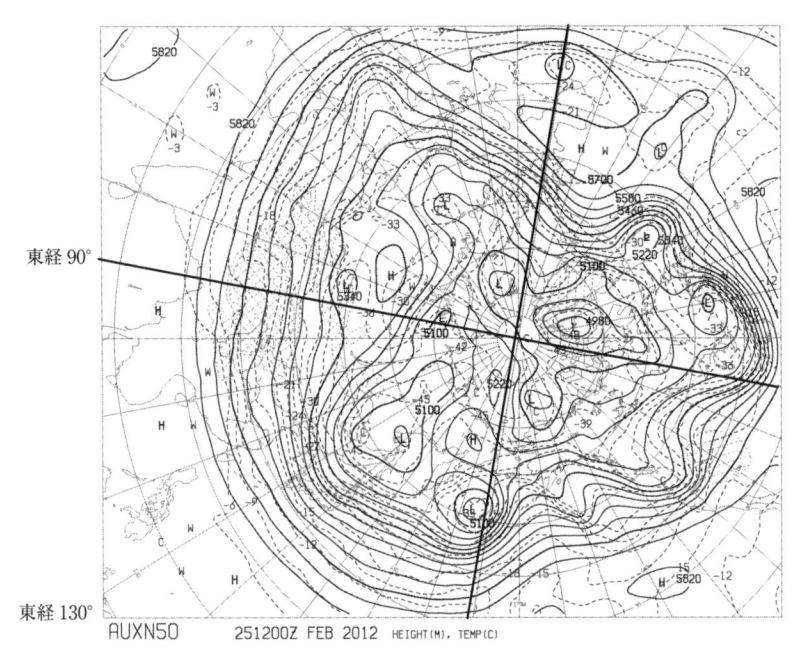

図 3.53 北半球 500 hPa 天気図（2012 年 2 月 25 日 12 Z，太線の交わる点が北極）

行われている．

3.13 ENSO（エルニーニョ・南方振動）

エルニーニョ現象（El Niño）は，熱帯太平洋を中心とした海面水温分布が，平年の状態から大きく偏って高温となる現象である．すなわち，エルニーニョ現象は，南米のペルーやエクアドルの沖合から日付変更線付近にかけての熱帯太平洋のほぼ東半分にわたる広い海域で，2〜7 年おきに海面水温が平年に比べて（平年偏差が）1〜2℃ 高くなり（時には 2〜5℃ 以上も高くなり），その状態が 1 年程度継続する現象である．気象庁では，エルニーニョ現象発生の定義を，図 3.54 に示すようにエルニーニョ監視海域を定め，そこでの海面水温が 0.5℃ 以上平年より高くなり（正偏差），その状態が 6 か月以上継続する場合としている．ラニーニャ現象は，逆に負偏差となり 0.5℃ より大きくなる場合である．この図で NINO.3 はエルニーニョ監視海域，NINO.WEST は西太平洋熱帯域でラニーニャの監視海域，IOBW はインド洋熱帯域の監視海域である．なお，エルニーニョ現象と本来のエルニーニョは区別されるべきであるが，以下，単にエルニーニョ/ラニーニャという．

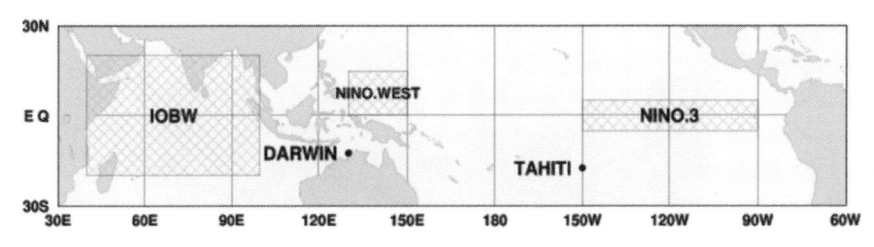

図3.54 エルニーニョなど監視海域（気象庁資料）

　エルニーニョ現象などは，ライフタイムが年の規模であることから短期予報や週間予報では問題とならないが，季節予報では影響を受けるため，気象庁ではこのことを考慮して予報作業を行っている．実際，「3か月アンサンブル予報モデル」のほか，大気と海洋の運動を結合した数値予報モデルである「大気海洋結合モデル」を併用しながら，3か月予報や暖・寒候期予報を発表している．こうした季節予報を有効に利用するためには，エルニーニョ現象などの機構を理解しておく必要がある．
　エルニーニョ/ラニーニャはこのような海洋の水温変動の現象であるが，他方，大気中にも「南方振動」と呼ばれる特異な現象のあることがわかっている．20世紀の初頭，インドモンスーンの長期予報の研究をしていた気象学者ウォーカーは，太平洋西部と太平洋東部の気圧変動の間に顕著な負の相関関係があることを発見した．つまり，インドネシア周辺の気圧の変動が，そこから5000 km近くも東方の南太平洋タヒチ島周辺の気圧変動と関連していたのである．これはまるでシーソーのように一方の気圧が高くなる時期は他方が低くなるという関係で，この振動を「南方振動 (Southern Oscillation)」と名づけた．当時は，これに対する物理学的な意味づけは十分にはされていなかったが，大気や海洋の観測が進むにつれて，南方振動とエルニーニョとは大気と海洋の相互作用であり，それぞれ現象の表（大気側）と裏（海洋側）の関係にあることがわかった．ENSOという用語はEl NiñoとSouthern Oscillationの合成語であり，エルニーニョ/ラニーニャと南方振動を全体の現象として捉えた概念を意味する．図3.55は，気象庁による赤道付近の大気および海洋の鉛直断面で，東西方向の循環の様子を模式的に示している．ここでは太平洋域に着目して，平年/エルニーニョ/ラニーニャの各状態の特徴を箇条書き的に記す．なお，熱帯太平洋域の海洋と大気は1年を超えるような長い時間スケールをもって変動し続けており，決してある平衡状態にとどまらず，この二つの状態の間を遷移している．現在のところエルニーニョ発生や維持のメカニズムは，いまだ研究の途上にある．
　以下に，平年，エルニーニョ，ラニーニャの状態の特徴を述べる．

a. **平年の状態の特徴**（図3.55 上段）
(1) 赤道地方の下層では東風（貿易風）が吹いている．
(2) 海面水温は太平洋の西部で高く，東部で低い．日付変更線以西では28℃以上．
(3) 海洋の表層部にある暖水層は西部で厚く，東部で薄い．

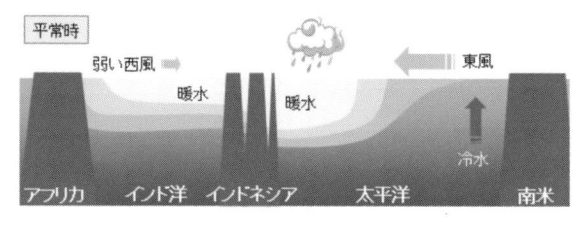

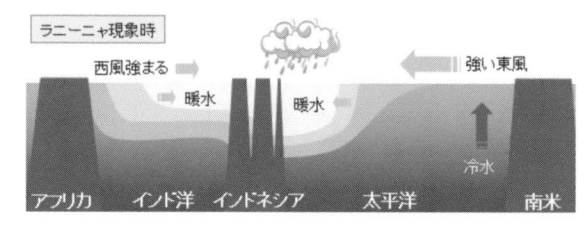

図 3.55　エルニーニョ/ラニーニャ概念図（気象庁資料）

(4) 海面水位は西部で高く，東部で低く，西部のほうが数十 cm 高くなっている．これは水温が高い海水ほど体積が大きいことによる．海面水位の傾斜が東風による応力と平衡している．
(5) 西部では上昇気流および対流活動が活発となる．
(6) 上昇した空気の一部は対流圏上部では東に向かって進み，海面水温の低い東部で下降気流となっている．
(7) 海面付近の気圧分布は，相対的に上昇気流のある西部で低く，東部では高くなっている．これに対応して東よりの貿易風が吹いている．
(8) 赤道付近の鉛直断面内での流れをみると系統的な東西循環が形成されている．この循環をウォーカー循環と呼ぶ．

b. **エルニーニョ時の特徴**（図 3.55 の中段）
(1) 赤道付近の東風は弱い．
(2) 海面水温は西部で低く，東部で高い．
(3) 暖水層は西部で薄く，逆に東部で厚い．
(4) 西部では対流活動が弱くなる．
(5) 太平洋中部から東部にかけて，上昇気流および対流活動が活発となる．

(6) 海面気圧分布は，相対的に西部で高く，中部で低くなる．弱い東風と対応している．
(7) 東西循環の位相が平年に比べ大きく東に偏る．

c. **ラニーニャ時の特徴**（図3.55の下段）

上段の平年の諸特徴がさらに強まり，対流活動の活発な領域もより西方に移る場合である．

d. **エルニーニョ/ラニーニャと世界の天候**

エルニーニョが発生すると対流活動の活発な部分が熱帯の中部太平洋方面へ移るため，積乱雲などが形成される場所も通常とはずれ，降水量および気温の分布も変化しエルニーニョ時の特徴的な変化がみられる．通常は雨の多いインドネシアやニューギニア付近などでは，エルニーニョ現象が発生すると雨が少なくなる．またインド付近では夏期のモンスーンが不活発となり，これらの地域は干ばつが発生しやすくなる．一方，いつもは雨の少ない熱帯中部太平洋域では多雨となり，またペルーやエクアドルなど南米の太平洋側では平年の5〜10倍の降水量となって，洪水に見舞われることになる．ラニーニャ時には，インドネシア付近を中心に多雨がみられ，その東側では少雨となっている．

e. **エルニーニョ/ラニーニャと日本の天候**

エルニーニョ/ラニーニャの発生は日本の天候にも影響するが，それが比較的はっきりしているのは夏と冬の気温についてである．

日本の夏の天候は南の太平洋高気圧（亜熱帯高気圧）の発達のしかたに大きく左右されるが，エルニーニョ時は全国的に平年なみまたは冷夏となることが多く，暑夏となる可能性は少ない．一方，ラニーニャ時はインドネシア方面の対流活動が活発になるため，その上空から吹き出し北に向かう気流が北方の太平洋高気圧域で下降し，高気圧が強化されるため日本付近は暑夏となりやすい．これに反して，エルニーニョ時には対流活動の中心が中部太平洋にシフトするためこのような高気圧を強める効果は小さく，春から夏にかけての亜熱帯高気圧の発達が遅れ，日本付近への張り出し方が弱くなる傾向がある．この結果，エニーニョ時は梅雨明けが遅れ，夏の気温は低くなる傾向がみられる．また，梅雨明け後も前線の影響を受けやすいため，夏の降水量が多くなる場合が多い．

エルニーニョ時の冬は，一般に日本付近では冬型の気圧配置があまり発達せず，日本付近には大陸からの寒気が入りにくくなり，平年なみあるいは暖冬となる傾向がある．つまり，エルニーニョが発生している場合には寒い冬とはなりにくいといえる．注意すべきことは，たとえば，上述のラニーニャ時の夏は暑夏になりやすいといっても，東日本地方が顕著であるが，それでも逆に平年より低い場合が40％程度ある．また，エルニーニョと日本の暖冬に関しても同様で，決して一義的な相関があるわけではない．「傾向がある」「現れにくい」などの表現は，こうした統計分析結果を丸めた表現であることに留意すべきである．

4

気象学における重要な法則および原理

4.1 気象を支配する基本法則

　地球の大気で生じるさまざまな現象は，一見するとランダムあるいは気まぐれで起きているように思われるかもしれないが，決してそうではない．すべての現象は，大気を支配する物理法則のもとで発生し，振る舞っている．したがってその物理法則を理解することは，大気中の現象についての理解を深めることであり，同時に天気予報の基礎知識の理解につながる．

　地球上で生起する種々の現象には，互いに共通する物理法則や時間および空間のスケールが存在する．すなわち，これらは地球大気だけでなく海洋や地球内部，そして他の惑星にも共通するものが多くあるが，ここでは地球大気に焦点を当てて，それを支配する物理の基本法則について考える．大気の運動は，以下の四つの法則により支配されている．また，これらの法則に基づいて定式化された方程式をまとめて「支配方程式系」と呼ぶ．

4.1.1 ニュートンの力学の法則

　大気に働く力の関係を記述した法則で，大気中に生じる風の向きや強さはこのニュートンの力学の法則で理解することができる．大気に働く実質的な力は，万有引力，気圧傾度力，摩擦力の三つがあげらる．しかしながら，われわれは大気の運動を地球上に展開される座標系の上で認識するが，地球が球で，しかも自転していることから，見かけの力が働く．この力は，必ず大気の運動方向に直角に作用することから転向力，あるいは，その力を発見・定式化したコリオリ（Colioris）の名を用いてコリオリ力と呼ばれる．なお，コリオリ力は，運動の方向を変えるだけで運動エネルギーの増減には寄与しないことに留意する必要がある．以上の四つの力の合力が，地球という回転座標系でみた大気の運動の加速度として表され，次のように表現される．

$$運動の時間変化率 = 気圧傾度力 + コリオリ力 + 重力 + 摩擦力$$

　この方程式はニュートンの運動の第二法則（$F=ma$．ここで F は力，m は質量，a は加速度）に対応する．すなわち左辺が ma に対応し，運動の時間変化率として記述される．右辺は力の合力である．したがって，すべての項と質量がわかれば加速度を求めることができ，風の強さの変化を計算することができることを意味している．

大気は空間という三次元座標で記述されるので，一般に3方向（通常は東西，南北，鉛直）の運動を考えるのが原則となっている．鉛直方向について考えてみると，激しい積雲対流の中などを除いて，おおむね上向きに働く気圧傾度力と下向きに働く重力とがバランスしている状態にある．このような平衡状態は鉛直方向の加速度がゼロであると表現でき，もとの方程式を簡略化して

$$0 = 気圧傾度力 + 重力$$

と簡単に表すことができる．大気の運動をこのように近似（仮定）する立場を「静力学平衡」あるいは「静力学近似」と呼ぶ．このような「静力学平衡」を仮定することにより，鉛直方向の運動方程式は時間に関して解く必要がなくなり，簡略化できる．

しかしながら，偏西風の流れや低気圧などほとんどの気象現象ではこの仮定が成立しているといえるが，水平スケールが鉛直スケールよりも短い現象（発達した積雲対流など）についてはこの仮定は成立せず，したがってこの近似は適用できない．発達した積雲対流などを扱う場合は，気圧傾度力と重力の差である浮力が重要であり，そのような扱いを「非静力学」と呼ぶ．

4.1.2 熱エネルギーの保存則

大気の持つ熱の変化を記述した保存則で，大気の温度はこの熱エネルギーの保存則で理解することができる．空気は水とは異なり圧縮・膨張することにより，温度が変化する．また大気中の水蒸気が凝結・蒸発することにより熱の出入りがある．そして太陽から届く放射や地表面など外部からの加熱の影響も受ける．これらを定式化したものが熱エネルギーの保存則であり，ある空気塊を考えると，

$$外部から与えられた熱 = 外部に対してする仕事 + 内部エネルギーの増加$$

と表すことができる．この式をもとに，温度を予測することができる．実際の気象予報においては温度の観測値が存在し，その予測が重要であるため，この熱エネルギーの保存則と後述する状態方程式を用いて

$$温度の時間変化率 = 加熱・冷却 + 空気の膨張・圧縮の効果$$

と表現することが多い．ここで加熱・冷却とは，日射や赤外線の吸収・放出による放射や水蒸気の凝結・蒸発に伴う潜熱，鉛直拡散による熱輸送，さらには地表面と大気との熱交換などであり，非断熱過程と呼ばれる．空気の膨張・圧縮の効果とは，大気が鉛直方向に運動することによって気圧が変化し，膨張・圧縮することによる温度の変化を示しており，これは断熱過程である．

4.1.3 質量保存則

大気は運動により変形したり，あるいは膨張・圧縮し，その体積や密度が時間的に変化する．しかし全体としては大気が消滅したりつくられたりすることはなく，保存しながら運動をしている．この関係を表したものが質量保存則である．実際の大気は水蒸気を含む湿潤な大気であり水物質の質量も考慮する必要がある．乾燥大気は消滅

したり消え去ることはないが,水蒸気については降水によって大気中を落下して地表面に到達することで失われる一方,地表面からの蒸発によって大気に補給されるので,これらのことを考慮する必要がある.

密度は単位体積当たりの質量だから,微小な空気の塊を考えるとすると,質量保存則はその表面を通じて出入りする質量を考慮して,

密度の時間変化＝質量フラックスの出入り

と表すことができる.この式を用いて,気圧を予測することができる.

4.1.4 状態方程式

大気の気圧,温度,体積には,常に満たされるべき条件がある.これをボイル-シャルルの法則あるいは気体の状態方程式という.

気圧＝密度×気体定数×絶対温度

すなわち,気圧と密度と温度とは独立に決めることはできない.これらのうち二つの物理量が決まれば,もう一つはこの関係式を用いて求めることができる.

4.1.5 水物質の保存則

大気中の水物質は,凝結して落下する降水(降雨・降雪)となって天気予報に直結するとともに,大気の密度に変化を与えることによってさまざまな影響を与える役割を持つ.水物質全体を一つとして簡略的に取り扱う場合もあるが,より精緻に取り扱う場合は水物質を雲水や雲氷などいくつかに分類する場合もある.その場合は方程式を複数考慮することになる.

水物質の時間変化＝水物質のフラックスの出入り＋水物質の相変化の割合

以上の方程式系を数式としてまとめると,以下のように表現される.

$$\frac{\partial \boldsymbol{v}}{\partial t} = -\boldsymbol{v}\cdot\nabla\boldsymbol{v} - 2\boldsymbol{\omega}\times\boldsymbol{v} - \frac{1}{\rho}\nabla p + \boldsymbol{F} \qquad \text{運動方程式}$$

$$\mathrm{d}'Q = C_v \mathrm{d}T + p\mathrm{d}\left(\frac{1}{\rho}\right) \qquad \text{熱力学第一法則}$$

$$\frac{\partial \rho}{\partial t} + \nabla\cdot(\rho v) = 0 \qquad \text{質量保存則}$$

$$p = \rho RT \qquad \text{状態方程式}$$

$$\frac{\partial q_x}{\partial t} = -v\cdot\nabla q_x + Sq_x \qquad \text{水物質の保存則}$$

この方程式の変数などは以下のとおりである.$\boldsymbol{v}$:風ベクトル,t:時間,$\boldsymbol{\omega}$:地球自転の角速度,ρ:密度,p:気圧,$\boldsymbol{F}$:外力,Q:熱エネルギー,C_v:定積比熱,T:温度,R:気体定数,q_x:水物質,Sq_x:水物質の相変化による増減.

4.2 気象の時間・空間スケール

　大気中の現象はさまざまなスケールを持っている．天気予報に関係する擾乱は，水平規模がおよそ10kmで2~3時間程度持続する積乱雲から，大雨をもたらす積乱雲群，台風，温帯の高気圧・低気圧などがあり，スケールでみると広く分布している．これらは独立して発生・発達するのではなく，相互に影響しあって大気中に現れる．大気中の主な気象現象の空間・時間スケールを図4.1に示す．なお，種々の現象のスケールには幅があり，この図は縦軸および横軸とも対数目盛りとなっていることに注意してほしい．

　前述の方程式系は，基本的にそれらのすべてを記述することができるが，現象について把握する，あるいは予測を行う際には，それに相応しく方程式を簡略化することが行われる．また，予測で得られた結果を解釈する際に，スケールにより現象を分類することにより理解が進む場合がある．

　気象現象はその水平スケールにより，便宜的に以下のように分類される（オーランスキーの分類による）．

~20000	マクロスケール	
~10000	マクロαスケール	（超長波）
10000~2000	マクロβスケール	（傾圧不安定波，温帯の低気圧・高気圧）
2000~2	メソスケール	
2000~200	メソαスケール	前線・台風
200~20	メソβスケール	集中豪雨，海陸風
20~2	メソγスケール	発達した積乱雲
2~0.002	マイクロスケール	
2~0.2	マイクロαスケール	積乱雲
0.2~0.02	マイクロβスケール	竜巻
0.02~0.002	マイクロγスケール	

単位はkm．

　もちろんこれらは便宜上の分類であって，厳密なものではない．マクロスケールとメソαスケールとを合わせて総観規模，メソスケールとミクロスケールを合わせて中小規模ということもある．

　時間スケールについても，かなりの広がりがあるが，現象ごとでみるとその空間スケールと時間スケールにはおおむね関係がある．一般的に，空間スケールの大きなものは時間スケールも長く，空間スケールが小さいものは時間スケールも短いということができる．台風は，その空間スケールが小さいものの，発生から発達・衰弱までの時間スケールが比較的長く，例外といえるかもしれない．

　また「気象」は時間スケールでおよそ1週間程度までを指し，それより長いスケー

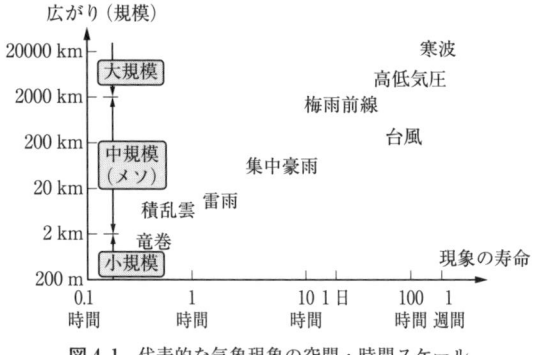

図4.1 代表的な気象現象の空間・時間スケール

ルは「気候」と呼ばれる場合がある．

4.3 気象の持つカオスと予測可能性

　4.1節で述べたように，大気中の現象は物理法則に支配されている．その法則を記述する方程式系は線形ではなく，非線形であるため，結果が原因に比例するとは限らない．初期は非常に似た状態にある大気であっても，時間とともに違いが大きくなって，次第にまったく異なる現象が発生し，地球全体に広がっていく．この性質のことを「カオス（混沌）」の状態という．

　天気予報においては，世界に張り巡らされた観測網で現在の状態を知ることはできるが，現在の状態を完全に正しく知ることは不可能である．そのほんのわずかな差が，カオスによって時間とともにまったく異なる結果につながる性質がある．

　天気予報がもっと先まであればとの思いは誰しもある．しかし，たとえば日別の天気予報を行うには，約2週間が限界といわれている．図4.2は，カオスと予測可能性の様子を概念的に示したものである．

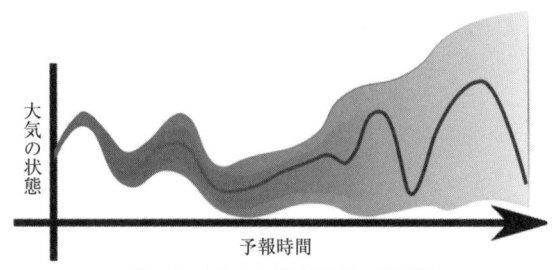

図4.2 カオスと予測可能性の模式図

4.4 地軸の傾きの影響

　地軸とは地球が自転している軸のことである．地球が自転し，その地軸が傾いていることにより，気象現象にもさまざまな影響が現れる．自転していることについては次節で考察することとし，ここでは地軸が傾いている影響について考える．

　大気中で発生する気象現象の多くは，太陽エネルギーにより大きな影響を受ける．太陽の表面温度は約 6000℃で，そこから太陽放射として宇宙空間にエネルギーが放出され，その一部が地球に到達する．地球の大気に到達する太陽放射の強さは「太陽定数」と呼ばれ，$1.382\,\mathrm{kW/m^2}$ である．このエネルギー強度は 100 ワットの電球 10 個分以上に相当し，地球に降り注ぐ太陽エネルギーがいかに莫大であるかが想像できる．一方，地球表面は陸や海で覆われているので，太陽からのエネルギーのすべてを吸収するわけではない．また大気中の雲によりそのエネルギーの一部は宇宙に反射される．太陽放射に対する地球の反射の割合を「アルベド」という．地球全体でのアルベドは約 0.3 である．

　地球が球であることから，ほとんど真上から太陽光が降り注ぐ赤道付近と，斜めから降り注ぐ極地域とでは差がある．地球が太陽の周りを公転していることに加えて，図 4.3 に示すように，地球の地軸は公転面の法線に対して約 23.5°傾いており，太陽の光が当たる面と太陽光線との角度により，単位面積当たりの太陽エネルギーの強さが変化する．北半球を考えてみると，地軸が傾いていることにより，夏季には地表面と太陽光線とのなす角度が大きく，したがって単位面積当たりの太陽エネルギーが大きくなり，また，太陽高度が高く日中の時間が長くなる．一方，冬季は，地表面と太陽光線とのなす角度が小さくなり，単位面積当たりのエネルギーが小さくなる．太陽は低く日中の時間は短くなる．このように地球の公転と地軸が傾いていることにより季節の移り変わりが生じる．

　太陽エネルギーにこのような季節変化があることにより，気温の南北差やそれに伴う熱の輸送に変化が生じ，偏西風の位置や強さ，低気圧の発生発達・強度といったさ

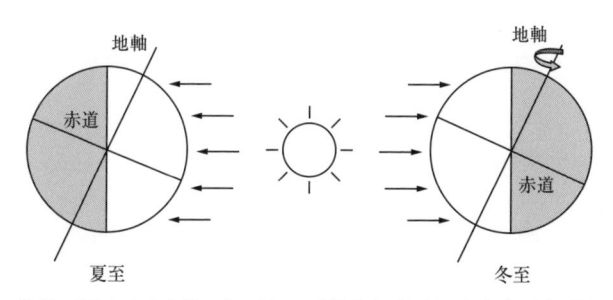

図 4.3　地軸の傾きによる太陽エネルギーの季節変化（左側は北半球の夏，右側は冬）

まざまな現象を左右する大きな要因となっている．

4.5 地球自転の効果

通常，大気の運動を観察する際には，地球が自転している効果を意識することは少なく，また観測も地球上に固定して行われる．4.1節で述べた基本法則を考える際にも，地球上に固定した座標系で考えるのが一般的である．しかしながら，物理法則は静止した慣性系で成立する考え方であって，運動方程式を自転している地球上に固定した座標で考える際には，地球の自転の効果を考慮する必要がある．慣性座標系における運動方程式を地球という回転座標系に座標変換することにより，見かけ上の力として，転向力（コリオリ力とも呼ぶ）が現れる．4.1.1項の運動方程式は，この変換を施したものである．前述のとおり，地球の自転による影響は通常は意識することはないが，気象学や天気予報を理解するうえでは非常に重要である．コリオリ力は風の吹く方向と直角に働くことが大きな特徴である．コリオリ力は，地球自転の角速度ベクトルを Ω（大きさを ω），風ベクトルを V とすると，$2\Omega \times V$ と表現される．また，Ω の天頂成分および南北成分の大きさは，図 4.4 に示すように，それぞれ緯度によって変化する．したがって，コリオリ力は緯度の関数であり，赤道では天頂方向回りの角速度はゼロであるから，コリオリ力はゼロとなる．このことは低緯度地方の気圧場と風の関係や台風の発生などに重要な影響を与えている．このコリオリ力が運動にどのような影響を及ぼすかについて，次に述べる．

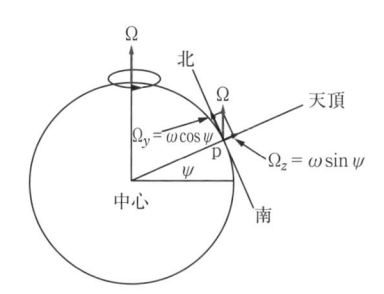

図 4.4　地球自転の角速度ベクトル Ω とその天頂・南北成分の緯度変化

4.6 気圧と風の関係

気圧は単位面積当たりに働く力で，静力学平衡の場合は上空の空気の重さに等しく，気圧が高いということはその場所には空気の大きな柱があるということであり，気圧が低いということは逆に，その場所の空気の柱は小さいということになる．し

4.6 気圧と風の関係

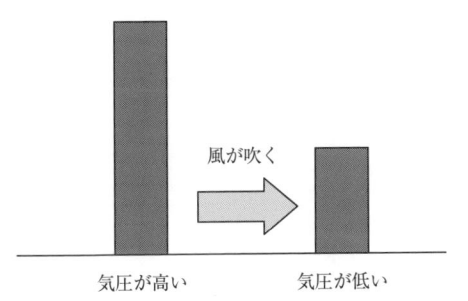

図 4.5 気圧と風の関係の模式図

がって，気圧の高いところから低いところへ空気が移動しようとして，風が吹く（図4.5参照）．すなわち，両者の気圧差を表す気圧傾度がわかれば，風の吹く方向（風向）と強さ（風速）がわかることになる．地上天気図には観測点における観測データとともに，等圧線が描かれている．それは気圧傾度をみることであって，風向や風速という大気の流れの基本要素が理解できるからにほかならない．

地上天気図では，等圧線の混んでいるところが気圧傾度の大きいところであり，風速が強い．この考えでは，気圧傾度と直角の方向に風が吹くことになるが，実際には直角ではなく，地上では等圧線に対して斜めに，一方，上空では等圧線あるいは等高度線に対して平行に吹いている．これには，先に述べた地球回転の効果であるコリオリ力や，地上の摩擦力が影響している．

まず摩擦力の影響が無視できる上空の自由大気を考えてみよう．上述のとおり，気圧傾度の高いほうから低いほうへと気圧傾度力が働く．一方，前述のように，地球が自転している影響で，風が吹く直角の方向にコリオリ力が働く．ここで風や気圧に時間変化がない定常状態を求めるとすると，運動方程式の左辺の時間変化率はゼロであり，移流の効果もない．すなわち，右辺の気圧傾度力とコリオリ力とがバランス（平衡）していることになる．このような力の平衡関係が成り立つのは，図 4.6 のように気圧傾度力とコリオリ力が，大きさが等しく，等圧線と直交していて向きが正反対という場合である．この場合，風は気圧傾度を表す等圧線と直角ではなく，平行に吹くことになる．

このように，等圧線に平行に吹く風を「地衡風」と呼び，気圧傾度力とコリオリ力がバランスしている関係のことを，地衡風の関係にあるという．

次に地上付近を考えてみる．平衡関係が成り立つ状態としては，上述の気圧傾度力とコリオリ力の二つの力に加えて，地面の摩擦力の影響を考慮する必要がある．摩擦力は風の向きと反対方向に，その風速におよそ比例して働く．したがってこれらの力の平衡関係は図 4.7 に示すようになる．この場合，風の吹く向きは等圧線を斜めに横切って，気圧の高いほうから低いほうへと吹き込む．地衡風の関係が地面の摩擦により変化を受けて，風向が等圧線に平行な向きから等圧線を横切る向きへと変わってい

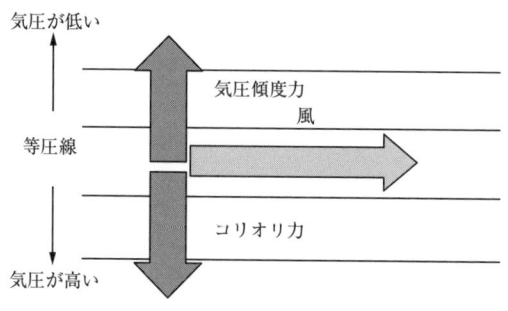

図4.6 コリオリ力を考慮した場合の，気圧と風の関係

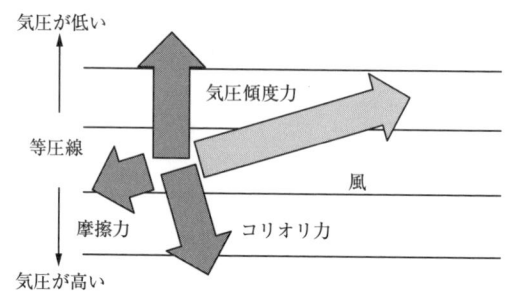

図4.7 さらに摩擦が働く場合の，気圧と風の関係

ることがわかる．摩擦力の大きさは地面の状態により異なるが，摩擦が大きいほど横切る角度は大きくなる．なお，台風の発達にとっては，このような地面摩擦の効果が本質的であることは，3.7節で触れた．

　地衡風の関係は，前述の運動方程式で平衡状態を仮定したものであり，いわば理想的な釣合いの状態である．厳密にはそのような平衡状態はなく，この関係では低気圧の発達などは説明できない．しかしながら，実際の高層天気図をみると，高気圧や低気圧の移動による等圧線の移動にあわせて風の向きや強さは変化しているが，気圧場と風の場は，近似的に地衡風の関係を満たしており，地衡風を用いて説明できる場合が多い．したがって，地衡風という仮想的な関係を理解しておくことは非常に重要である．

4.7　大気の安定性

　大気の鉛直運動は，積乱雲が発達して激しい降水や突風，急激な温度や気圧の変化をもたらすなど，天気予報にとって重要な現象をもたらす．この鉛直運動を理解するうえで重要な考え方が，大気の安定性・不安定性である．

4.7 大気の安定性

　一般に，平衡状態にある大気に微小な力が与えられた場合に，その平衡状態を保つ場合を「安定」といい，逆に変位が時間的にどんどん大きくなってしまう場合を「不安定」という．一方，大気には常に重力がかかっているため，その密度や圧力は鉛直方向によって異なるが，一般に大気は「成層状態」にある．

　この成層状態の大気について，ある高度の小さな空気塊をわずかに持ち上げた場合に，安定か不安定かを調べる方法を「パーセル法」という．パーセル法では変位は断熱的に起こるものとし，小さな塊を持ち上げた場合は周囲の圧力によって瞬時に調節されるものとする．実際には周りの圧力も変化するはずであるが，微小なものとして考慮しない．これがパーセル法である．詳細な導出は省略するが，平衡状態からの変位について

$$変位の加速度 = -N^2 \times 変位$$

$$N^2 = 重力加速度 \times \frac{乾燥断熱減率 - 基本場の気温減率}{気温}$$

と表すことができる．乾燥断熱減率とは，断熱的に鉛直変位した場合に気温が下がる割合のことで，約 10℃/km である．さらにこの N を「ブラントバイサラ振動数」と呼ぶ．この式から，N^2 が正，すなわち乾燥断熱減率が基本場の気温減率より大きければ，変位の加速度が常に変位と逆符号になる振動型となり安定，逆に N^2 が負，すなわち乾燥断熱減率が基本場の気温減率より小さければ，変位の加速度が変位とともに増大するので不安定となる．

　湿潤大気の場合は，水蒸気が鉛直方向に運動することによって，水蒸気が飽和し凝結することにより潜熱が放出されることを考慮する必要がある．この場合，空気の断熱膨張による冷却に対して，潜熱によって暖められるため，気温減率は乾燥断熱減率よりも小さくなり，平均的には約 5℃/km である．これを湿潤断熱減率と呼ぶ．

　基本場の気温減率が湿潤断熱減率よりも小さい場合は，小さい塊を持ち上げたとしても，湿潤断熱減率で気温が低下することによって周囲よりも温度が下がってしまう

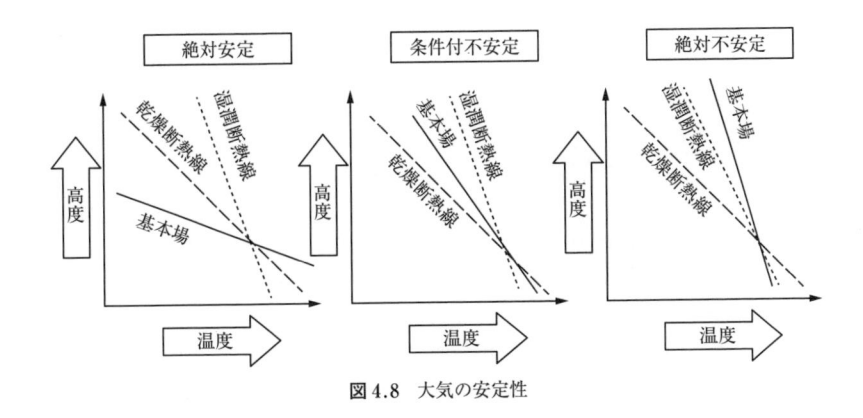

図 4.8　大気の安定性

ため，それ以上上昇することができず安定になる．このような状態を「絶対安定」と呼ぶ．一方，基本場の気温減率が乾燥断熱減率よりも大きい場合は，小さい塊を持ち上げて乾燥断熱減率で気温が下がったとしても，周囲より常に気温が高いためさらに上昇を続けて不安定になる．これを「絶対不安定」といい，対流が非常に起きやすい状態である．絶対安定と絶対不安定の中間の状態を「条件付不安定」といい，大気の対流圏は平均的には条件付不安定の状態である．この三つの状態をそれぞれ図4.8に示す．

4.8 大気の傾圧性など

これまで，大気の鉛直方向の分布にのみ着目して述べてきたが，ここからは実際の低気圧との関連に注目する．

大気の等圧面と等密度面とが交差している状態であることを「傾圧」といい，等圧面と等密度面とを一致させようという力が働き波動が生じ，これを「傾圧性不安定」と呼ぶ．傾圧に対して，等圧面と等密度面とが一致した状態を「順圧」という．

たとえば，図4.9に示すように水槽の中央に仕切りをおき，片方に冷たい水，もう片方に暖かい水を入れた場合，いずれも圧力は下にいくほど高いが温度は（この場合は仕切りを境に）横にいくほど変化する，すなわち等圧面と等密度面は直交しており，傾圧である．ここで仕切りをとると，傾圧不安定な状態となり，暖かい水が冷たい水の上へ，冷たい水が温かい水の下へ入りこもうとする流れが生じ，最終的には等密度面は水平となり等圧面と等しくなる．

実際の大気をみてみると，偏西風に鉛直シア（風の鉛直方向の傾度）があり，密度には南北傾度が存在するために，等圧面と等密度面は交差しており，傾圧性を持っている．したがって，傾圧不安定が生じ，これが偏西風の波動となって現れ，温帯低気圧や高気圧を発生・発達させる力となる．数値予報や天気予報作業で用いられる高層天気図では，等圧面における等温線が描画されている．この線が混みあっているところは傾圧不安定性が大きいところであることを示している．そして，水槽で温かい水

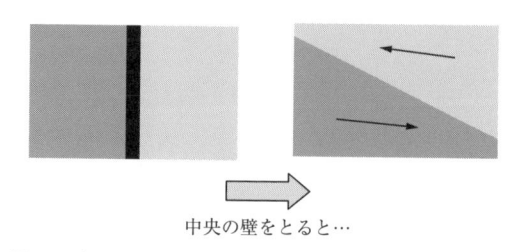

中央の壁をとると…

図 4.9 傾圧不安定により流れが生じることを示す模式図

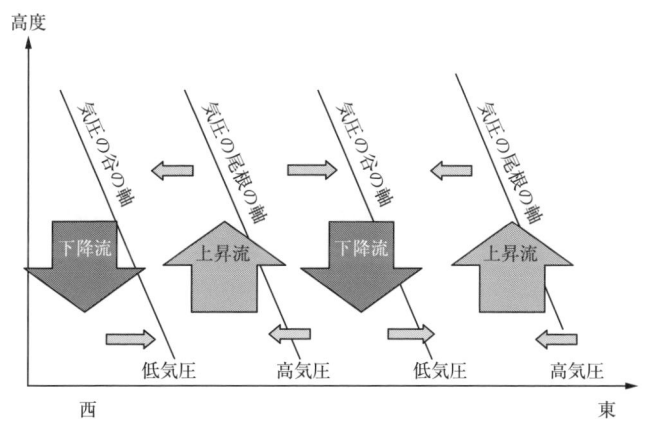

図 4.10 大気の傾圧不安定性と低気圧・高気圧との関係

と冷たい水が混ざりあうのと同様，実際の大気でも暖気と寒気が混ざりあって均一になるように移動するが，地球が自転しているために，暖気は気圧の谷の東側を上昇し，寒気は気圧の谷の西側を下降することになる．図 4.10 は，この様子を概念的に表したもので，気圧の谷，気圧の尾根とも上空に向かって西に傾いており，それらを地上におろしたところがそれぞれ地上天気図の低気圧，高気圧に当たる．また，低気圧の西側では下降した寒気が吹き込むため「寒冷前線」が，低気圧の東側では暖気が上昇するため「温暖前線」ができる．これが，低気圧が発達している場合の典型的な構造である．天気を支配する低気圧・高気圧の動向は，こうした傾圧不安定による波動が深くかかわっている．このような構造は，3.6 節でみたように，実際の温帯低気圧の発達過程でみられるもので，地上天気図で低気圧が発達しているときは，500 hPa 高層天気図でも偏西風波動と呼ばれる，ゆるやかに南北にうねった西よりの風の帯が次第に振幅を増している．

ちなみに，このように温帯低気圧の立体構造が明らかになったのは，太平洋戦争の頃に始まったラジオゾンデによる高層気象観測（2.4 節参照）がきっかけであり，近代気象力学の確立へとつながった．

4.9 ベータ効果とロスビー波

4.5 節で述べたようにコリオリ力は緯度によって大きさや向きが異なる．高緯度ほどコリオリ力は増大し，また北半球では風向と直角右に，南半球では左と向きが逆である．一方，赤道上ではコリオリ力は働かない．この高緯度ほどコリオリ力が増大することを「ベータ効果」という．

1.1.3項でみたように，中緯度帯にはジェット気流が吹いている．このジェット気流は4.6節でみた地衡風の関係によって説明されるが，山岳や海陸分布の影響などにより蛇行を強制される．そこへこのベータ効果が加わることにより大規模な波動が生じる．これを「ロスビー波」と呼ぶ．ロスビー波の伝播は西進成分しか持たないという重要な性質がある．すなわち，ジェット気流は南北に蛇行して波打ち，その波の位相は西に進む．1.1.4項でもみたように，ロスビー波は超長波の現象を理解するうえで重要な現象である．

5

天気予報技術

5.1 天気予報の方法論

　天気予報技術は，図5.1に示すように，一般に主観的な技術と客観的な技術に大別される．さらに客観的な技術も種々の手法を持つ．歴史的にみると，予報技術は主観的な技術から客観的な技術へと発展してきた．

　現在の予報技術の基盤は物理法則に基づいた数値予報であり，客観的な予報技術の範疇に入る．客観的な予報技術とは，客観的な根拠に基づいて組み立てられた技術であり，したがって一定の知識および訓練を受けた予報者であれば，同質の予報が可能であり，予報は個々の予報者によって異ならない．しかしながら，留意すべきことは，客観的な予報技術であっても，予報者という人の総合的な判断に支えられてこそ，信頼性のある予報となる．予報者は災害の発生が予想される場合は，必要な注意報や警報を行うことが義務づけられている．したがって，予想される気象の場が平時か危険な場かの判断，加えて社会活動の場がどうなっているかを把握することも重要である．主観的予報は過去のものとして捨て去られたわけではなく，たとえば，日々の観天望気および予報作業を通じて，長年培われ，伝承されてきた予報者の智恵は，現在の天気予報にも歴然と生きている．2.2節で述べたように，現在，国際的に実施されている「地上気象実況通報式」で報じられる，「全雲量や雲の形」「現在天気」

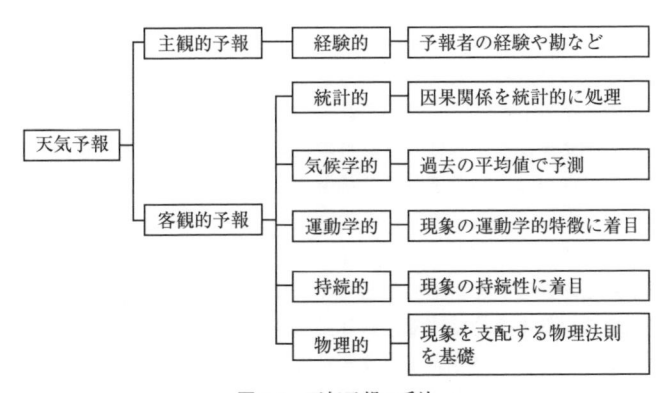

```
                    ┌─ 主観的予報 ──┤ 経験的  │─ 予報者の経験や勘など
                    │
                    │                ┌ 統計的  │─ 因果関係を統計的に処理
                    │                │
天気予報 ──────────┤                ├ 気候学的│─ 過去の平均値で予測
                    │                │
                    └─ 客観的予報 ──┼ 運動学的│─ 現象の運動学的特徴に着目
                                     │
                                     ├ 持続的  │─ 現象の持続性に着目
                                     │
                                     └ 物理的  │─ 現象を支配する物理法則
                                                 を基礎
```

図5.1　天気予報の手法

「気圧変化傾向」などは，予報技術者にとって，実況の確認をはじめ，種々の予測モデルのチェック，注意報や警報の発表や解除，さらに背景説明などに用いられている．

a. 統計的予報

予報対象要素の過去の時系列を統計的に処理して，将来を予報する立場である．1地点あるいは領域で独立して行う場合のほか，複数の地点あるいは領域に広げて行う場合がある．具体的には，過去の時系列に含まれる現象の周期性やタイムラグ（時間の遅速）を統計処理により見出し，その特質を予報に当てはめる手法である．統計的手法として，周期分析のほか自己相関あるいは複数地点間の相互相関の強さが求められる．かつて長期予報では，この手法をユーラシア大陸の多数の地点に適用し，たとえば○○地域で気温が高ければ，1か月後には日本の××地域でも高くなるといった予想を行っていた．しかしながら，近年，数値予報モデルによる予報が1か月などの季節予報まで可能になったことから，現在ではこうした統計的予報は採用されていない．

なお，統計的予報で発見あるいは開発された相互相関解析の手法は，テレコネクション（遠隔結合）と呼ばれる地球規模の現象の伝播の発見や解析など，大きな寄与をした．

b. 気候学的予報

一般にある場所の長年にわたる気象の平均値を気候値といい，単に気候と呼ばれる場合もある．また平均を面的に広げて，ある領域の気候値あるいは気候と呼ぶ．東京の気候，日本の気候，温帯地方の気候などである．また，ある小さな地域を対象とする「局地気候」という呼び方もされる．気候値は平均の期間や広がりによっておのずとその意味も異なる．

気候値予報とは，ある場所における将来の気象の予報に対して，ある期間の「気候値」をもって予報とする手法であり，したがって予報者の作為はない．ほかに何らかの予報手段が見当たらない場合は最も有力な予報である．現在でもイベントの開催時期の選択や海外旅行などの際に実際に用いられている．

一方，気候値予報は，特に長期的な数値予報などの予報技術の精度検証やその優位性の評価の際の基準の一つとして用いられる．

長期予報のユーザーにとっては，ある月の実際の平均気温が××℃，あるいは向こう1か月の平均気温が○○℃と予測された場合，平均気温の絶対値自身が利用される場合のほか，それが例年との対比でどの程度高いか低いかのほうが都合のよい場合がある．気象庁は普段や例年に対する基準として「平年（値）」を作成しており，また数値の大小や多寡の程度を表す指標として「平年並み」などの「階級区分」を行っている．平年値やこの階級区分は次のとおりである．

平年値 現に起こっているあるいはすでに起こった現象，さらに将来のある時間や期間に起こると予想される現象の程度を過去と比較するためには，基準となる一定

の過去期間が必要である．国際的には30年という期間が採用されている．30年とした根拠ははっきりしないが，これは一人の人間が社会的に活動する期間がほぼ30年程度であり，その間に一度経験するかしないか程度のまれな現象を「異常」と感じることを考慮したものである．具体的には国連の一専門機関である世界気象機関（WMO）は，その技術規則の中で，気候の診断をするとき，その標準となる「平年値」を，「西暦の1位が1の年から数えて連続する30年間の累年の平均値」と定義している．したがって2011年から10年ぶりに新しい平年値に更新され，新しい統計期間は1981～2010年までの30年間で統計されている．

c. 運動学的予報

予測の対象となる現象あるいは事象をあたかも固体のように扱い，それが持つ運動や移動の特性に注目して行う手法ということができる．この例として，気象庁が行っている「降水短時間予報」および「ナウキャスト」があげられる．なお，降水短時間予報の予測時間は合計6時間であるが，その前半部分の約3時間は，運動学的な手法に基づいている．

d. 持続的予報

気象現象はそれぞれ固有の時間および空間スケールを持っていることから，ある空間で現象を見れば，寿命あるいはある時間的な持続性を持っている．夕立の場合であれば，継続時間は最大でも1時間程度であり，台風であれば1週間程度その循環を保持し，また進路や速度も数時間は変化が少ない．小笠原高気圧がひとたび発達すると暑い夏が続く．持続予報はこうした気象現象の持つ持続的性質に着目して行う手法である．台風情報で「○○時の推定位置は…」と放送されるのは，台風の持つ持続性に基づいている．

e. 物理的予報

天気予報を行う場合に，大気の運動を支配する物理的な原理や法則に則って行う立場で，一般に「数値予報」と呼ばれる．一連の原理や法則を定式化して実際の予測計算が実行可能に仕上げられたツールを，慣用的に「数値予報モデル」と呼び，予報対象や期間によってモデルが異なる．第8章で改めて触れる．

5.2 天気予報作業における気象衛星の役割

気象衛星は，低気圧や前線に伴う雲域や台風の監視など，日々の天気予報作業にとって不可欠の手段となっている．また，雲の動きから風を求めることにより，数値予報の初期値の作成などにも寄与している．

低気圧などの総観規模（シノプティック）スケールを持つ気象現象の全貌を捉え，その監視を行うためには，天気図や気象衛星画像が適している．特に低気圧や台風は観測点の少ない洋上で発生・発達することが多いことから，気象衛星の画像を用い

て，その盛衰を解析し，監視することは予報作業にとって非常に有効である．

衛星による種々の画像を解析するためには，衛星画像の特性を十分に理解するとともに，解析対象の現象の特徴に応じた使い分けが必要である．

まず，赤外画像は地上や雲の表面からの赤外放射を観測していることから，昼夜を問わない24時間を通した観測が可能であり，現象の推移を連続して監視するのに適している．低気圧や台風に伴う雲域およびその性状は，発達段階に応じて特徴的なパターンを示すことから，時間的に連続した赤外画像を監視することによって，構造の変化を知ることができる．また，雲頂温度を雲頂高度に対応させることができるので，雲頂温度の変化から対流活動の活発度を推定することができ，積乱雲の発達や組織化などによる大雨の監視にも用いられる．

次に可視画像は，雲や地表からの太陽光の反射強度を観測しており，一方，低い雲は赤外画像では雲頂温度が高く観測されるため，地表面との区別が困難な霧および下層雲を識別するのに適している．しかしながら，夜間は観測できない欠点を持っている．なお，観測時刻の違いにより（太陽高度の違いにより）雲表面からの反射が異なるため，同じ状態の雲でも見え方が異なる場合があることに留意が必要である．

水蒸気画像は，赤外画像の一種であるが，主に大気の上・中層の水蒸気分布を反映している．したがって，水蒸気画像のパターンから大気上・中層の流れを推定できるので，ジェット気流やトラフの位置の解析や上層寒冷渦の追跡などに用いられる．

5.2.1 温帯低気圧の解析

20世紀はじめ，ノルウェーの気象学者であるビヤークネスは，ヨーロッパ各地から集めた地上観測データを用いて，図5.2に示すような低気圧の発達モデルを提唱した．この概念図は，現在でも衛星による解析作業の基礎となっている．

そのモデルでは，前線が波打ちはじめて温暖前線や寒冷前線が形成され，低気圧は前線波動の頂点に発生する．降水域や雲域のほとんどの部分は前線の北側に存在する（Ⅰで示す発生期）．前線は次第に振幅を増し，低気圧は発達段階へと移行する．雲域

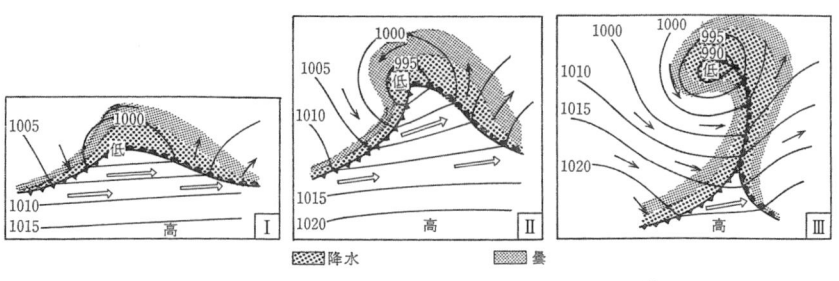

図5.2 ビヤークネスによる低気圧の発生・発達モデル[15]

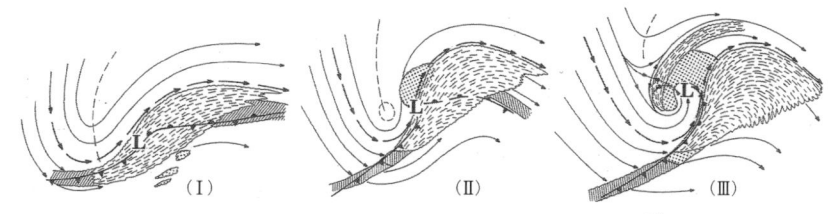

図5.3 気象衛星の雲画像でみられる低気圧の発達モデル[16]

は北側へ広がる一方で，低気圧後面から雲のない部分が低気圧中心付近に侵入してくる（Ⅱで示す発達期）．さらに発達を続け，寒冷前線が温暖前線に追いつき閉塞期へと移行する．閉塞段階の低気圧では，閉塞前線後面や低気圧中心付近へ雲のない部分の侵入が進む（Ⅲで示す最盛期）．

ビヤークネスによるこのような低気圧モデルの妥当性は，気象衛星による観測が始まって裏づけられた．図5.3は，気象衛星が打ち上げられてから提唱された低気圧の発達モデルの一つである．

発生期（Ⅰ）は前線に対応する帯状の雲域の一部が北へ膨らむことで知ることができる．これは，前線の南側から北上する暖かく湿った空気が，前線北側の冷たい空気の上を這い上がりはじめたことを意味する．這い上がった暖かく湿った空気は，凝結して雲を形成する．こうして発生期には，層状性の背の高い雲域が北へ盛り上がるパターンを示す．雲域の北縁がゆるいS字カーブを描くこの形状は，「木の葉状雲パターン（cloud leaf）」と呼ばれる．

発達期（Ⅱ）には，南からの暖かく湿った空気の流入がさらに強まり，次々と雲が形成されるので，低気圧に伴う雲域は北側への膨らみを増していく．雲域は北側ほど雲頂高度の高い雲で構成され，雲縁の先端は上空の強い風に流される．低気圧の前面では，南風として流入する暖かく湿った空気により，対流活動は活発化する．こうして低気圧の雲域は北へ膨らむパターンを形成する．このパターンは，バルジ（bulge：樽の胴のような膨らみの意）と呼ばれ，低気圧の発達を示す独特の特徴である．一方，低気圧の後面からは乾いた冷たい気流の流れ込みが始まり，寒冷前線に伴う帯状の雲域を南へ押し下げる．

最盛期（Ⅲ）は閉塞期とも呼ばれ，北側からの乾いた冷たい空気の侵入が進んで雲を消散させるため，雲の少ない領域が低気圧中心を回り込むように形成される．これはドライスロット（dry slot：乾燥した細長い溝の意）と呼ばれ，最盛期に達した低気圧の雲パターンの特徴である．ドライスロットは，対流圏上部や成層圏下部の乾燥した空気が起源となっている場合もあり，水蒸気画像でみると暗域（水蒸気が少ない領域）として識別できる（図3.14-2, 図3.21参照）．

気象衛星画像の監視によって，このように低気圧に伴う雲域は，発生期には東西方向に伸びていたが，最盛期には南北方向へ伸びた形状へと変化することが把握でき，

数値予報モデルの予想のチェックにも役立つ．

5.2.2 台風の解析

台風は，観測点が非常に少ない熱帯の海上で発生・発達する．気象衛星「ひまわり」では，観測範囲の半分近くを熱帯域が占めるので，台風の動向を監視するには最適の手段である．気象衛星による台風解析は，風の強さや中心気圧を直接測定するのではなく，画像でみられる雲パターンの特徴から台風の強さや位置を推定する間接的な解析手法によっている．

台風の発達過程を気象衛星でみると，3.7節で述べた台風の発生・発達過程に対応して，最初に台風中心を取り巻く「厚い円形状の雲域が形成され」，ついで台風中心に巻き込む「らせん状の雲バンドが形成され」，台風から「時計回りの方向へ吹き出す上層雲が出現する」ことが観察される．さらに発達が続くと，バンド状雲パターンでは「バンドの巻き込みが鋭くなる」「円形の雲域の中心付近では穴があいたように雲頂高度の低い部分が形成される」といった特徴が現れ，「台風の目が形成される」．目の内部は下降流となって，雲がないかあるいは下層雲から構成されるようになる．一方，目の周りは目の壁雲とも呼ばれる背の高い積乱雲から構成され，赤外画像ではひときわ白くみえる．一般に，目は小さく円形に近いほど台風の強度は強い．

台風は上述のように，発達段階に応じて特徴的な雲パターンを示すので，こうした特徴を利用して，衛星雲画像のパターン認識から台風の強度を推定することが可能である．この手法を開発した気象学者の名を冠してドボラック（Dvorak）法と呼んでいる．ドボラック法では，まず衛星画像を用いて決められた手順に従って，1.0〜8.0

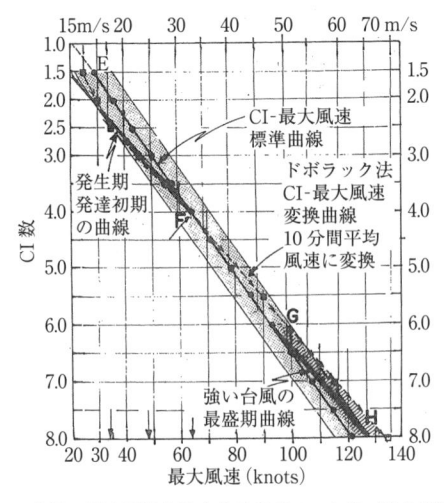

図5.4 台風の最大風速を推定するドボラック法（気象庁資料）

まで 0.5 刻みで 15 段階に分けられた CI 数と呼ばれる指数を求める．次にあらかじめ得られた CI 数と台風の強度に関する統計的関係（図 5.4 参照）によって台風の最大風速を推定する．ドボラック法は，衛星画像から台風強度を推定する現業的な手段として広く用いられている．

5.3 天気予報作業

5.3.1 短期予報

天気予報は，予報を行う時点で得られる最新の大気の状態から，その先の運動を予測することである．天気予報作業の基本的な手順は，現在，気象の場（環境）はどうなっているか，これまでどのように経過してきたか，将来この場はどう変化するか，という三つの段階が踏まれる．このような手順は天気予報が始まった当時から同じで，現在でも本質的に変わってはいない．ただ時代とともに，これらの手順を踏む際に必要な知識とそれを実現すべき技術やツールは進歩してきた．また，そうした進歩によって，現代の予報技術において，予報者の主観や経験に頼る部分が少なくなり，より客観的な技術となっていることも事実である．特に，現代の天気予報は，予測の根幹の部分で「数値予報」に依存していることが大きな特徴である．しかしながら，以下の記述にも現れるように，まだまだ予報者の知恵に頼らざるを得ない状況にある．

ここでは，天気予報として最もポピュラーな，今日，明日などを対象とする短期予報における作業手順や予想シナリオの作成などについて述べる．

a. 実況監視

天気予報を行うためには，まず現在の天気状況を正しく理解することが基本である．これは実況監視と呼ばれる．実況監視では天気や降水量などの観測データを注意深く観察し現状を知ることはもちろんであるが，過去からの天気の変化が現在の天気にどうつながっているかを知ることが大切である．

実況監視では，アメダス，地上気象観測，ラジオゾンデ観測などで得られるデータのほか，気象衛星，気象レーダー，ウィンドプロファイラといったリモートセンシング技術から推定されるデータなど，利用できる資料が年々増加している．これら膨大で多様な資料を的確に活用するには，それぞれの観測データの特性を熟知するとともに，予想シナリオ（後述）を念頭においた監視を行う必要がある．

b. 大気構造の理解

実況監視に引き続き，天気の推移がどのような要因によって引き起こされているかを考察する．そのために地上天気図，高層天気図，気象衛星画像，気象レーダー分布図，アメダス分布図などの資料を用いて，大気の立体構造を理解することが必要となる．具体的には，地上天気図や衛星画像を用いて前述の低気圧モデルと比較し低気圧

の発達段階を推定する，高層天気図と衛星画像を比較することにより，トラフ（気圧の谷）やリッジ（気圧の峰）の検出を行うなど，シノプティック（総観）な立場から場を押さえる．ついで気象レーダーやアメダス，ウィンドプロファイラのデータを利用して，シノプティックな場に含まれているより小さな現象であるメソ的な構造を検出するという過程が踏まれる．続いて大気の構造がこれまでの天気の推移にどのように関連しているかを考察する．このとき，総観スケール現象とメソスケール現象がどのように影響して実際の天気を支配しているかを総合的に見きわめることが重要である．

c. 予測と実況の比較

天気予報では，第7章で述べる数値予報およびガイダンスを用いることが基本となっている．数値予報のプロダクトからは，時間的にも空間的にも細かな予測資料が得られるが，その機械的な利用に陥ることなく限界を踏まえて用いることが重要である．

数値予報モデルは3～6時間おきに更新される．更新ごとに対象としている時刻の予測が異なるときは，最新の観測資料が反映されている最新の予測結果を用いることが基本である．またモデルの差異（たとえばGSMとMSM）に依存して，予測結果が異なる場合がある．この場合は両モデルの特性を考慮し，適切に現象を表現していると考えられる予測結果を選択する必要がある．

次にガイダンスの利用である．ガイダンスは，手短にいえば過去の数値予報の結果と実際の観測データとを統計処理して得た関係式に，最新の数値予報結果を当てはめて作成した予測資料である．ガイダンスは数値予報資料の系統的な誤差を補正することや，数値予報では直接計算できない予報要素（天気や降水確率など）を客観的に求めることができる特徴を持っている（7.5節「数値予報の応用」参照）．

日々の作業において，数値予報やガイダンスなど予測資料が気象の経過をどのように反映しているかを比較・検証することは，それらの予測資料をどの程度利用できるかを判断するための重要なステップである．予測資料が直近まで適切に実況を反映していたのであれば，最新の予測資料は信頼できると判断できる．一方，予測が不適当と判断されれば，その原因を考察し，予測資料にどの程度信頼をおくべきかを検討する必要がある．

d. 予想シナリオの作成

高気圧や低気圧などの擾乱の将来の動向と，それに伴う天気変化の予想を予想シナリオと呼ぶ．具体的には，予想シナリオの作成は数値予報資料やガイダンスを解釈して，将来の気象現象の動向や天気経過を組み立てる作業である．実況との比較から予測資料への信頼が低いと判断される場合や，数値予報モデルでは表現しにくいメソスケール現象が卓越すると判断される場合は，予報担当者が持っている知見や経験を動員して，数値予報結果も参考にしながら，予想シナリオを作成する．

予報作業では，予測の不確実さを考慮し，起こりうると考えられる複数の予想シナ

リオを準備することが望ましい．予報の作成には複数のシナリオのうち，最も可能性が高いと判断したシナリオを採用することになる．

e. 天気予報の作成

予想シナリオによる考察を経て，数値予測資料およびガイダンスに対する修正の可否を判断する．修正の必要がないと判断されるときは，両者をそのまま用いて天気予報を作成する．一方，数値予報の精度が悪いと判断されるときやメソスケール現象が卓越していて，数値予報では表現しきれないと判断されるときには，予報担当者の知見・経験を活かして，数値予報資料およびガイダンスを修正し，天気予報を作成する．

気象庁で天気予報（短期予報）に用いるガイダンスは降水量，天気などである．ガイダンスの対象地点は，降水量および天気については数値予報の格子点に対応したメッシュ形式で，風と気温はアメダス観測点に対応した地点形式で，それぞれ与えられる．3時間をひとこまとして表示されるガイダンス値を，予報対象区域ごとに，予報時間を含むように時系列にまとめる．ついでこの予測時系列を予報担当者が採用した予想シナリオに沿って，必要に応じて修正し，時系列の予想値として確定する．確定された時系列予想値は，あらかじめ定めておいたアルゴリズムにより天気予報文に自動翻訳され，天気予報（文）が作成される．

予報の発表後は，発表した予報が予想どおりの経過をたどっているかの視点で，引き続き実況監視を行う．その際，単に予想した天気との比較をするのではなく，予想シナリオに沿って大気構造が推移しているかという観点での監視が必要である．シナリオどおりに天気が推移していない場合は，その要因を考察し，シナリオを変更し，必要に応じ予報の修正を行う．

なお，天気予報では予報の意味を正しく平易に伝えること，またラジオなど音声による伝達においても聞き取りやすさいことが求められる．そのため気象庁では，天気予報などが適確に伝わるよう，後述のように用いる用語を「予報用語」として定め，公表している．

f. 天気予報の評価

予報者はその当番中に次々に予報を行い交代していくが，それらの予報を集計し，評価することは，予報技術の改善にとってきわめて重要な作業である．気象庁では種々の指標を用いて，予報を評価している．予報の評価に用いる指数には，客観的であること，予報精度の高低を正しく表していること，予報の有用性が判断できることなどを備えている必要がある．

予報の評価には，種々の方法があるが，次の指数が用いられることが多い．予報対象が降水の場合，毎回の予報と実際の結果（実況）は，表5.1のような組合せで表現できる．

予報の適中率は，以下のように表すのが一般的である．

$$\text{予報の適中率} = \frac{A+C}{A+B+C+D}$$

表5.1 予報評価の分割表

	予報（降水あり）	予報（降水なし）
実況（降水あり）	A	B
実況（降水なし）	D	C

ただし，発現頻度がまれな現象，たとえば雨の有無の予報では，予報も実況もなしの場合（C に相当する場合）が多くなることから，この適中率の値では，予報精度の良し悪しはわかりにくい．そこで C の場合を除いた，スレットスコアと呼ばれる指数を用いることがある．

$$スレットスコア = \frac{A}{A+B+D}$$

スレットスコアは値が大きいほど当然精度がよく，予報が完全であれば1となる指数である．

一方，予報がどの程度現象を捕捉しているかを表す指標として捕捉率が用いられる．捕捉率は，現象の有無に対し，それを予報がどの程度の割合で捉えていたかを表す指数であり，次のように書かれる．

$$現象ありの捕捉率 = \frac{A}{A+B}$$

さらに予報の空振り率の概念がある．空振り率は発表した予報のはずれの割合を表す指数であり，次のように表される．

$$現象ありの空振り率 = \frac{C}{A+C}$$

一般に，予報の技術レベルが同じであれば，捕捉率を上げようとすると，同時に空振り率も上がる．したがって予報精度を単に適中率や捕捉率だけで判断することは正しくなく，空振り率との兼ね合いでの判断も必要である．

5.3.2 季節予報（長期予報）

気象庁では，予報期間が1週間を超える予報は季節予報の部類に属する．なお，予報期間の長短に注目した場合は，短期・中期予報との対比で長期予報とも呼ばれる．現在，気象庁が行っている季節予報の種類は，1か月・3か月予報および暖・寒候期予報である．季節予報の予測技術は，現代のように数値予報に基づく予報が実現するまでは，すべて統計的な手法に基づいていたため，物理法則に基礎をおく力学的方法による予報技術の開発および予報に確度をつけた発表は長年の悲願であった．しかしながら，数値予報技術の向上やコンピュータの発達により，1990年3月に初めて力学的手法による数値予報が長期予報の現場に導入された．このときの方法は1か月予報のうち前半の15日に限って数値予報を基本とした予報であった．その後，後述のように数値予報を利用したアンサンブル手法が開発され，1か月予報は，1996年3月

から，全面的に数値予報に基づく方法に切り替えられた．また，数値予報の導入と同時に気温，降水量，日照時間の予報が確率で表示されるようになり，季節予報における確率表現が導入された．現在では，季節予報は基本的に数値予報に基づいたアンサンブル予報で行われている．アンサンブル予報については第7章で触れる．

a. 季節予報の作業モデル

現在の季節予報は，短期・中期予報と同じように全面的に数値予報に基づいており，ほとんど機械的に予報が生産されているが，短期予報での時間ごとおよび週間予報での日ごとの予報と異なって，気温や降水量などを1週間や1か月という期間の平均で丸めた量で議論することと，予測結果が確率的に表現されることの二つが大きな特徴である．

日本付近の天候は偏西風の流れ方（大規模な場）に大きく左右されることから，予報作業では予報期間内の偏西風の動向に着目する．具体的には，図5.5に示すように，偏西風のパターンに着目した東西流型と南北流型である．

この図には地球規模における南北方向の熱交換の様子も示されている．東西流型は，寒気は高緯度地方に，暖気は中緯度地方にあって，この間の温度差が大きい状態である（a）．北半球規模でみれば，寒気が高緯度に蓄積されつつある段階で，南北方向の熱の交換はあまりない．気温の南北傾度が大きいため，それに応じて上空の偏西風も強く，低気圧や高気圧の動きはスムーズで順調（単調）である．予報用語では「周期変化」などといわれる場合である．この東西流型になると，高緯度からの寒気は南下しにくく，日本付近など中緯度地方は温暖な天候が現れやすい．一方，南北流

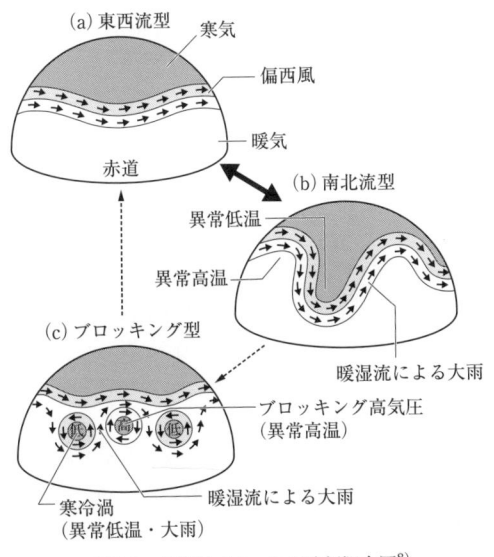

図5.5 偏西風パターンの分類概念図[8]

型は寒気が中緯度側に放出されているという段階で，偏西風の流れが平年に比べて南北方向成分（蛇行）が大きくなる型である（b）．その結果，種々の経度帯で寒気と暖気の南北への入替えが大きく起きている状態である．このとき，偏西風が北から南への流れの場に位置する地域では，高緯度からの寒気が南下するため強い低温となり，逆に，偏西風が南から北への流れの場に位置する地域では，暖気が流れ込み高温となる．その境界域は前線帯が形成されやすいため悪天が現れやすい．このように偏西風が南北流型になると比較的広い範囲で異常天候が現れやすいといえる．さらに南北流型の極端な場合がブロッキング型である（c）．南北流型がさらに進むと，南下した寒気は南側に寒冷低気圧として，北上した暖気は北側にブロッキング高気圧として，いずれも偏西風の流れから取り残され，上流の偏西風はこれらを迂回するように分かれて流れていく．この型になると偏西風の流れが通常とはまったく異なり，かつ同じような天候が持続するため，異常気象の発生の可能性が高くなる．長期予報にとってブロッキングの予報は現在でも最も困難な分野の一つであり，最もチャレンジングな課題である（3.12節「ブロッキング」参照）．

季節予報では，地球規模の場の変化を，東西流型，南北流型と関連して，（a）から（b）へ，（b）から（c）へと過程が進んで南北の熱の交換が終わり，また再び（a）の段階となるサイクルを一種の作業概念モデルとして考えている．東西流型と南北流型は時には周期的に，時には不規則に交替しながら現れてくる．

現在の季節予報は，1か月や3か月アンサンブル予報のモデルの予測結果を，このような循環場と関連づけて，予報を組み立てている．

b. 東西指数

予報作業では，対象とする場が東西流型か南北流型かの判断尺度として，「東西指数」という指数が常用される．500 hPa天気図上で北緯40°と北緯60°の高度差の平均を求めて，それを中間の北緯50°の東西指数としている．この指数は上空の風の強さは等圧面の傾きに比例するという「地衡風」の関係を利用したものである．高度差が大きければ当然指数も大きく偏西風は強い．すなわち東西流型である．逆に，高度差が小さければ指数も小さく偏西風は弱い．南北流型である．実務上では，東西指数は北半球全体あるいは極東域などある領域について求める．東西指数の平年偏差が正のときを高指数（等圧面の傾きが平年よりも急で偏西風も平年より強い），負のときを低指数といっている．日本付近の天候は極東域の東西指数との対応がよい．なお，後述のようにアンサンブル予報の出力結果も，東西指数に変換して表現し，予報支援資料として提供されている．それぞれ東西指数が強い場合と弱い場合を示す．

c. 西谷型，東谷型

短期予報であれ，1か月予報であれ，日本付近の風系がどうなるかは，予報を組み立てるうえで重要な着目点である．一般に，下層から中層の風が南西方向の場合は暖かく湿潤な気流に覆われるので，曇りや雨の天気になりやすく，逆に北西方向の風の場合は冷たく乾いた気流に覆われるので雲が少なく晴れやすい（冬季の日本海側は除

いて).一般にこうした南西風は気圧の谷（トラフ）の前面に対応しており，北西風はトラフの後面に対応している．予報作業では，中層の風は 500 hPa 天気図で代表させており，また風はほぼ等高度線に沿っていると見なすことから，結局，トラフの位置が日本列島と相対的にどのあたりにあるかが着目点となる．500 hPa 天気図上で，トラフが日本列島の西に位置する場合を西谷型と呼び，日本付近は南西風の場となる．反対にトラフが日本列島の東に位置する場合を東谷型と呼び，この場合は日本付近は北西風の場となる．西谷型と東谷型の区別はあくまで日本付近の風向の関係でみたものだから，日本の西側と東側の高度場の相対関係で決まる．

　短期予報ではずばり 500 hPa 天気図上のトラフの位置を追跡・解析して，西谷型や東谷型などを識別するが，長期予報では偏差図（高度場の平年偏差）で議論する．すなわち，日本の西側で負偏差であれば西谷型（南西風の場），東側で負偏差であれば東谷型（北西風の場）である．したがって，予報が 1 週間平均図で西谷型であれば，その間ぐずついた天気が卓越することになるし，東谷型であれば，晴れやすい場となる．なお，注意すべきことは，たとえ西側に負偏差がなくても東側が正偏差であれば，やはり相対的に西谷型で南西風の場となること，また，逆に西側が正偏差であれば東側に負偏差がなくても相対的に東谷型となり北西風の場となることである．

5.4　天気予報と用語

　現代社会はテレビを始めとして，インターネットや携帯電話，スマートフォンなどの媒体が高度に発達し，情報の伝達や周知の方法もきわめて多様になっている．しかしながら，情報の表現の基本となるのはやはり言語であり，わが国では日本語である．天気予報は，公的サービスとして，気象庁が発表することが原則となっているため，その内容を社会や関係者に適切に伝えるためには，用いる言葉とその意味をあらかじめ明らかにしておくことが必要である．特に警報の場合には，誤解や混乱を招かないよう工夫すべきである．近年，多数の予報業務許可事業者が天気予報を提供していることから，やはり全体として用語の統一が必要である．

　気象庁では従来から天気予報に用いる「予報用語」を決めており，気象庁のホームページでも公開している．「予報用語」を決めるに際して，「明瞭さ」「平易さ」「聞き取りやすさ」に加えて「時代への対応」を基本においている．したがって，新たな発見や開発などに基づく用語が加わるとともに，過去のものとして除外されていく用語もある．

　予報用語は，「時」「地域」「気象要素」などに大別されており，全体は大部にわたるので，ここでは間違えやすいものなどについていくつかを記述するにとどめる．

a.　時に関する用語
　府県天気予報で「日中」「明け方」「夜のはじめ頃」などの言葉が頻繁に用いられる

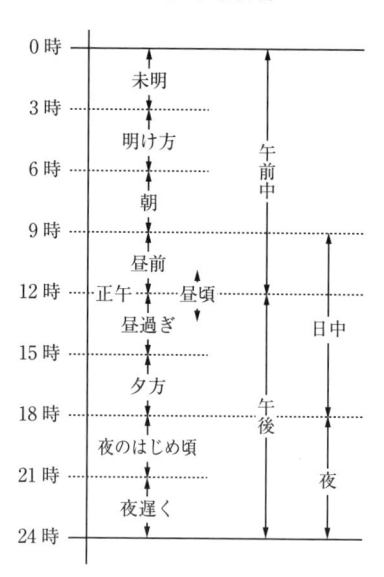

図5.6 時に関する用語(気象庁資料)

表5.2 気象要素用語

用語	定義
晴れ	予報期間内が快晴または晴れの状態,および「薄曇り」で地物の影ができる状態に用いる
曇り	雲量が9以上であって,中・下層の雲が上層の雲より多く,降水現象がない状態
薄曇り	雲量が9以上であって,上層の雲が中・下層の雲より多く,降水現象がない状態
ぐずついた天気	曇りや雨(雪)が2〜3日以上続く天気
変わりやすい天気	対象とする予報期間の中で,晴れが続かず,すぐに曇ったり雨(雪)が降ったりする天気.週間天気予報などでは天気が比較的短周期(2日程度)に変わると予想されるときに用いる
荒れた天気	雨または雪を伴い,注意報基準を超える風が予想される天気

が,1日の時間細分は図5.6のように定義されている.

時間経過を表す用語として,「一時」と「時どき」をあげる.「一時」は「現象が連続的に起こり,その現象の発現期間が予報期間の1/4未満のとき」に,また「時どき」は「現象が断続的に起こり,その現象の発現期間の合計時間が予報期間の1/2未満のとき」に用いられる.

b. 地域に関する用語

「ところどころ（所々）」と「所により」は，区別して用いられている．共通点は，両者とも現象が対象地域内に散在あるいは散発し，その占める割合の合計が50％以下である．相違点は「ところどころ」は実況を示す場合で，「所により」は予測の場合に用いられる用語である．これは「ところどころ」と「所により」が持つ意味の相違を込めたものとなっている．用例として「ところどころで霧が発生している」あるいは「所により霧が発生するでしょう」がある．

c. 気象要素に関する用語

天気予報で天気を表現する要素は，風，湿度，晴れ，曇り，雨など多岐にわたるが，やや紛らわしい用語について記す（表5.2）．

まず「晴れ」は雲量が2以上8以下の状態，「快晴」は雲量が1以下の状態を示す．ここで雲量とは，全天を魚眼レンズ的に見上げて全体を10として，雲がその何割を占めるかをいう．ただし，「快晴」は予報文では用いない．

6

天気予報の種類・内容など

　気象庁は多岐にわたる気象情報を日々作成し，天気予報などとして種々の関係者に発表・提供している．これらの気象情報は予測情報のほか，実況や過去に関する情報から成り立っている．予測情報である天気予報には種々の種類があり，種類によって予測の手法，予報区の広がりや予報時間などが異なる．また，大雨警報のような気象警報には，法律によって特別に周知形態が定められている．
　ここでは，気象庁が発表している天気予報および情報の種類，内容，提供形態，予測手法などについて触れる．

6.1　天気予報と情報

　気象予測の結果は，いわゆる天気予報として公表され，各分野で利用がなされている．気象情報という言葉は，世の中では一般に気象に関する種々の情報を含めているが，気象庁の提供している気象情報は，「○○予報」「××警報」「△△注意報」のように「予報」あるいは「警報」などという予報を意味する名称を語尾に持つ情報と，「□□情報」のように語尾に「情報」がついた二つに分けることができる．さらに，このような「予報・警報」や「情報」以外に，天気予報作業の支援資料である後述の

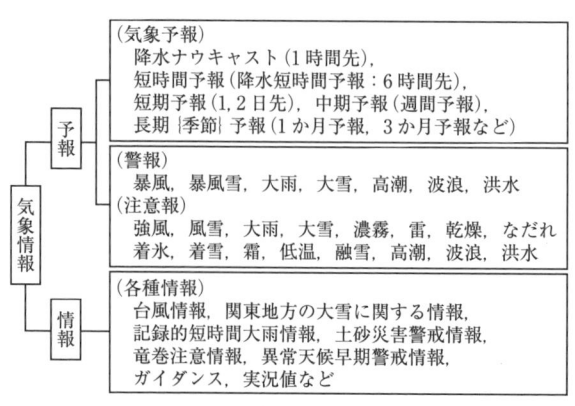

```
気象情報 ─┬─ 予報 ─┬─ (気象予報)
         │        │    降水ナウキャスト (1 時間先),
         │        │    短時間予報 (降水短時間予報：6 時間先),
         │        │    短期予報 (1, 2 日先), 中期予報 (週間予報),
         │        │    長期 [季節] 予報 (1 か月予報, 3 か月予報など)
         │        │
         │        ├─ (警報)
         │        │    暴風, 暴風雪, 大雨, 大雪, 高潮, 波浪, 洪水
         │        │
         │        └─ (注意報)
         │             強風, 風雪, 大雨, 大雪, 濃霧, 雷, 乾燥, なだれ
         │             着氷, 着雪, 霜, 低温, 融雪, 高潮, 波浪, 洪水
         │
         └─ 情報 ─── (各種情報)
                     台風情報, 関東地方の大雪に関する情報,
                     記録的短時間大雨情報, 土砂災害警戒情報,
                     竜巻注意情報, 異常天候早期警戒情報,
                     ガイダンス, 実況値など
```

図 6.1　気象情報の総体

「ガイダンス」のほか，必ずしも特別な名称を持たない実況値あるいはリアルタイムデータと呼ばれるものも含まれる．たとえば気温，降水量や平均風速などの気象要素あるいは低気圧や前線などのある時刻における観測値も情報の一種である．これらの気象情報の全体は図6.1のように整理できる．

6.2 天気予報・予報区

6.2.1 天気予報の種類

気象庁長官には，一般，船舶，航空機，水防活動での利用を目的とした予報や警報を行う義務が課せられている．しかしながら，各分野での要請がいくら強くても，その予測の精度が十分でなければ，予報としての価値がない．具体的な天気予報の種類および内容などは，それらの予報の基礎となる気象学のレベルや予測技術などを考慮して実施されている．天気予報の種類と内容を支配するのは，なんといっても気象学の論理である．すなわち，天気予報の種類と内容は，予測の対象となる現象の持つ時間および空間的な広がりを考慮して行われている．それぞれの天気予報についての予報要素，対象領域の広さ，予報の有効時間（予報の更新頻度）は，おのずと決まり，気象学の論理に逆らっては決められない．このことは予報や警報のみならず，それらを補完する台風情報や竜巻注意情報などにおいても同様である．

さて，天気予報（気象警報を含む）の具体的な種類，内容，予報区，担当官署は，気象業務法を受けて，気象業務法施行令，気象業務法施行規則，気象庁予報警報規定によって細目が規定されている．なお，気象業務法自身については別途第8章で触れる．

まず天気予報の種類と内容は気象業務法施行令によって規定されており，表6.1に示す．それぞれ一般を対象としたもの，航空機および船舶を対象にしたもの，水防活動を対象にしたものを表している．

なお，現在，気象庁が行っている天気予報は，予報期間の長短によって，慣用的に短期・中期・長期予報に分類されるが，それらについては6.4節以下で触れる．

この施行令によると，普段よく使われる「天気予報」という言葉は，「当日から三日以内における風，天気，気温等の予報」と規定されており，また，週間天気予報は正しくは「週間天気予報」で「当日から七日間の天気，気温等の予報」となっている．

このほかに，航空機に対する飛行場予報や，船舶に対する海上予報や海上警報などがある．さらに，風雨や大雨などによって水害が起きるおそれがある場合に行われる水防活動用の注意報および警報も定められている．なお，これら水防活動用の情報は，気象庁が一般に対して行っている洪水予報および警報とは異なることに留意すべきである．

表6.1 一般の利用に適合する予報及び警報（気象庁資料）

一般の利用に適合する予報及び警報は，定時又は随時に，次の表の区分に従い，国土交通省令で定める予報区を対象として行うものとする．

天気予報	当日から三日以内における風，天気，気温等の予報
週間天気予報	当日から七日間の天気，気温等の予報
季節予報	当日から一箇月間，当日から三箇月間，暖候期，寒候期，梅雨期等の天気，気温，降水量，日照時間等の概括的な予報
波浪予報	当日から三日以内における風浪，うねり等の予報
気象注意報	風雨，風雪，強風，大雨，大雪等によつて災害が起こるおそれがある場合に，その旨を注意して行う予報
地面現象注意報	大雨，大雪等による山崩れ，地滑り等によつて災害が起こるおそれがある場合に，その旨を注意して行う予報
高潮注意報	台風等による海面の異常上昇の有無及び程度について一般の注意を喚起するために行う予報
波浪注意報	風浪，うねり等によつて災害が起こるおそれがある場合に，その旨を注意して行う予報
気象警報	暴風雨，暴風雪，大雨，大雪等に関する警報
地面現象警報	大雨，大雪等による山崩れ，地滑り等の地面現象に関する警報
高潮警報	台風等による海面の異常上昇に関する警報
波浪警報	風浪，うねり等に関する警報
浸水注意報	浸水によつて災害が起こるおそれがある場合に，その旨を注意して行う予報
洪水注意報	洪水によつて災害が起こるおそれがある場合に，その旨を注意して行う予報
浸水警報	浸水に関する警報
洪水警報	洪水に関する警報

ここで示した予報や警報以外に，テレビなどでよく紹介される時系列予報（正確には地域時系列予報）および分布予報（地方天気分布予報）も天気予報の一種であり，その内容は地方官署予報業務規則で規定されている．時系列および分布予報は，ガイダンスに基づいて自動的に作成されるもので，担当予報者の確認を経て，部外にも提供されている．

なお，気象事業者がテレビなどで行っているピンポイント予報なるものも，ほとんどがこのガイダンスあるいは気象庁が提供する数値予報モデルの出力に基づいている．また，こうした短期予報に関連する天気や気温，風，さらに降水確率に関するガイダンスなどは，別項で記述される 20 km 格子の全球モデル（GSM）あるいは 5 km 格子のメソモデル（MSM）の予測値の「後処理」として行われている．これらについては第 7 章で触れる．

6.2.2 予報区

　天気予報，注意報や警報，さらに他の情報を発表する際には，対象地域を特定する必要があり，その地域を一般に「予報区」と呼ぶ．予報区の区分の考え方は，1884（明治17）年の天気予報の開始以来，基本的に地理的および行政的な区分を踏まえて決められてきており，近年，気象学やデータ処理技術の発展の恩恵を受けた予報技術の発展によって，予報区の大きさは格段に狭くなってきている．

　予報区の大きさおよび区分の設定は，天気予報および気象注・警報の予報区の両方とも，対象地域の気象および災害の特性，地理学的な特性を考慮している．実際の区分は，全国，県および市町村という行政区分を念頭に分割している．

　ここで一般になじみの深い天気予報について，先にみてみる．気象庁は各都道府県を複数に分けた「一次細分区域」を単位として天気予報を発表している．また警報および注意報は，一次細分区域をさらに細かく分けた「二次細分区域」と呼ばれる区域を対象に発表している．二次細分区域は市町村を原則としている．実際に警報が行われる場合は，そのときどきの降雨や風の強さや広がりなどによって，単一の市町村よりもむしろ複数の市町村（東京特別区は区）をまとめた形態になっている．

　予報区の単位が行政区をもとに構成されている最大の理由は，通常の天気予報では予報区が県域や市町村をまたがっていても生活などに支障はないが，大雨などの気象災害の対策に当たる権限と義務は気象業務法および災害対策基本法によって県知事や市町村長に委ねられていることに起因している．ちなみに，このような予報区の区分

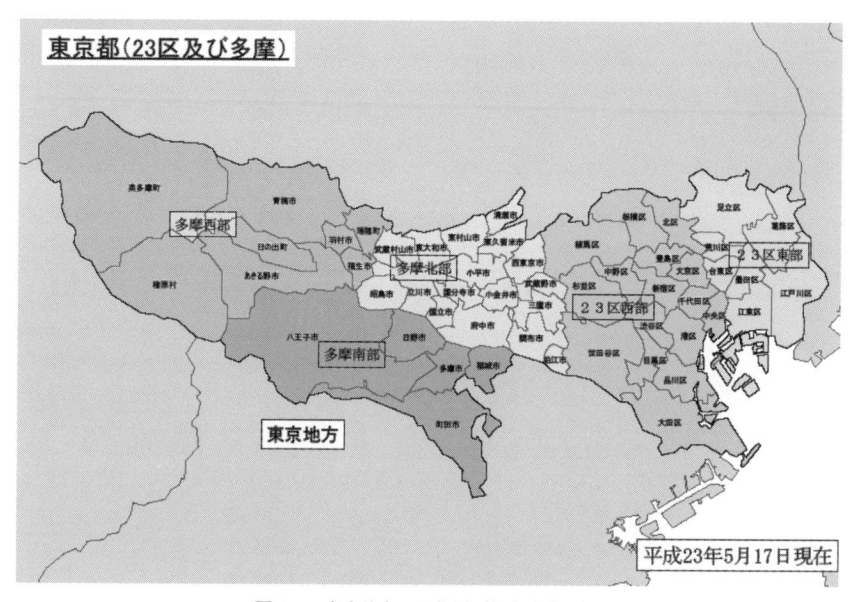

図6.2　東京地方の予報区（気象庁資料）

の概念は，世界のほとんどすべてで採用されている．なお，航空機を対象とする場合の予報区は空域と呼ばれ，航空機の運航という特殊性を考慮している．

東京地方の予報区を図6.2に示す．なお，二次細分区域の単位は長い間，たとえば東京地方の場合，この図にもみられるように多摩西部・23区南部など5地域に固定されてきたが，2010年5月から全国的規模で改善がなされ，東京の場合，従来の5区から53市区町村へと格段に細かくなった．全国でみると，従来の375区域から1777区域へと飛躍的に細分が行われた．

先に予報区の設定を東京の場合でみたが，全国的にみた天気予報などとその予報区は気象業務法施行令によって定められており，表6.2に示す．ちなみに本庁が行う全般海上予・警報の予報区は，東は日付変更線まで，また南は赤道まで及んでいる．なお，この表の府県予報区の欄には，気象予報以外の予報や警報も含めている．

予報区の広がりで留意すべきことは，通常の天気予報は，県域以下の「一次細分区域」であるが，週間予報や1か月予報などは，予報区の最小単位が，「地方予報区」と呼ばれる二つ以上の府県からなる広がりを持っていることである．その理由は，現

表6.2 全国・地方・府県予報区（気象庁資料）
国土交通省令で定める予報区及び空域は，次の表の上欄（左欄）に掲げるとおりとし，これらを対象として行う予報及び警報は，同表の下欄（右欄）に掲げるとおりとする

全国予報区（本邦全域（沿岸の海域を含む.）を範囲とするものをいう.）	週間天気予報及び季節予報
地方予報区（二以上の府県を含む区域又はこれに相当する区域（沿岸の海域を含む.）を範囲とするものをいう.）	天気予報，週間天気予報，季節予報及び波浪予報
府県予報区（一府県の区域又はこれに相当する区域（海に面する区域にあつては，沿岸の海域を含む.）を範囲とするものをいう.）	天気予報，週間天気予報，地震動予報，火山現象予報，波浪予報，気象注意報，地震動注意報，火山現象注意報，地面現象注意報，高潮注意報，波浪注意報，気象警報，地震動警報，火山現象警報，地面現象警報，高潮警報，波浪警報，海氷予報，浸水注意報，洪水注意報，浸水警報及び洪水警報
津波予報区（海に面する一府県の区域又はこれに相当する区域（沿岸の海域を含む.）を範囲とするものをいう.）	津波予報，津波注意報，津波警報並びに津波に関する海上予報及び海上警報
航空予報空域（気象庁長官の指定する空域を範囲とするものをいう.）	空域予報及び空域警報
全般海上予報区（東は東経百八十度，西は東経百度，南は緯度零度，北は北緯六十度の線により限られた海域を範囲とするものをいう.）	海面水温予報，海流予報，海上予報及び海上警報（津波に関する海上予報及び海上警報を除く.）
地方海上予報区（気象庁長官の指定する海域を範囲とするものをいう.）	海面水温予報，海氷予報，海上予報及び海上警報（津波に関する海上予報及び海上警報を除く.）

6.3 気象情報の提供形態

表 6.3 地方予報区と担当官署（気象庁資料）

	区　域	担当気象官署
北海道地方予報区	北海道全域	札幌管区気象台
東北地方予報区	青森県，秋田県，岩手県，山形県，宮城県，福島県	仙台管区気象台
関東甲信地方予報区	栃木県，群馬県，埼玉県，茨城県，千葉県，東京都，神奈川県，長野県，山梨県	気象庁本庁
東海地方予報区	静岡県，岐阜県，三重県，愛知県	名古屋地方気象台
北陸地方予報区	新潟県，富山県，石川県，福井県	新潟地方気象台
近畿地方予報区	京都府，兵庫県，奈良県，滋賀県，和歌山県，大阪府	大阪管区気象台
中国地方予報区	鳥取県，島根県，岡山県，広島県	広島地方気象台
四国地方予報区	香川県，愛媛県，徳島県，高知県	高松地方気象台
九州北部地方予報区	山口県，福岡県，大分県，佐賀県，熊本県，長崎県	福岡管区気象台
九州南部地方予報区	宮崎県，鹿児島県	鹿児島地方気象台
沖縄地方予報区	沖縄県	沖縄気象台

在の予報技術では，1か月先などの天気予報はいまだ県域の規模では意味のある予報を出すには至っていないからである．ちなみに，「地方予報区」は関東地方でみた場合，東京都，千葉県など9都県が一つの予報区に含まれる．

6.2.3　予報区と担当官署

上述の各予報区と予報を担当する気象官署は，上述の気象業務施行規則を受けて，気象庁予報警報規程で規定されている．予報区および担当官署は，3階層になっており，「全国予報区」担当は気象庁本庁，「地方予報区」担当は，表6.3に示す官署，「府県予報区」担当は，府県におかれた地方気象台である．なお，地方予報区を担当する官署は，いわゆる現在の国のブロック機関にほぼ対応し，複数の県の業務を監督・支援する機能も有している．

6.3　気象情報の提供形態

気象庁長官は，気象業務法によって，①気象の観測，予報および警報に関する情報を迅速に交換すること，②観測成果の発表方法の統一を図ること，③気象の観測の成果，予報および警報ならびに気象に関する調査・研究の成果の社会における利用を促進する任務を負っている．

現在，気象庁の生産する観測および種々の予測情報は，ほとんどすべて公開されている．従来は，気象庁みずからや財団法人気象協会が情報の提供に当たっていたが，

図6.3 気象情報の提供形態

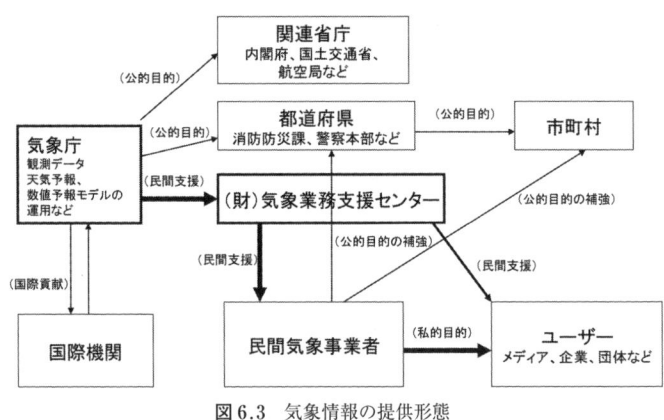

　気象予報士制度の創設による民間気象事業の開始を機に，提供の窓口は，財団法人気象業務支援センターに一元化された．同センターは非即時データの窓口における提供のほか，コンピュータを利用して種々の予報データをオンライン，リアルタイムで関係者に配信している．すべて有料であるが，気象事業者はもちろん大学関係者や個人でもこうしたデータを入手することができる．ただし，警報については公共性がきわめて高いことから，その周知形態は法律で定められており，気象庁が直接に関係機関に周知を行っている．こうした周知を便宜的に公的目的と呼ぶ．公的目的の相手方は，関連する国の機関および都道府県や市町村のほか，国際協力に位置づけられる関係国である．図6.3は，気象庁から関係機関および民間などへの気象情報の流れを示したものである．図中の矢印は，情報の提供目的を表す．

6.4 気象警報・注意報・情報

　警報および注意報は，いずれも災害の防止や軽減を目的としているが，その法律的位置づけはかなり異なる．「警報」とは，重大な災害の起こるおそれのある旨を警告して行う予報をいうと，気象業務法のレベルで規定されている．一方，「注意報」は災害が起こるおそれがある場合に，その旨を注意して行う予報と，気象業務法施行令のレベルで規定されている．しかしながら，いずれも予報の範疇である．警報は法律上の規定であることから，伝達機関とその任務も法律レベルで規定されているが，注意報の場合も，メディアや防災機関などでは運用の実態は警報に準じた扱いがなされている．

　気象警報の周知に関して，「気象庁は，気象，地象，津波，高潮，波浪及び洪水の警報をしたときは，直ちにその警報事項を警察庁，国土交通省，海上保安庁，都道府

6.4 気象警報・注意報・情報

表6.4 気象警報などと通報先

種類	通知先
気象警報 高潮警報 波浪警報	海上保安庁，都道府県，東日本電信電話株式会社，西日本電信電話株式会社及び日本放送協会の機関
地震動警報	日本放送協会の機関
火山現象警報 津波警報	警察庁，海上保安庁，都道府県，東日本電信電話株式会社，西日本電信電話株式会社及び日本放送協会の機関
地面現象警報 洪水警報	都道府県，東日本電信電話株式会社，西日本電信電話株式会社及び日本放送協会の機関

県，東日本電信電話株式会社，西日本電信電話株式会社又は日本放送協会の機関に通知しなければならない」と，気象業務法で規定されている．さらに，気象庁から警報の伝達を受けた各機関は，関係機関や公衆などに対して，以下のような周知義務を負っている．

なお，ここで規定されている気象庁という言葉は，実務上は前述の地方気象台を指している．

・警察庁，都道府県，東日本電信電話株式会社及び西日本電信電話株式会社の機関は，直ちにその通知された事項を関係市町村長に通知するように努めなければならない．
・市町村長は，直ちにその通知された事項を公衆及び所在の官公署に周知させるように努めなければならない．
・国土交通省の機関は，直ちにその通知された事項を航行中の航空機に周知させるように努めなければならない．
・海上保安庁の機関は，直ちにその通知された事項を航海中及び入港中の船舶に周知させるように努めなければならない．
・第一項の通知を受けた日本放送協会の機関は，直ちにその通知された事項の放送をしなければならない．

テレビやラジオ放送で，テロップや番組を中断して警報が放送されるのは，この規定によっている．なお，民間放送も日本放送協会に準じて，警報の放送を行っている．

表6.4は種々の警報とその通知先を示す．

なお，水防活動用の気象警報・高潮警報・洪水警報の通知先は，国土交通省，都道府県，東日本電信電話株式会社及び西日本電信電話株式会社の機関となっている．

6.4.1 気象警報などの発表基準

警報および注意報は，上述のように重大な災害や災害のおそれがある場合に行われ

る（発表される）が，発表後に状況の変化に伴って現象の起こる地域や時刻，激しさの程度などの予測が変わりうる．そのようなときには，新たに警報あるいは注意報を発表して，発表中の警報や注意報の「切替」を行って，内容が更新される．警報あるいは注意報が行われた場合，それらは解除されるまで継続される．また，災害のおそれがなくなったときには，警報や注意報は解除される．

警報あるいは注意報は，気象要素（雨量，土壌雨量指数，流域雨量指数，風速，波の高さ，潮位など）が基準に達すると予想された場合に，当該区域を対象に発表される．この発表基準は，災害の発生と気象要素の関係を調査したうえで，都道府県などの防災機関との調整を踏まえて設定されており，基準は地域（二次細分区域）ごとに異なっている．ただし，大地震で地盤がゆるんだり，火山の噴火によって火山灰が積もったりして災害の発生にかかわる条件が変化した場合は，通常とは異なる基準で発表されることに留意する必要がある．

なお，警報・注意報の基準値は，「都道府県あるいは地域防災計画」で公表されている．これらの基準は，災害発生状況の変化や防災対策の進展を考慮して，適宜，見直しが行われている．

洪水予報についての注意

洪水予報に関しては，気象庁が単独で行うものとそれ以外があることに注意しておく必要がある．すなわち，気象庁が単独で行うもの以外に，特定の河川の増水やはん濫などに対する水防活動のため，気象庁が国土交通省または都道府県の機関と共同して，あらかじめ指定した河川について，区間を決めて水位または流量を示して行う洪水の予報「指定河川洪水予報」がある．指定河川洪水予報の標題には，はん濫注意情報，はん濫警戒情報，はん濫危険情報，はん濫発生情報の四つがあり，河川名を付して「○○川はん濫注意情報」「△△川はん濫警戒情報」のように発表される．はん濫注意情報が洪水注意報に相当し，はん濫警戒情報，はん濫危険情報，はん濫発生情報が洪水警報に相当する．

なお，気象庁が単独で行う洪水注意報および洪水警報は，対象地域内にある不特定の河川の増水によって起こる災害を対象に発表しており，河川を特定しないため，水位や流量の予測は行っていないことに留意しておく必要がある．

6.4.2　各種情報

気象庁は，注意報および警報などを補完するために，種々の気象情報を発表している．以下に主要なものを掲げる．

a. 記録的短時間大雨情報

記録的短時間大雨情報は，数年に一度程度しか発生しないような激しい短時間の大雨を，地上の雨量計により観測あるいは「解析雨量」で求めたときに，府県気象情報の一種として発表される．その基準は，1時間雨量についての歴代1位または2位の記録を参考に，前述の二次細分区域ごとに決められている．この情報は，現在の降雨

がその地域にとって災害の発生につながるような，まれにしか観測しない雨量であることを意味しており，近くで災害の発生につながる事態が生じている可能性がきわめて強いと認識すべき重要な情報である．

なお，解析雨量とは，気象庁と国土交通省河川局・道路局が全国に設置しているレーダーによる降水強度をアメダスなどの地上の雨量計を用いて校正し，降水量分布を1km四方の細かさで求めたものである．解析雨量は正時を基準に30分ごとに作成され，たとえば，9時の解析雨量は8時〜9時，9時30分の解析雨量は8時30分〜9時30分の1時間雨量である．

b. 土砂災害警戒情報，土壌雨量指数

土砂災害警戒情報は，大雨による土砂災害発生の危険度が高まったとき，市町村長が避難勧告あるいは指示を発令する際の判断や住民の自主避難の参考となるよう，都道府県と気象庁が共同で発表する防災情報である．この土砂災害警戒情報は，降雨に基づいて予測可能な土砂災害のうち，避難勧告などの災害応急対応が必要な土石流や集中的に発生する急傾斜地崩壊を対象としている．なお，予測が困難である地すべりなどは，発表対象とはなっていない．

大雨によって発生する土石流・がけ崩れなどの土砂災害は，土壌中の水分量が多いほど発生の可能性が高く，また，数日前に降った雨も影響する場合がある．土壌雨量指数はこうした土砂災害の危険性を示す尺度として開発されたもので，各地気象台が発表する土砂災害警戒情報および大雨警報・注意報の発表基準に使用されている．

なお，土壌雨量指数は，降った雨が土壌中に水分量としてどれだけ貯まっているかを，これまでに降った雨と今後数時間に降ると予想される雨などの雨量データから「タンクモデル」という，地面を一種の水分貯留器と見なした手法を用いて指数化したものである．地表面を5km四方の格子（メッシュ）に分けて，それぞれの格子で計算される．

c. 竜巻注意情報

竜巻注意情報は，積乱雲などに伴って発生する竜巻，ダウンバーストなどによる激しい突風を対象に注意を呼びかける気象情報で，地方気象台が雷注意報を補足する情報として発表される．

d. 火災警報，火災気象通報

火災警報は，消防法の規定に基づいて市町村長が発令するものであり，気象状況が次のいずれかの基準に該当し，火災発生などの危険がきわめて大きいと認めるときに発令される．①実効湿度が60％以下であって，最低湿度が40％を下り，最大風速が8mを超える見込みのとき．②平均風速13m以上の風が1時間以上連続する見込みのとき．③実効湿度が60％以下であって，最低湿度が30％以下となったとき．

火災気象通報は，同じく消防法の規定により，気象の状況が火災の予防上危険と認められるときに，気象庁（地方気象台）から都道府県知事に対して行われる通報で，市町村長が発令する火災警報の基礎となる．実効湿度，風速などにより通報基準を定

めている．

なお，実効湿度は，木材の乾燥の程度を表す指数で，数日前からの湿度を考慮に入れて計算される．

e. 異常天候早期警戒情報

気温の中期的な推移に関する警戒情報であり，気象庁本庁が発表している．5日先から8日先を最初の日とする7日間平均気温の予測値（平年より，「かなり低い」「並」「かなり高い」の3階級に入る確率で表される）が，「かなり高い」または「かなり低い」確率が30％以上と見込まれるときに，発表される．原則として毎週火曜日と金曜日に発表される．

f. 台風情報

台風情報は，台風の実況と予報から構成されており，気象庁本庁が一元的に発表している．進路予報は6時間ごと，位置情報は通常は3時間ごと，日本にかなり接近し，上陸が予想される場合は1時間ごとに発表される．

台風の実況の内容は，台風の中心位置，進行方向と速度，中心気圧，最大風速（10分間平均），最大瞬間風速，暴風域，強風域である．現在の台風の中心位置を示す×印を中心とした実線の円は暴風域を示し，風速（10分間平均）が25 m/s以上の暴風が吹いているか，地形の影響などがない場合に吹く暴風の可能性のある範囲を示している．

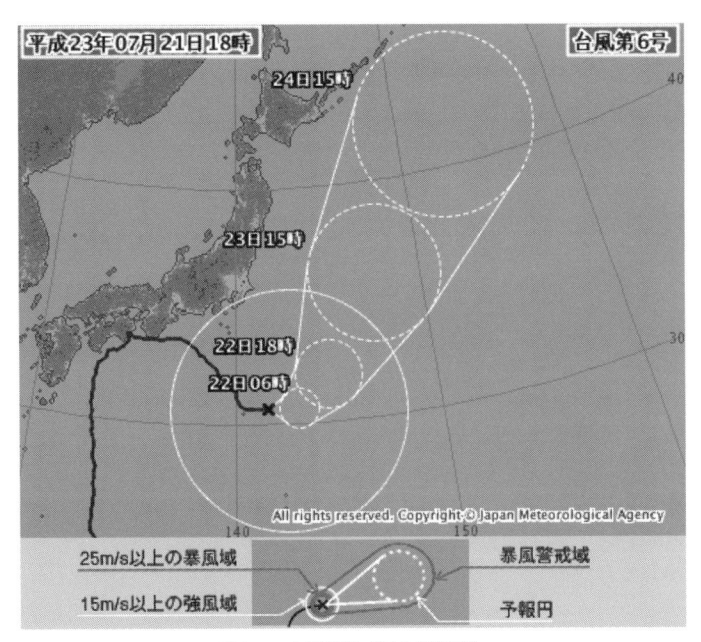

図6.4 台風情報（気象庁資料）

台風予報の内容は，各予報時刻の台風の中心位置（予報円），中心気圧，最大風速，最大瞬間風速，暴風警戒域を示す．図6.4は台風の進路予報を図示したものである．破線の円は予報円で，台風の中心が到達すると予想される範囲を表す．予報した時刻にこの円内に台風の中心が入る確率は70％である．注意すべきことは，予報円の中心を結んだ点線が最も可能性が高いと考えうるかもしれないが，予報円内ではどこでも70％の確率で中心が進みうることを示している．予報円の外側を囲む実線は暴風警戒域で，台風の中心が予報円内に進んだ場合に72時間先までに暴風域に入るおそれのある範囲全体を示している．したがって，暴風警戒域の外縁は台風が予報円の外縁を進んだ場合に予想される領域にほかならない．

6.5　降水短時間予報，降水ナウキャスト

　降水短時間予報および降水ナウキャストは，予報の一種である．大雨による災害の予防のほか，屋外作業や外出などの場合の降雨の目先の情報として日常の生活でも利用される．これらの予報は，直近の過去の雨域の動きと現在の雨量分布図をもとに，それぞれ6時間先までおよび1時間先までの雨量分布を1km四方の細かさで予測するものである．気象庁本庁が一括して担当している．「降水短時間予報」は，毎正時を基準に30分間隔で発表され，6時間先までの各1時間雨量を予報している．たとえば，9時の予報では15時までの，9時30分の予報では15時30分までの，1時間ごとの雨量強度が予報されている．「降水ナウキャスト」は，さらに短い5分間隔で更新発表されるが，予報期間はわずか1時間先までで，各5分刻みで降水強度を予報している．たとえば，10時00分の予報では11時00分までを5分刻みに細かく予測している．

a.　予測手法

　気象レーダーである瞬間の降水をみると，一般に団塊状の降水域にまとまっていることがわかる．降水のもととなっている対流活動は時間とともに変化するから，降水域も変化する．しかしながら，ある短い時間内なら，現在の降水域の性質（広がり，強度，移動方向など）は，ほとんど変化しないと見なすことが許される．したがって，降水短時間予報では，降水域を単なる幾何学的な図形と見なして，その移動を追跡することよって，降水を予報する立場である．第5章で触れた運動学的および持続による予測手法に属する．そのエッセンスは以下のとおりである．

　気象レーダーによる面的な観測と地上のアメダスなどによる補正によって，現在までの降水域のデータが得られる．1時間前の降水域と現在を比較することにより，降水域がどの方向に，どんな速さで移動したかの移動ベクトルを求めることができる．移動ベクトルを求める手法として，パターンマッチングと呼ばれる手法が用いられている．手短にいえば，2枚の図を変位させて，最も似ている変位を求める技術であ

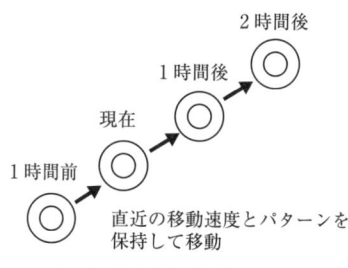

図6.5 降水短時間予報の概念図

る．現在の降水域をそのベクトルで1時間先，2時間先と移動させる．図6.5にその概念図を示す．ここで2重の円で降水域と強度を表し，矢印は降水域の移動ベクトルを示す．

実際には，ある領域内には多数の降水域が散在し移動しているから，移動ベクトルはそれらの平均として求まるので，その領域内の降水域はすべて，もとの形を保って一つの同じ方向に移動することになるので，領域の広さの取り方が問題となる．気象庁では，領域の広さを100 km 四方とし，その領域を 50 km ずつずらして計算を行っている．したがって，降水の移動ベクトルはその域内の平均であり，移動ベクトルが，50 km 間隔で得られる．

b. 降水短時間予報

図6.6(a)～(f)に「降水短時間予報」の例を示す．予報期間は6時間であるが，前半の約3時間はパターンマッチングの手法で，後半の約3時間は数値予報モデル（MSM）の出力の風や水蒸気を利用している．

なお，降水短時間および降水ナウキャストにおける雨量の表示は1時間当たりの降水強度であることに留意する必要がある．たとえば50 mm という表示は，その状態があくまで1時間持続すれば50 mm になるという意味である．

c. 降水ナウキャスト

図6.7(a)～(f)に「降水ナウキャスト」の例を示す．なお，降水域の移動ベクトルは直近のものを用いている．

d. 降水確率予報

気象庁は，降水の有無を確率で表現する降水確率の予報を定常的に発表している．ここで注意すべきことは，この予報は降水の多寡ではなく，1 mm 以上の降水があるかないかの確率を表していることである．また，予報期間は基準となる6時間を対象としており，この間の降水が連続的か断続的かは問わず，雨の降り方は考えていない．さらに重要なことは，予報が出されている地域内は，どの場所でも同じ確率であることを意味している．たとえば，降水確率70%の意味は，「70%の予報が100回出されたとき，およそ70回は1 mm 以上の降水がある」ということを意味している．

降水確率の予測手法は，「レーダーアメダス解析雨量」で得られた過去の降水実況

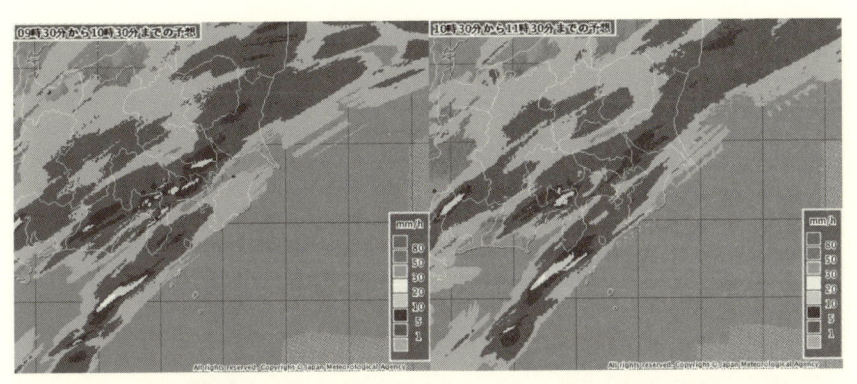

6.5 降水短時間予報，降水ナウキャスト

(a) 1 時間後の予想

(b) 2 時間後の予想

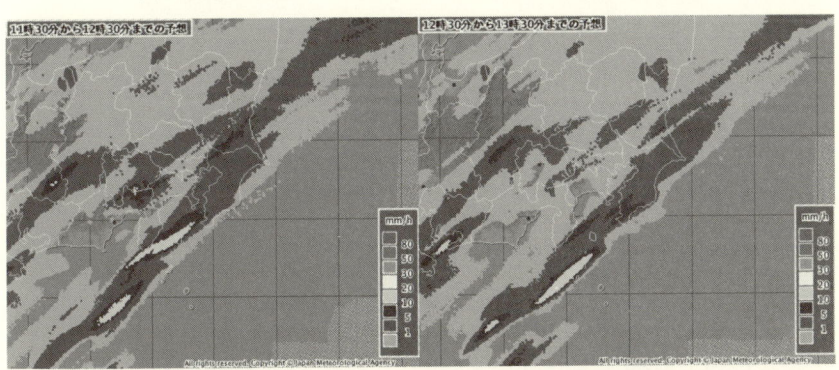

(c) 3 時間後の予想

(d) 4 時間後の予想

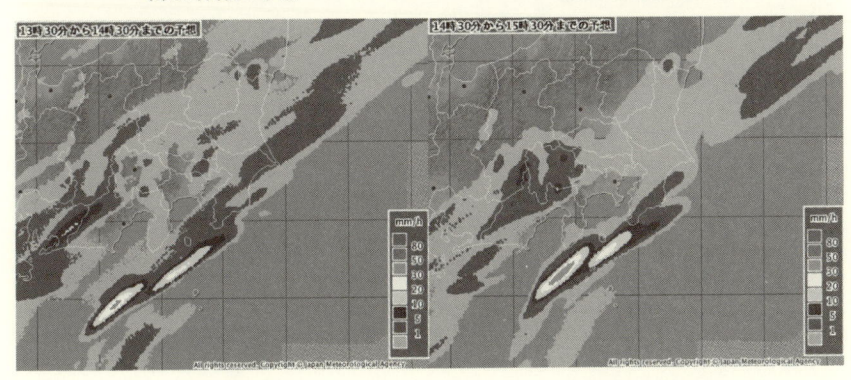

(e) 5 時間後の予想

(f) 6 時間後の予想

図 6.6 降水短時間予報（9 時 30 分を初期とする 6 時間予報．口絵 4 参照）

(a) 観測　　　　　　　　　　(b) 10 分後の予想

(c) 20 分後の予想　　　　　　(d) 30 分後の予想

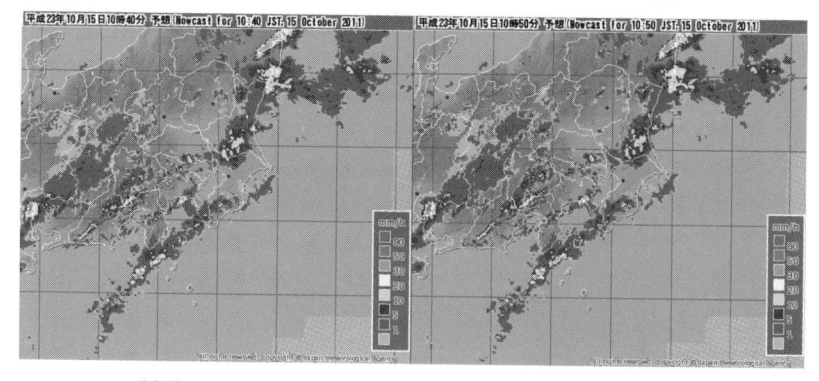

(e) 40 分後の予想　　　　　　(f) 50 分後の予想

図 6.7　降水ナウキャスト（10 時 00 分を初期とする 1 時間予報．口絵 5 参照）

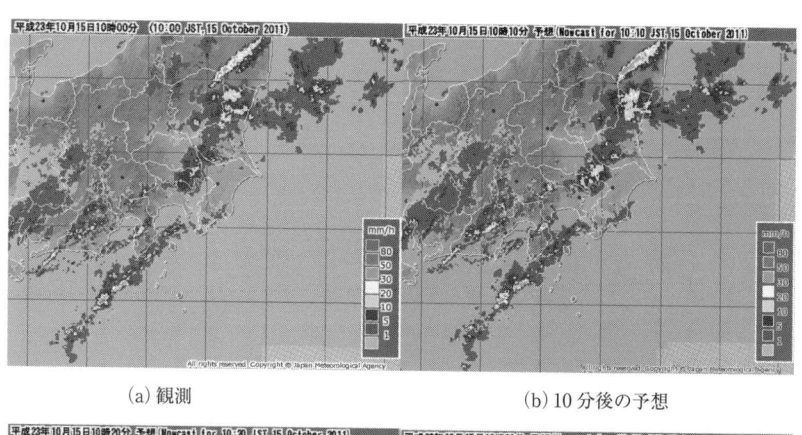

6.7 台風予報

北部			降水確率		気温予報		
今日 15 日 ☁/☂	南の風 やや強く 海上では 南の風 強く く もり 時々 雨 所により 昼過ぎ から 雷を伴う 波 2.5 メートル 後 3 メートル うねり を伴う		00-06	- %			日中の最高
			06-12	60%	水戸		25 度
			12-18	70%			
			18-24	40%			
明日 16 日 ☁/☀	南の風 海上では 南西の風 やや強く く もり 昼前 から 晴れ 波 2.5 メートル 後 2 メートル うねりを伴う		00-06	30%		朝の最低	日中の最高
			06-12	10%	水戸	19 度	28 度
			12-18	10%			
			18-24	20%			

図 6.8 天気予報の例（気象庁資料）
15 日 5 時　水戸地方気象台発表
天気予報（今日 15 日から明日 16 日まで）
(/：のち，|：時々または一時)

値と，そのときに対応する数値予報モデルでの上空の湿度，気温，風向・風速などの予測値（格子点値(GPV：grid point value)）との関係式をあらかじめ求めておき，その関係式に今度は予想された GPV を代入して，降水確率を求めている．

6.6 短期予報

短期予報は，業務法施行令で「当日から 3 日以内における風，天気，気温等の予報」と規定されており，府県予報区の担当官署が，1 日 3 回（午前 5 時，午前 12 時，午後 5 時）発表している．図 6.8 に発表日から明日までの実際の予報例を示す．なお，この予報で用いられている「所により」「時々」「昼前から」などの言葉は 5.4 節で述べた予報用語に準拠している．

6.7 台風予報

台風に関する予報および情報は，地方気象台が日々行う天気予報と異なって，気象庁本庁で一元的に行われている．台風の実況および予報の内容は，6.4.2 項で述べたとおりであるが，進路予報は後述の「台風アンサンブル予報モデル」に基づいて行われている．台風アンサンブル予報では，図 6.9(a)に示すように，進路がほとんど一つにまとまる場合と，(b)のようにばらつく場合がある．(a)では，初期値の誤差の影響が少なく，(b)の場合はその影響が非常に大きくなっている．発表される予報円の位置・大きさ・暴風域などは，予報担当者が，台風アンサンブル予報の進路予報を

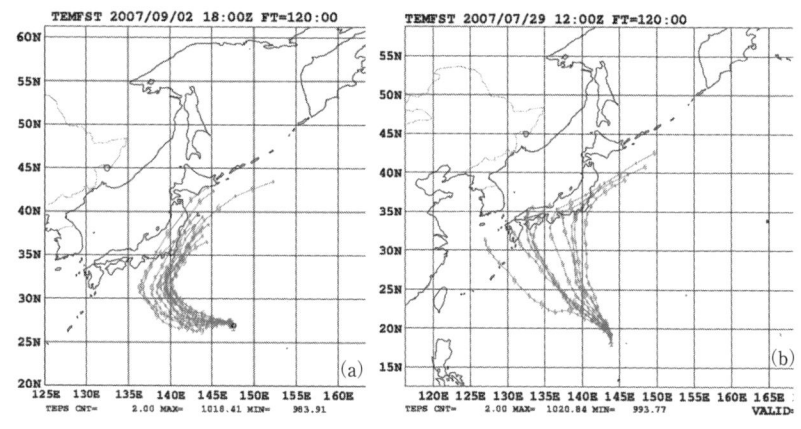

図6.9 台風アンサンブルによる台風進路予報の例（気象庁資料）

解析することによって決められる．なお，台風の上陸地点も本庁で決められる．

6.8 週間天気予報（中期予報）

1週間程度先までの天気予報は週間天気予報の区分に属する．業務法施行令では「当日から7日間の天気，気温等の予報」と定義されている．テレビや新聞で毎日みられる週間天気予報は，当然向こう7日間をカバーしているが，予報を作成している気象庁側では最初の2日間の予報のコマには短期予報の結果を当てはめ，残りの5日間の部分に「週間アンサンブル予報モデル」に基づいた予測結果を当てはめて，1週間分に編集している．気象庁には，短期予報担当とは別に週間予報担当が配置されている．

a. 週間天気予報の考え方

週間予報および1か月，3か月予報に導入されている予測技術の基本も，やはりアンサンブル予報であり，基本的に同じである．唯一ともいえる相違は，予報結果である天気や天候を捉える時間的および空間的広がりについての考え方である．すなわち，1か月予報では予報の内容が1週間や4週間の「平均値」であるのに対して，週間予報では日という実時間が軸である．週間予報では発表される天気などは日単位（あるいは日平均）に丸められてはいるが，時間軸についての考え方は平均ではなくずばりの時刻であり，日別の予想天気図なども××日午後9時などと表示される．また，予報の地域的広がりに関しても短期予報と同じ府県規模の細かさであり，1か月予報の場合の数府県を含む広域的な予報区（地方予報区）と異なっている．アンサンブル週間予報は，最も実現性の高い日々の場を，たとえば低気圧などの一連の動きを

連続的な時間軸で予測していることになる．したがって，使い方も 1 か月予報とはおのずと異なる．

b.　週間天気予報の実例

図 6.10 に実際の予報例を示す．また，広域（地方予報区）でみた週間天気予報の例を下記に示す．

関東甲信地方週間天気予報
平成 23 年 10 月 15 日 10 時 35 分　気象庁予報部発表
予報期間　10 月 16 日から 10 月 22 日まで

期間の前半は高気圧に覆われておおむね晴れますが，後半は前線や気圧の谷の影響で曇りや雨の日が多いでしょう．

最高気温は，期間のはじめは平年より高く，明日（16 日）は平年よりかなり高いですが，その後は平年並の所が多いでしょう．最低気温は，期間のはじめと終わりは平年並か平年より高く，明日（16 日）は平年よりかなり高い所がありますが，期間の中頃は平年より低い見込みです．

降水量は，平年並か平年より多いでしょう．

日付		15 土	16 日	17 月	18 火	19 水	20 木	21 金
茨城県		曇時々雨	曇のち晴	晴時々曇	晴時々曇	曇時々晴	曇時々晴	曇一時雨
降水確率（%）		−/60/70/40	30/10/10/20	10	20	20	30	50
信頼度		/	/	A	A	A	B	C
水戸	最高（℃）	25	28	23 (21〜25)	19 (17〜22)	20 (18〜22)	20 (18〜22)	21 (17〜23)
	最低（℃）	/	19	13 (11〜15)	11 (9〜13)	11 (9〜13)	10 (8〜13)	13 (10〜16)

平年値	降水量の合計	最高最低気温	
		最低気温	最高気温
水戸	平年量 12〜42mm	11.3℃	20.5℃

図 6.10　週間予報の例（気象庁資料）
10 月 15 日 5 時　水戸地方気象台

c. 週間天気予報における信頼度

週間天気予報では，着目している日の予報が昨日の発表と今日の発表とで，晴れから雨のようにまるで異なる予報に変わってしまう場合がときどき見受けられる．日替わり予報などと呼ばれる．その予報の変わりやすさを表す指数が信頼度であり，図6.10でみたようにA，B，Cの記号で表示されている．信頼度の考え方は，週間予報のような予報期間の長い天気予報になると，後述の「カオス」の影響により初期条件によって，予報精度が大きく影響を受けることを考慮したものである．また，週間予報にこのような信頼度が付されているのは，予報がアンサンブル予報を基礎にしていることに起因している．

気象庁は表6.5に示すように，適中率の程度と降水の有無の可能性の二つを考慮して信頼度を定義しており，また，その検証結果が右欄に記述されている．

これによると，信頼度Aでは適中率は明日の予報なみで，翌日になったら「降水あり」が「降水なし」にあるいはその逆に変わってしまうような可能性はほとんどないことを意味している．以下，B，Cと適中率が下がり，降水の有無が変わりやすくなる．

平均的な週間予報では，3日目から7日目までの信頼度の並びは，「AABBB」となり，期間の後半に予報の精度が下がることに対応している．しかし，安定した冬型などの場合は後半でも精度が落ちず「AAAAAB」となる場合や，逆に天候が不安定な変わりやすい週の場合には「ABBCC」などとなる．後者の場合は予報が変わっても対応可能のように，計画の立案や最終決定を翌日に引き延ばすなどの工夫が必要である．なお，非常に残念なことに，テレビなどのメディアでは週間予報の結果は天気が日別に表示されるが，信頼度はほとんど報道されていない．週間予報の有効な利用を計るためにも報道機関の理解と協力が望まれるところである．

表6.5 週間予報における信頼度（気象庁資料）

信頼度	内容	検証結果
A	確度が高い予報 ・適中率が明日予報並みに高い ・降水の有無の予報が翌日に変わる可能性がほとんどない	・降水有無の適中率：平均86% ・翌日に降水の有無の予報が変わる割合：平均2%
B	確度がやや高い予報 ・適中率が4日先の予報と同程度 ・降水の有無の予報が翌日に変わる可能性が低い	・降水有無の適中率：平均72% ・翌日に降水の有無の予報が変わる割合：平均7%
C	確度がやや低い予報 ・適中率が信頼度Bよりも低い ・もしくは降水の有無の予報が翌日に変わる可能性が信頼度Bよりも高い	・降水有無の適中率：平均56% ・翌日に降水の有無の予報が変わる割合：平均21%

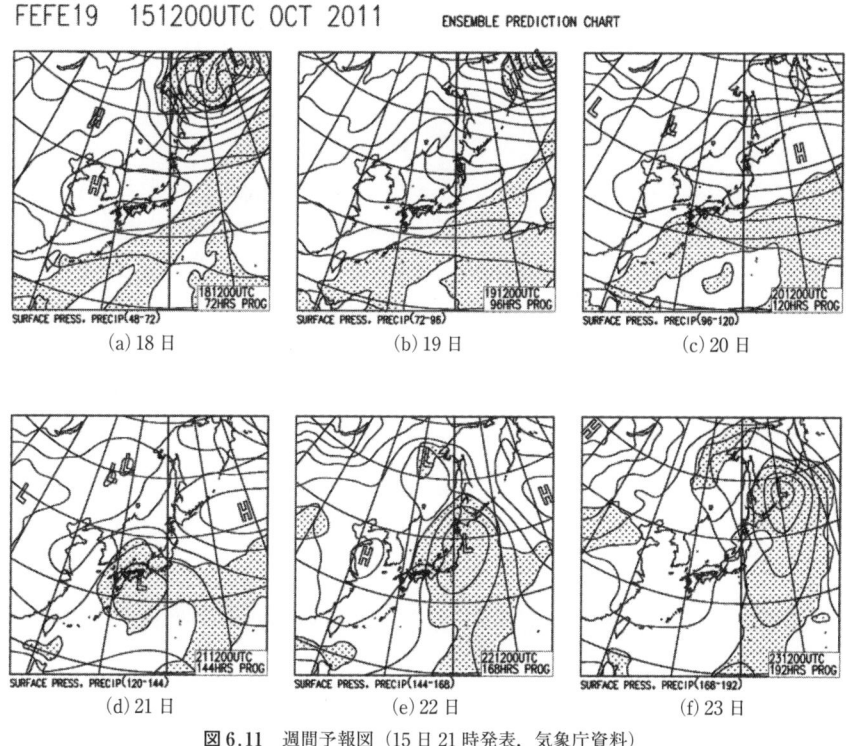

6.9 季節予報（長期予報）　　167

FEFE19　151200UTC OCT 2011　ENSEMBLE PREDICTION CHART

(a) 18日　　(b) 19日　　(c) 20日

(d) 21日　　(e) 22日　　(f) 23日

図6.11　週間予報図（15日21時発表，気象庁資料）

d. 週間予想図

　ここで一般のメディアでは報道されないが週間天気予報についての有用な情報について紹介しておきたい．気象庁が公開している「週間アンサンブル予想図（FEFE19）」と呼ばれる予想天気図であり，インターネット上で北海道放送（HBC）が公開している「専門天気図」の一部としてみることができる．図6.11に例を示すように，各日の21時に対応した地上天気図で構成され，陰影の部分はその時刻以前の24時間における降水域を示している．上段右端の予想天気図(c)でみると，中国地方から東は降水がないが，翌日（下段左端(d)）をみると，関東地方まで降水が予想されている．したがって，この週間予想図の降水と前述の図6.10とを合わせてみることにより，信頼度の情報（降水の有無など）をより適切に把握することができる．

6.9　季節予報（長期予報）

　季節予報には1か月予報，3か月予報，暖・寒候期予報の三つがある．1か月予報

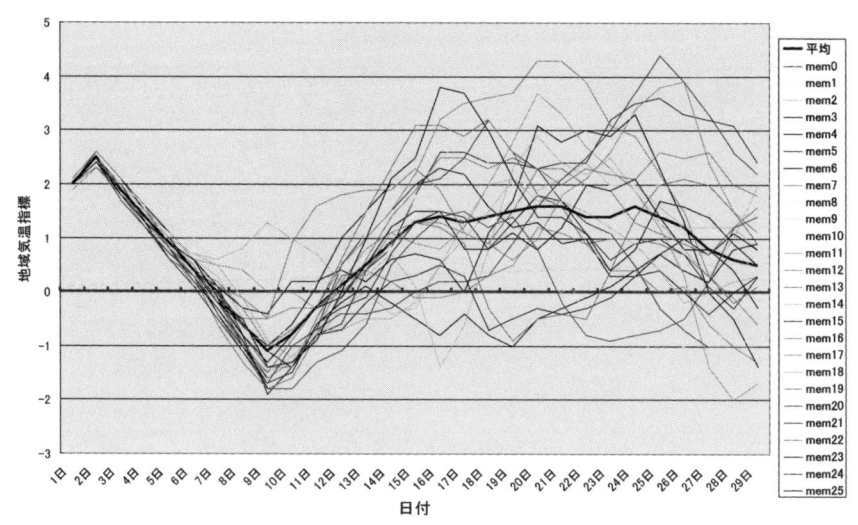

図6.12 1か月アンサンブル予報の気温の予測例（気象庁資料．口絵7参照）

は毎週金曜日14時30分，3か月予報は毎月25日14時，暖候期予報は2月，寒候期予報は9月の3か月予報と同時に発表される．

季節予報は，基本的にアンサンブル予報に基づいている．

まず，1か月アンサンブル予報の気温の予測例を図6.12に示す．横軸は日，縦軸は気温の月平年値からの偏差を表す．25メンバーの場合の予測が折れ線グラフで示されている．太実線は，全メンバーの平均値である．各メンバーの予測のばらつき具合がわかる．なお，これらのデータから，メンバーごとに予測の週平均や月平均などが容易に計算されるので，次に述べる階級区分のどこに落ちるかも得られる．

a. 季節予報における階級区分

季節予報の表現は，予報期間内における気温などが，絶対値ではなく「平年値」との比較で論じられるのが大きな特徴である．また，多くの予報が確率情報として発表される．すなわち，気温や降水量などの予報が，過去に実際に起こった事象に比べてどの辺に位置するかの比較情報として，「高い(多い)」「平年並」「低い(少ない)」の三つの階級区分で表現され，その階級区分に落ちる確率が表示される．ここで「平年並」とは平年値そのものではなく平年値を含むある幅で定義されている．実際の1か月予報の例を，図6.13に示す．

この図の例の場合，北海道の9月の平均気温の高低の確率は10，30，60%であることを示しており，「平年並」に比べて高くなる確率が2倍であり，逆に低くなる確率は1/3であることを予測している．北海道を中心に，まさに猛暑となる予報である．

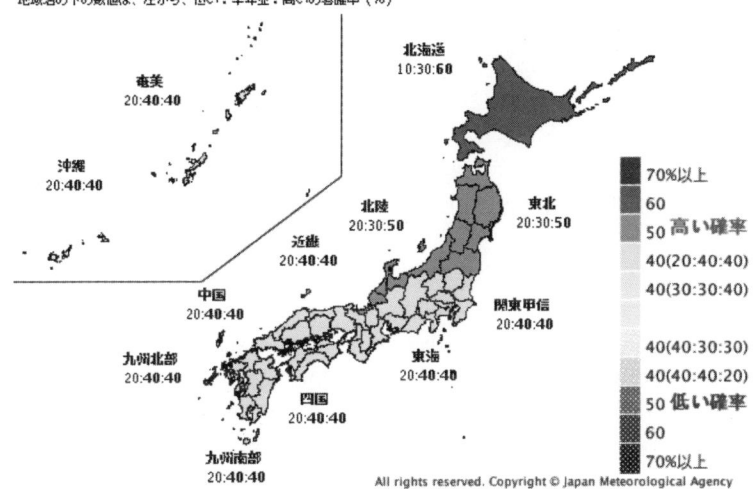

図6.13 1か月予報の例（平均気温の確率．気象庁資料）

　ここで，3階級の具体的な求め方は，月平均気温の場合でみてみると，その平年値のもとになっている1981年から2010年の30年間の月平均気温データ30個を低いほうから順に高いほうへ並べ，それを三等分して，第1位から10位までの幅を「低い」，真ん中のグループである11位から20位の幅を「平年並」，21位から30位までの幅を「高い」と区分されている．正確には，「低い（少ない）」と「平年並」の境界値は10位と11位の平均値であり，境界値は「低い」階級に含める．また，「平年並」と「高い（多い）」の境界値は，同様にして20位と21位の平均から求め，その境界値は「平年並」に含めている．この区分は，各階級に対する出現確率は同等でいずれも33％と考えて，「低い（少ない），並，高い（多い）」＝「33％，33％，33％」となる．この考え方は米国などでも採用されている．もちろん，各階級の幅を示す気温や降水量は地域によってまた季節によって違ってくる．たとえば，1か月予報の気温の確率が10，30，60％の予報例では，高い（多い）可能性が平年に比べ約2倍，低い（少ない）可能性が約1/3であることを意味する．なお，気象庁から発表される1か月予報や3か月予報は発表のつど，参考資料として，平年並の範囲についてのデータが予報文とともに示されている．なお，各階級で生起する割合を一般に「気候的出現率」と呼ぶ．

b. 異常気象の尺度
　異常気象という言葉は世の中ではかなり幅広く使われているが，季節予報の分野で

は，これまでに経験した平均的な気候状態から大きくかけ離れた気象現象を意味する．台風や低気圧に伴う短期的あるいは局地的な激しい現象から，干ばつ，低温に日照不足などの数か月〜1年程度の現象も含まれる．何が異常か正常かは本来相対的な概念であることから，異常気象という用語は状況に応じて適宜使用されているのが現状である．事実，気象庁部内でも，いわゆる異常気象や災害を調査する際に決め手はなく，「出現度数の小さい現象，地点・季節として平常に現れない現象」としている．しかしながら，現象を定量的に扱う際には「異常」と判断する何らかの尺度（数値的基準）が必要となることから，気象庁では長期予報の分野に関して，次のように定義している．異常気象は特定の現象の発生やある絶対的な閾値と連動したものではないことに留意すべきである．

異常気象

それぞれの地点における月平均気温や月降水量が過去30年間あるいはそれ以上にわたって観測されなかったほど平年値から偏っている場合，あるいは「月平均気温が正規分布をする場合，平年値からの偏差が標準偏差の約2倍以上偏った場合を異常高温，または異常低温とし，月降水量が過去30年間のどの値よりも多い，あるいは少ない場合，それぞれ異常多雨，異常少雨とする．

7 数値予報

7.1 数値予報の原理

　現代の天気予報は，数値予報を抜きにして語ることはできない．数値予報とは，大気を支配する物理法則に則った方程式系を数値的に解くことである．具体的には非常に複雑な物理法則を解き，莫大な繰り返し計算を行っている．ここで「数値的に」とは，コンピュータを使って方程式系を解くことをいう．まず，地球大気を格子状に区切って多数の「格子点」を設定しておき，その各格子点で同種の計算を行う必要がある．当然，これには高性能のコンピュータが必要である．現在はパソコン（パーソナルコンピュータ）でもかなり高速になったが毎日の天気予報のためには力不足であり，数値予報のために必要なコンピュータは「スーパーコンピュータ」と呼ばれる最先端の科学技術を結集した製品を使っている．図 7.1 に地球規模の数値予報モデル（全球モデル）に対応した格子点網の配置の概念図を示す．

　さて，大気力学の理解が進み，この力学に基づいた方程式系を解くことによって天

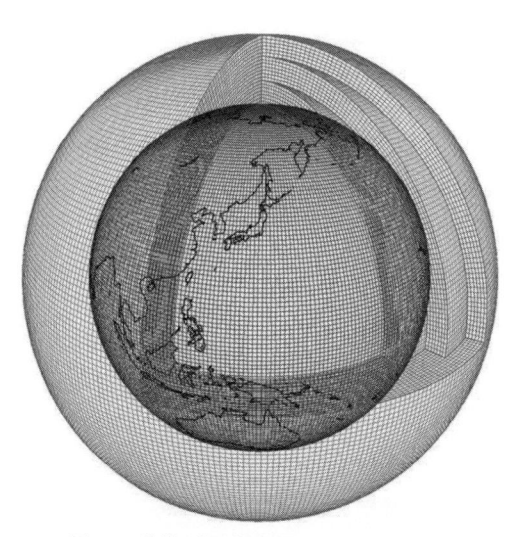

図 7.1　数値予報の格子点網（気象庁資料）

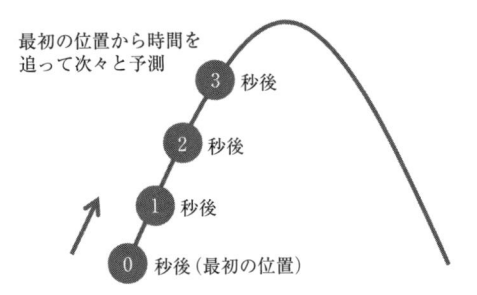

図7.2 数値予報の時間積分の概念図

気予報が可能であると最初に述べたのはリチャードソンである．彼はそれを机上での手計算で実行したが，実際にはありえない気圧の変動を予測してしまい「リチャードソンの夢」あるいは「リチャードソンの失敗」といわれた．その後，大気の観測網が整備されて気象力学についての理解が進み，また電子計算機科学が発展して高速の計算機が登場した．日本の気象庁は1959年に米国のIBM704という当時としては世界第一級の真空管式の電子計算機を導入することにより，数値予報を開始した．以来，今日まで数値予報は50年以上の歴史を持っている．

図7.2に天気予報における数値予報の時間積分の概念図を示す．実線は運動の変化を示す．

方程式を

$$\text{物理量の時間変化率}＝\text{時間変化に寄与する項}$$

という形で書くことができる．ここで積分時間間隔を Δt とする．現在の物理量の値はわかっているから，

$$\text{未来の物理量}＝\text{現在の物理量}＋(\text{時間変化率})\times \Delta t$$

を計算することによって，Δt だけ先の時間における未来の物理量を求めることができる．これを繰り返し行うことにより，ある時刻の初期値から1日先，2日先，そして1週間先の数値予報を実行することができる．

本章では天気予報技術の中でも基盤技術となっている数値予報について概説する．

7.2 数値予報の手順

実際の数値予報はいくつかの手順を経て実行されるが，およその流れを図7.3に示す．

7.2.1 データ収集，品質管理，台風ボーガス作成

数値予報モデルを実行するためには初期値が必要であり，その初期値は実際の大気

7.2 数値予報の手順

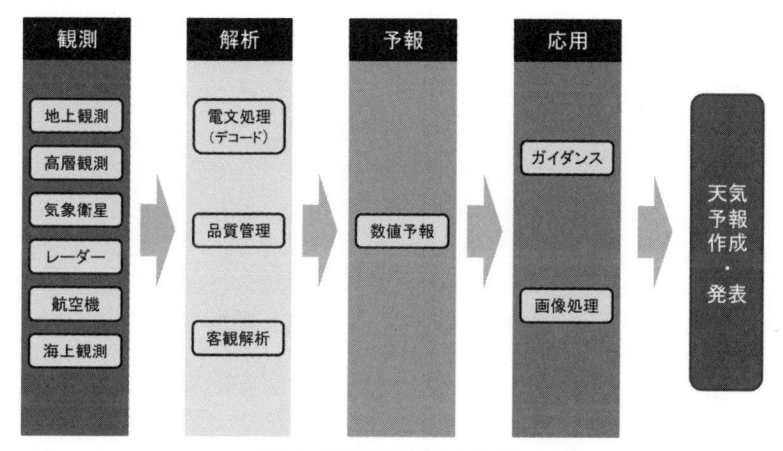

```
┌─────────┐  ┌─────────┐  ┌─────────┐  ┌─────────┐  ┌─────┐
│  観測   │→ │  解析   │→ │  予報   │→ │  応用   │→ │天気 │
│         │  │         │  │         │  │         │  │予報 │
│ 地上観測│  │電文処理 │  │         │  │ガイダンス│  │作成 │
│ 高層観測│  │(デコード)│ │         │  │         │  │・   │
│ 気象衛星│  │ 品質管理│  │ 数値予報│  │         │  │発表 │
│ レーダー│  │         │  │         │  │ 画像処理│  │     │
│ 航空機  │  │ 客観解析│  │         │  │         │  │     │
│ 海上観測│  │         │  │         │  │         │  │     │
└─────────┘  └─────────┘  └─────────┘  └─────────┘  └─────┘
```

図7.3　数値予報の手順の全体図

の状態をできるだけ正確に反映させておく必要がある．すなわち，数値予報の手順の最初は，世界の気象観測データをできるだけ数多く集めることである．

世界各国の気象機関は国際気象通信網（GTS）を通じて接続されており，多くの観測データはその回線を通じて交換されている．最近ではインターネットを通じて公開されるケースも多くなり，流通経路やデータ内容も多様化している．精度の高い観測データをいかに早く収集できるかが，数値予報の精度の鍵を握っている．

数値予報で使われる観測データには次のような種類がある．ラジオゾンデによる直接観測も数は少ないものの，その観測精度のよさから数値予報の世界では「バイブル」として取り扱われている．近年では衛星データの比重が増加しており，数値予報プロダクトの品質上も衛星データをできるだけ多く取り込んで有効利用することが重要だと認識されている．また，日本周辺の集中豪雨などの顕著現象を捉えるという意味で，ウィンドプロファイラやドップラーレーダー観測網が展開されており，従来の直接観測では捕まえきれなかった現象の把握に有効な手段となっている．図7.4に数値予報で使われる観測データの分布を表7.1に数値予報で利用される観測データの一覧を示す．

収集されたデータが正しい値かどうかを「品質管理」でチェックする．観測データとそれに対応した品質チェックの項目を表7.2に示す．観測データにはさまざまな原因で誤差を含んでおり，測器の持つ特性で生じる誤差のほか，なかには通報される過程で観測電報の打ち間違えなど人為的に発生する誤差も存在する．したがって，観測データが正しい値かどうかは，その"正しい値"が不明である以上，正確に判断することは非常に困難である．品質管理は通常「内的チェック」と「外的チェック」に分けて行われる．「内的チェック」はその観測データ自身に矛盾がないか，第一推定値と比較して大きくはずれていないかどうかのチェック，「外的チェック」は他の観測

174　　　　　　　　　　　　　7. 数 値 予 報

地上観測 (観測所・船舶・ブイ)

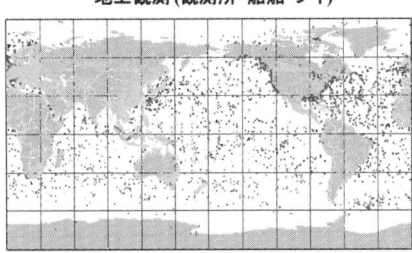

高層観測 (ゾンデ・航空機・ウィンドプロファイラ・ドップラーレーダー)

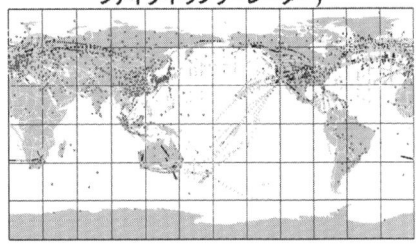

静止衛星観測 (赤外・可視・水蒸気画像による風観測、晴天輝度温度)

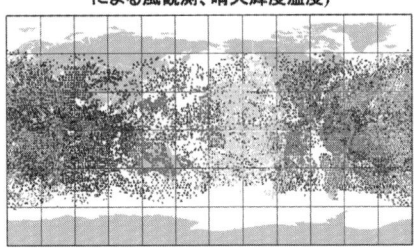

極軌道衛星観測 (AMSU-A・AMSU-B・MHS・MODIS)

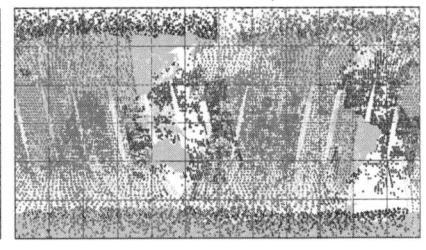

図 7.4 数値予報で使われる観測データの分布図（気象庁資料．口絵 8 参照）

表 7.1 数値予報で利用される観測データ一覧表（気象庁資料）

種別	観測種別	通報式, 略号, 他	気圧	気温	風	湿度	可降水量	降水量	輝度温度	屈折率
直接観測	地上観測	SYNOP	○							
	海上観測	SHIP, BUOY	○	○						
	航空機観測	ACARS, AMDAR		○	○					
	高層観測	TEMP		○	○	○				
	高層風観測	PILOT			○					
遠隔観測	ウィンドプロファイラ	W. P.			○					
	（ドップラー）レーダー	D. R., RA			M				M	
	GPS 地上観測	GPS					M			
擬似観測	台風ボーガス	TY-BOGUS	○		○					
	南半球海面気圧ボーガス	PAOB	○							
静止軌道衛星	大気追跡風	AMV			○					
	可視赤外放射計晴天輝度温度	CSR							G	
低軌道衛星	極域大気追跡風	AMV			○					
	鉛直探査計	Sounder		M					G	
	マイクロ波放射計	Imager					M	M	G	
	マイクロ波散乱計	SCAT			○					
	GPS 掩蔽観測	GPS-RO								G

G は全球解析，M はメソ解析，○印は両者で利用されていることを示す．全球解析とメソ解析については表 7.3 を参照．

表7.2 品質管理一覧（気象庁資料）

SYNOP	ブラックリスト，気候学的 ck（チェック） 観測要素間整合性 ck, 海面更正 ck グロスエラー ck, 空間整合性 ck, モデル地形差 ck
SHIP	ブラックリスト，気候学的 ck, 観測要素間整合性 ck 海陸 ck, 航路 ck, 風速補正 グロスエラー ck, 空間整合性 ck
TEMP	ブラックリスト，気候学的 ck, バイアス補正 温度減率 ck, 気温内挿 ck, 湿度内挿 ck 静力学 ck, 氷結 ck, 風シア ck, 風内挿 ck, グロスエラー ck, 空間整合性 ck, モデル地形差 ck
PILOT	ブラックリスト，気候学的 ck, 風シア ck, 風内挿 ck, グロスエラー ck, 空間整合性 ck
航空機	ブラックリスト，気候学的 ck, 航路 ck, グロスエラー ck, 空間整合性 ck
PAOB	ブラックリスト，気候学的 ck, グロスエラー ck, 空間整合性 ck
ウィンドプロファイラ	ブラックリスト，気候学的 ck, 風速 ck, グロスエラー ck, 空間整合性 ck
ドップラーレーダー	風速 ck, ボリューム内 ck, グロスエラー ck, 空間整合性 ck
衛星風（AMV）	ブラックリスト，気候学的 ck, 下層風速 ck, QI によるデータ選択，グロスエラー ck, 空間整合性 ck
マイクロ波散乱計	雨域 ck, 海氷域 ck, 海陸 ck, 風速 ck, Group QC
SATEM ATOVS （リトリーブした層厚，仮温度）	気候学的 ck, 温度減率 ck, グロスエラー ck, 空間整合性 ck
マイクロ波放射計	海氷 ck, 天頂角 ck, 不適正第一推定値 ck, バイアス補正，グロスエラー ck
鉛直探査計（サウンダ）	雲・降水判定，海陸判別，海氷判別再 ck, バイアス補正，グロスエラー ck, 評価関数の収束 ck

データとの整合性がとれているかどうかのチェックである．

　観測データに品質管理の過程でもし大きな誤差が検出された場合，その観測データを使用しないと判断する（「リジェクト」という）ことになる．しかし貴重な観測データを捨ててしまうことは非常にもったいないことであり，なかには，簡単な変換などを施すだけで，正しい値に近くなる場合もある．また，一部のラジオゾンデデータや衛星データなどには系統的な大きなバイアスを持っている場合もあり，そのような場合はバイアス補正をしたうえで，より正しい値に近づける措置が行われる．この品質管理をパスした観測データが，次の客観解析の段階で用いられる．

　この品質管理は非常に重要かつ複雑なプロセスで，観測データが有効に利用されているか，大切なデータをリジェクトしていないかなど日々監視が必要である．そうした品質管理プロセスの管理を効率的に進めるため，同化データベース（CDA：com-

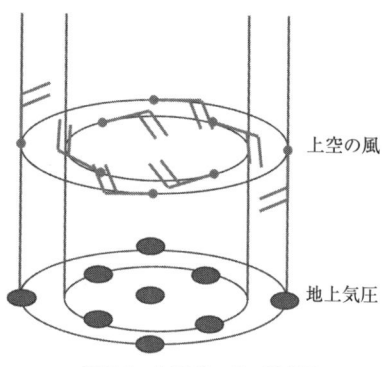

図 7.5　台風ボーガス模式図

prehensive dataset for assimilation) が作成されている．このデータベースは，観測データに品質情報，データ同化状況に関する情報などを付加したもので，データ同化システムの入出力で汎用的に利用されている．

台風の場合，ライフサイクルの大半を観測データの少ない熱帯海上で過ごすため，その周辺で精度のよい初期値を得ることは容易ではない．そのため気象庁の数値予報課では，衛星画像などから解析された中心位置・気圧などの情報をもとに，台風周辺の人工的な観測データとして台風ボーガス（bogus）を作成し，全球解析に利用している．図 7.5 に台風ボーガスの模式図を示す．

7.2.2　客観解析（データ同化）

収集された品質管理をパスした観測データを用いて解析値が作成される．この解析値を作成する過程のことを「客観解析」と呼ぶ．人間が解析値を作成することを主観解析と呼ぶのに対して，計算機はこのような作業を何度繰り返しても同じ結果になることから，客観と付けたものである．最近ではこの客観解析について，より工学的な意味を強く持つ言葉として「データ同化」もよく用いられる．

客観解析では観測データを使って解析値を作成することが原則である．しかし，観測データの数および要素は，モデルが必要とする格子点・物理量の数と比較してきわめて限定されていることから，観測データのみから初期値を作成することは不可能といえる．そこで，解析値を作成する際の第一推定値として，前初期値に基づく予報値を用い，その予報値を観測データの持つ情報で修正していくことにより，より有効で適切な解析値を得るという手法がとられている．このような手法を「予報解析サイクル」あるいは「データ同化サイクル」と呼ぶ．図 7.6 に予報解析サイクル（データ同化）の概念図を示す．データ同化サイクルでは，観測データの持つ情報をいかに有効に引き出すかが非常に重要になる．

客観解析の概念をごく簡単にわかりやすくいうと，第一推定値と観測値が与えられ

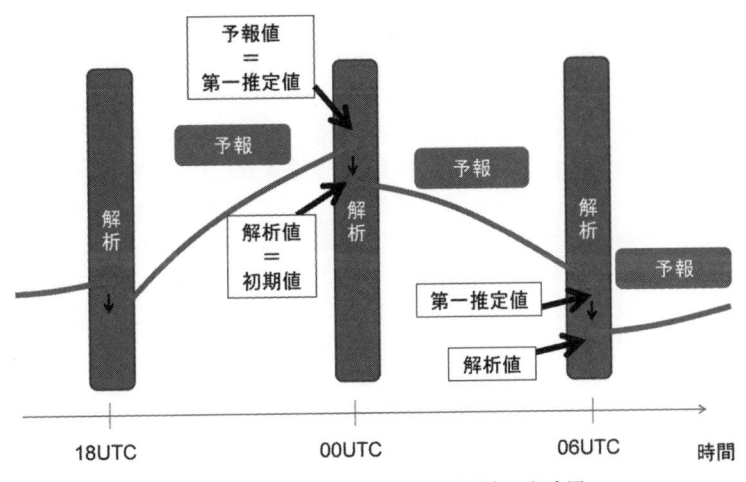

図7.6　予報解析サイクル（データ同化）の概念図

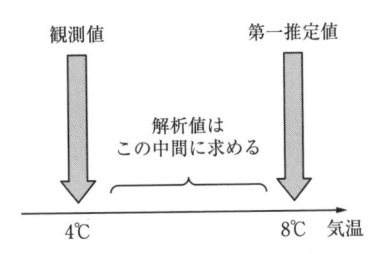

図7.7　解析値の求め方（観測値と第一推定値との関係）

たとき，その2者の間にあると考えられる解析値を最適値として求めることである．具体的には，解析値がその中間にあるのか，それとも，より観測値のほうに寄っているのか，そうでないのかを判断する必要がある．観測値が真の値を測定したものであれば，解析値は観測値をそのまま与えることが妥当といえるが，実際には観測値には前述のように測器や通報の問題から，誤差を含んでいる．一方，第一推定値も予報モデルによる予報値であるから，それにも誤差を含む．観測の誤差と第一推定値の誤差のどちらが大きいかが問題になる．その様子を図7.7に示す．

　さて客観解析の手法は，これまで数値予報の高度化とともに進化を遂げてきた．数値予報の開始当初は，関数あてはめ法などという簡単な方法が用いられてきたが，その後，最適内挿法という手法が登場し，地衡風平衡の概念を考慮することができるようになった．現代では世界的にも変分法によるデータ同化が主流となっている．変分法には空間三次元的にデータ同化をする三次元変分法と，さらに時間軸の方向も考慮できる四次元変分法の二つがある．実際の天気予報で用いるデータ同化手法としては，四次元変分法が一般的になっている．四次元変分法が登場した背景として，衛星

データなどリモートセンシング技術の発展により，観測時刻が定時観測のようにそろわなくなってきたこと，また風や気温といった直接の観測量以外の観測情報が多くなってきたことがあげられる．従来の最適内挿法では，解析時刻における観測データしか考慮できず，また解析される物理量（解析変数）も観測される量と同じである必要があった．従来のラジオゾンデによる観測データを対象とする限りは，それで十分であった．ところが，人工衛星は軌道を描きながら地球を周回し，地球の大気圏外から継続的に大気の観測を行っていることから，観測時間も固定ではなく，また観測する量も下方からの放射強度であって，直接風や気温などを観測しているわけではない．したがって，このような観測を同化しようとすると，従来の手法では限界があり，より高度な手法の実用化が必要となってきた．

7.2.3 四次元変分法

変分法では，「評価関数」という考え方が導入されている．図7.8にその考え方を示す．この評価関数とは，その解析場の値を数値に変換したもので，解析場が観測データや第一推定値と整合性がとれているかどうかを点数にして表している．変分法は，その評価関数の値が最小になるように，解析値を繰り返し計算で決めていく．

空間三次元にこれを適用した手法が三次元変分法で，空間に加えてさらに時間方向へ拡張したものが四次元変分法である．

図7.9は，時間方向への拡張の概念図である．

7.2.4 予報モデル

客観解析で計算された解析値を初期値として，予報モデルが実行される．予報モデルについては，7.3節で詳しく述べる．

7.2.2項で述べたように，解析値はデータ同化を通じて作成され，そのデータ同化は予報モデルの予報値を第一推定値として作成される．すなわち解析値と予報値，前の初期値の予報値と次の時刻の予報値とは独立ではない．数値予報モデルのプロダク

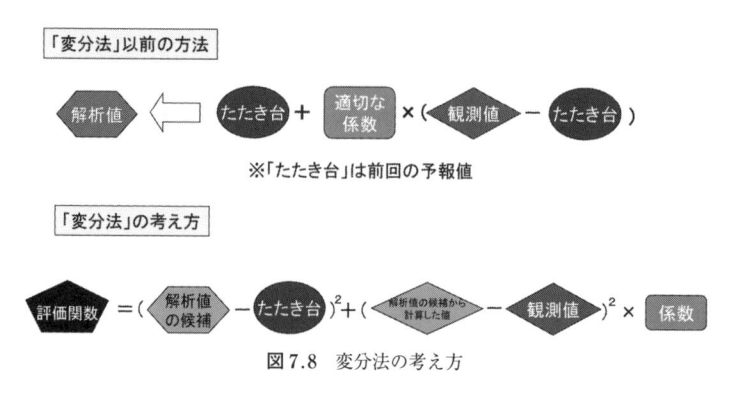

図7.8 変分法の考え方

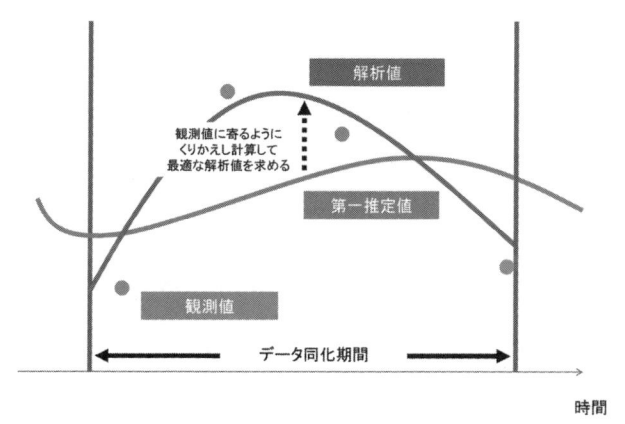

図 7.9 四次元変分法の概念図

トを利用するに当たっては，そのことに十分留意することが重要である．

7.2.5 後処理・アプリケーション

予報モデルは物理法則を解いているが，その結果には誤差が含まれている．誤差の原因はさまざまで，たとえばモデルと実際の山岳の標高の違いによって生じる気温や風の誤差などがあるが，これらは統計処理によって取り除ける部分も多く存在し，その処理によって予報モデルの出力そのままよりも高い精度の予測を得ることが可能である．また予報モデルの出力は物理法則を解いた結果得られる気象要素であり，そのままでは実際の天気予報に使いづらく，天気の分布や降水確率といった情報に変換することによって，さらに有効なデータを得ることが可能となる．これらの処理は予報モデルの計算の終了後に後処理として実施され，「ガイダンス」と呼ばれる．最近では後処理技術として，カルマンフィルターという手法がよく用いられるが，7.5 節で改めて詳しく触れる．

7.2.6 数値予報のタイムスケジュール

これら一連の数値予報の処理は，毎日ほぼ同じ時刻に行われている．00 UTC（日本時間午前 9 時）初期時刻の全球モデルを例として，およそのタイムスケジュールを以下に示す．

時刻	内容
00：00	00 UTC の観測
02：20	観測データの締切時刻
02：25	全球解析実行開始
02：45	全球解析終了，全球モデル実行開始
03：10	全球モデルによる 84 時間予報終了
03：45	プロダクト送信終了

ただし，観測データの量の違いなどにより解析や予報の計算時間が日々変化するため，多少変動することに留意する必要がある．

7.3 数値予報モデル

7.3.1 数値予報モデルとは

数値予報モデルは，前節で述べた物理法則を数値的に解くために，実際の計算機上で動作するように書き下した一連の「プログラム」である．数値予報モデルは，対象としている大気の運動に影響を及ぼすファクターをすべて取り上げ，かつ定式化してモデルに取り込む必要がある．図7.10は，大気の運動（流れ）に影響を及ぼす空間および要素を概念的に示したものである．気象庁で用いている主な数値予報モデルには，「全球モデル」（GSM）と「メソモデル」（MSM）がある．全球モデルはその名のとおり，地球全体を予報領域として実行されるプログラムである．メソモデルは，予報領域を地球の一部に限定するかわりに，解像可能な格子を細かくすることにより，関心のある領域について詳しい予報結果を得ることが可能である．

7.3.2 力学過程と物理過程

7.1節で述べたように，数値予報モデルでは物理法則を数値的に解く．その方程式のうち，大気の流れや気圧傾度など大気力学に関係する部分を力学過程，それ以外の運動方程式の外力，熱力学方程式の非断熱加熱，水蒸気の方程式の非断熱過湿の部分を物理過程と呼ぶ．物理過程には，その概念図を図7.11に示すように，放射（短波・長波放射）・降水・境界層の詳細な過程や，海面や陸面の効果・相互作用などが含まれる．

7.3.3 パラメタリゼーション

降水過程は，大気中の水蒸気の影響を考慮する重要な過程であり，またその計算結

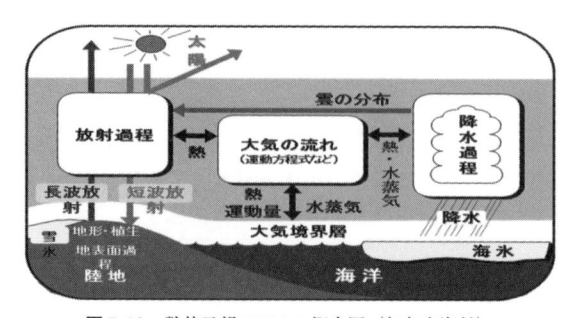

図7.10 数値予報モデルの概念図（気象庁資料）

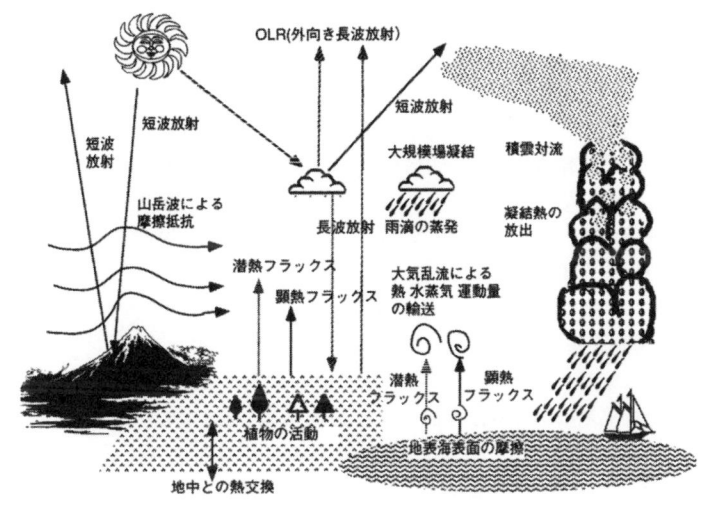

図 7.11 数値予報モデルの物理過程（気象庁資料）

サブグリッドスケールの現象

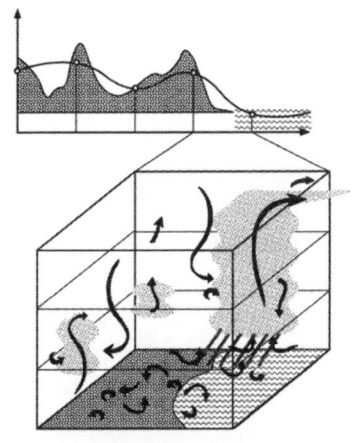

図 7.12 パラメタリゼーションの考え方（気象庁資料）

果として，天気予報として最も価値の高い情報の一つである地上への降水量が算出されるという意味でも，大事な部分である．降水をもたらす一つひとつの雲は，数値予報モデルで解像可能なスケールよりも小さいのが一般的で，モデルでは直接その効果を表現することができない．しかし，積雲対流の内部では激しい上昇流が発生し，熱や水蒸気を鉛直に輸送する大事な役割を果たしており，それを無視することはできない．そこで用いられるのが「パラメタリゼーション」という近似計算の手法である．

パラメタリゼーションの考え方は，図7.12に示すように，モデルの格子内における積雲対流の効果を，何らかの近似をすることによって平均的に見積もり，その効果が格子点の値を用いて表現される．

境界層内の過程でも，モデルの力学過程で大気の移流は計算されるが，実際の大気中の流れは非常に複雑で，モデルの解像度では直接表現することができない小さな乱れがある．したがって，その効果も降水過程の物理過程と同様に，パラメタリゼーションの手法を用いて，格子内で生じているさまざまな現象の平均的な影響を考慮し，境界層内の過程を表現している．

7.3.4 数値計算法

ここでは，気象庁の数値予報モデルでよく使われる数値計算法について述べる．数値予報の方程式系は本来微分方程式であるが，これを実用的に数値的に解くためには連続量の離散化を図る必要がある．具体的には，空間方向の離散化について，スペクトル法と格子点法という手法がよく用いられる．図7.13に示すように，スペクトル法は大気の波動現象を複数の波の成分の和に分割して考える手法で，一方，格子点法は波動現象を各格子点での値が直線で結ばれているとして近似する方法である．スペクトル法では，支配方程式に現れる微分項の計算を，格子点法のような近似ではなく数学的に正しく計算することができるため，計算の精度が非常によいというメリットがあり，1980年代頃から世界の全球モデルではスペクトル法が主流となった．しかしながら，最近の高速計算機の主流である超並列計算機では演算性能が低下し，適合しにくいというデメリットもあり，最近ではどちらの手法も使われている．

方程式の時間変化率を表す各項を評価する際，通常は現在時刻の値を用いた陽解法（explicit，イクスプリシット法）が使われるが，プリミティブ方程式や非静力学方程式系には，重力波および音波の高周波モードが含まれる．これらのモードを精度よく計算しようとすると，その位相速度の速さから積分時間間隔を短くとるような制限が課せられるので，計算が非効率になってしまう．そこで精度は多少悪くなるが，これら高周波に関連する項を陰解法（implicit，インプリシット法）で取り扱い，その他の項を陽的に取り扱う，セミインプリシット法を用いることで積分時間間隔を長くと

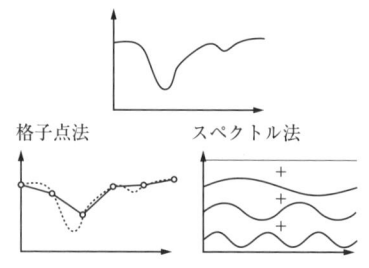

図7.13　スペクトル法と格子点法（気象庁資料）

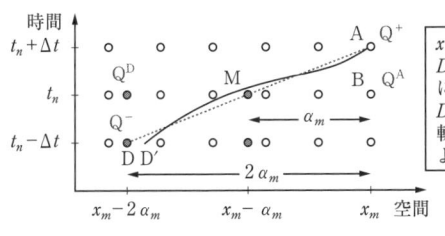

図7.14 の説明（図内注釈）：
x–t 平面上での粒子の軌跡。$D'A$ は時刻 $(t_n+\Delta t)$ に点 x_m に到達する粒子の真の軌跡。DA は $D'A$ を直線で近似した軌跡。○ は格子点、● は内挿によって求められる点。

図 7.14 セミラグランジアン法

って計算効率を上げる数値計算法がよく用いられる.

時間方向の離散化については，3 タイムレベルのリープフロッグ・スキーム（leap frog，蛙跳び法）が長年使われてきたが，オイラー（Euler）手法的な取扱いでは CFL 条件[注]により，積分時間間隔が制限される．

1 回の時間積分の中ではラグランジュ（Laglange）的に取り扱う「セミラグランジアン法」が考案され，積分時間間隔が長くとれるようになった．図 7.14 にセミラグランジアン法の考え方を示す．現在，全球モデル（GSM）ではセミラグランジアン法が用いられている．

7.4 アンサンブル予報

7.4.1 アンサンブル予報の考え方

4.1 節で述べたとおり，数値予報の基本的な考えは，物理法則を数値的に解くことである．地球上の運動を支配する物理法則は一つだから，初期値を正しく与えて物理法則を正しく解けば，当然，正解にたどりつくと考えられる．しかし実際には，数値予報の答えはかなり正確ではあるものの，完全に正解ではない．誤差の原因としてさまざまのものが考えられているが，主に初期値と予報モデルの不確実性に起因するものが大きい．したがって，その誤差を逆手にとって，予報の誤差を定量的に見積もろうという考え方が「アンサンブル予報」である．

数値予報の主たる誤差を初期値の不確実性と予報モデルの不完全性の二つと考えると，アンサンブル予報には二つの流儀が考えられる．一つは初期値のばらつきをもとにアンサンブル予報を実行する方法で「初期値アンサンブル」，二つはモデルの不確実性をもとに実行する方法で「モデルアンサンブル」と呼ばれる．またアンサンブル予報は「確率論的予報」とも呼ばれる．それに対して，一つの初期値を利用して一つの予報を実行し，それが正しいと信じる数値予報は「決定論的予報」と呼ばれる．

数値予報モデルは誤差を持ち，一般に予報時間が進むにつれて誤差は増え，予報が

[注] Courant-Friedrichs-Lewy condition：数値予報モデルにおいて，「情報が伝播する速さ」を「実際の現象で波や物理量が伝播する速さ」よりも速くしなければならないという条件．

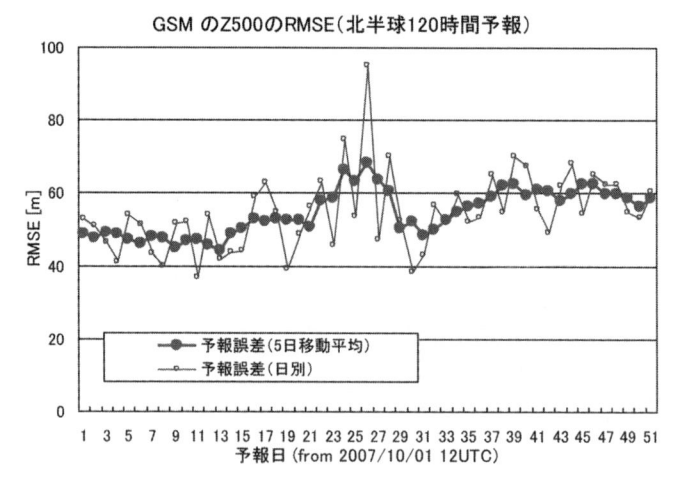

図7.15 予報誤差の変動(気象庁資料)

持つ情報はその価値を失っていく．大気の運動においては，そのカオス的性質によって，最初に持つ微小な誤差が予報時間とともに指数関数的に増大することが知られている．「決定論的予報」では実用的な精度でみると数日で破綻してしまうと考えられるため，どこかの時間・空間スケールを超えた段階で，確率論的予報が必要だと考えられる．それがいったいどの段階なのか？　に関する議論は「予測可能性」といわれ，それは予測の対象とする現象によって異なると考えられる．

予報モデルの平均的な誤差が，いつも予報モデルの結果を修正する指標になるわけではない．実際には，予報誤差が大きな日もあり，小さな日もあって，常に一定ではなく，日によって変動し，また場所によって誤差の大きさもまちまちである．図7.15は全球モデル(GSM)での北半球120時間予報の50日間にわたる誤差の変動を示している．このように誤差を考慮して予報に利用すれば，確率論的な予報につなげることが可能である．

アンサンブルでは，ある初期時刻に対して複数の予報モデルが実行される．アンサンブル予報では，図7.16に示すように，予報結果は一致することはなく，ばらつくことになる．そのうち複数の予報結果がある程度一致していれば，その予報の精度は高いと考えられ，逆に結果がばらばらであるならば，精度は低いと考えられる．このように予測のばらつき具合によって，予報を確率的に捉えようとする立場がアンサンブル予報の発想にほかならない．

アンサンブル予報の地上気温の実際の予報例を図7.17に示す．

初期値が必ずしも正しくないことは，すでに客観解析(データ同化)のところでも述べたように，観測データが誤差を持ち，客観解析値・初期値にも誤差が存在するからである．一方，予報モデルについても，方程式を離散化することの限界(解像度が

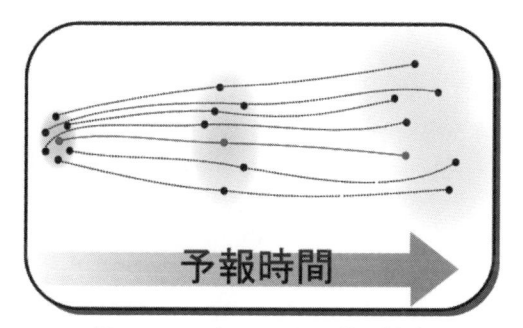

図7.16 アンササンブル予報の考え方

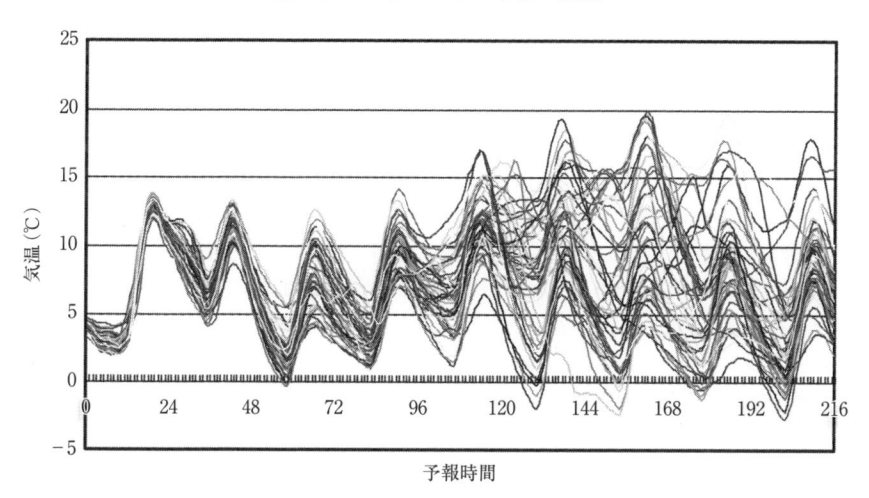

図7.17 アンサンブル予報の時系列（地上気温の例）

不足すること）やパラメタリゼーションによる近似的取扱い，海面温度など境界条件の不正確さなどの理由によって，完全なものにはなっていない．

7.4.2 大気のカオス

ここで大気の運動が持つ特徴を示す研究として有名な，「ローレンツアトラクター」と呼ばれるものについて触れたい．ローレンツは，平板上の流体の下部を暖め，上部を冷やす場合に起きるロール状の対流を記述する単純で基本的な方程式系を導き，ある初期値を与えて，その後の対流の様子を数値的に解き，その結果を図7.18に示すようなアトラクター（吸引）図で表現した．なお，図中に示されている方程式の u, v, w は流れの場および温度場を表す変数である．この図の意味を手短にいえば，チョウの羽に似た渦巻き状の線がみられるが，この線は対流の時間的軌跡を位相空間で表現したものであり，途中で切れずにどこまでもつながっている．左右の羽根の循環

$$\begin{cases} \dfrac{du}{dt} = P(v-u) \\[4pt] \dfrac{dv}{dt} = -uw + Ru - v \\[4pt] \dfrac{dw}{dt} = uv - bw \end{cases}$$

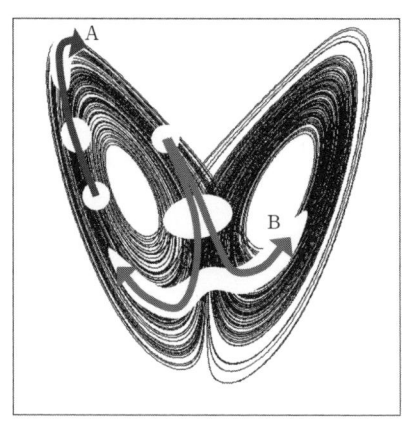

図7.18 ローレンツアトラクター

は，それぞれ対流の向きが互いに逆であることを示しており，左の羽根をぐるぐる回って右の羽に移るときは，ロールの回転の向きが反転することを意味している．これらの線は三次元的で決して交わらず，また永続的に準周期的な運動を続ける．

さて，流れである初期値を選ぶということは，ある線のあるポイントを選ぶことに相当する．この図をみると，初期値のわずかな誤差（初期値の選択）によって，予報結果の誤差が微小なまま推移する場合（A方向）と，それとほとんど差がない初期値であっても，予報途中のあるとき突然誤差が増大し，まったく違う予報結果になってしまう（B方向）ことがありうることを示している．これらは大気の運動が本質的に「非線形の現象」であることから生じるもので，大気は「カオス的である」とも呼ばれる．別の言葉でいえば，大気の運動は初期値に敏感で，初期のごくわずかな出発点の相違（誤差）によって，結果がどのように発展するかは，事前には予測ができず，実際に予報（時間積分）をやってみないとわからないことを示している．

7.4.3 アンサンブル予報のスプレッド，初期値，メンバー

アンサンブル予報において，図7.16や図7.17にみられるような予報の広がりのことを「スプレッド」と呼ぶ．スプレッドが小さければ予報の精度は高い，逆にスプレッドが大きければ，予報の精度は低いと判断できる．すなわち，このスプレッドの大小がアンサンブル予報の信頼性を示しているわけである．また，スプレッドと現象の統計分布が一致していることが，アンサンブル予報としては理想の形である．

「初期値アンサンブル」の場合，客観解析から作成した初期値について，人為的な「摂動」を与えて複数の初期値を作成し，そのおのおのについてもとの同じ予報モデルが実行される．「摂動」の与え方の詳細はここでは省略するが，適当に一定の幅を持って摂動を与えただけでは，予報はランダムなノイズを生成するだけで，適切なス

プレッドを得ることはできない．計算機資源にも制約があるため，なるべく少ない初期値数で確率予報が正確に表現されることが重要で，そのためには予報の初期で成長率が高い成分をより効率的に抽出する必要がある．初期摂動の計算においては，「シンギュラーベクター（SV）法」や「ブリーディング（BGM）法」などがよく用いられる．これらの手法は予報のばらつきが期待されるモードを自動的に計算し，それらを初期値に加えることで複数のアンサンブルメンバーをつくり，予報の実行を支えている．摂動を加えた初期値からのアンサンブル予報一つひとつのことを「アンサンブルメンバー」といい，その数のことを「メンバー数」，またアンサンブルメンバーのうち摂動を加えていない予報のことを「コントロール」と呼ぶ．摂動計算で求められたモードを利用して，アンサンブルの初期値＝コントロールの初期値±摂動で，アンサンブル予報のメンバーが作成される．したがって，メンバー数の合計は通常奇数個ということになる．

次に，もう一つの「モデルアンサンブル」手法は，予報モデルの物理過程の時間変化率でランダムに不確実性を考慮する簡単な手法が実用化された段階であり，現在さまざまな研究開発が行われている．研究目的では，複数のモデルや係数を使う方法（マルチモデル法，マルチパラメータ法）などが盛んに行われている．

アンサンブルメンバーすべての平均のことを「アンサンブル平均」と呼ぶ．アンサンブル平均はコントロールランよりも，統計的には精度がよいことが期待される．現在，気象庁ではインターネットを通じて，他国の複数の数値予報の結果をみることができる．これら複数の予報結果をアンサンブル予報として利用することは「マルチセンターアンサンブル」と呼ばれる．いわば初期値アンサンブルとモデルアンサンブルの複合系であると考えられる．各モデルの平均処理をしたり，スプレッドを把握することにより，さまざまな利用可能性が期待される．気象庁のアンサンブル予報結果を使った応用事例としては，一般に提供されている信頼度や確率予報に加えて，夏場の電力需要の予測，農業気象災害の軽減，洪水予想とリスク管理，さらにアジアを中心とした各国への国際貢献などがなされている．このように，アンサンブル予報は，予報の信頼性情報を与える有力な道具であり，今後も有効活用が図られていくと期待されている．

7.5 数値予報の応用

数値予報の実行により GPV（格子点値）が作成される．この GPV は現代の天気予報作成作業においては，最も基盤的なデータであるが，GPV はあくまでも物理法則を機械的に数値的に解いた答えであり，それがそのまま天気予報になるわけではない．数値予報のプロダクト天気予報に有効に活用するために，実際には，そのプロダクトに種々の応用処理を行っている．

7.5.1 ガイダンス

ガイダンスとは，数値予報の結果を予報に必要な気象要素に客観的・統計的に翻訳するツールおよびその結果のことを意味している．ガイダンスは，予報者の日々の予報作業に利用されることから予報支援資料とも呼ばれる．数値予報のオペレーションでは，図7.19にその概念を示すように，各数値予報モデルの計算が実行された後，その膨大な情報から，天気予報に直結した種々のガイダンスが作成されている．

ガイダンスは，数値予報結果から天気予報に必要な要素へ翻訳する「ルール」に則って計算される．翻訳ルールは，過去の数値予報結果とそのときの実際の天気などの一連のデータセットを用いて事前に作成しておき，予報の場面ではそのルールを新しい数値予報結果に適用して，将来の天気を予想する．図7.20にその概念図を示す．

このような統計処理を施したものを「数値予報ガイダンス」と呼んでいる．ガイダンス作成は，過去の数値予報GPVと対応する実況とからなるデータベースにより，統計処理に必要な補正係数を算出しておくことにより，その成果を最新のGPVに対して統計処理を施すことにより行われる．このような統計処理を施すことにより，数値予報モデルの持つ系統誤差の一部が解消されるほか，数値予報の予報変数ではない要素，たとえば降水確率や天気分布などに変換することで，天気予報の付加価値が高められている．

気象庁では，一般に対する予報のほか，防災気象情報の作成支援資料として種々のガイダンスを開発し，運用を行っている．別記するように，これらのガイダンスは，

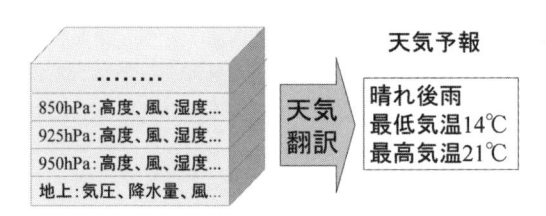

図7.19 ガイダンスの概念（一般には，数値予報を用いた客観的統計的翻訳を意味する）

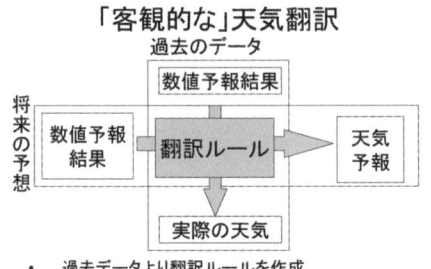

図7.20 翻訳ルールと予報の関係

気象庁部内のみならず，民間の気象事業者にも公開・提供されている．現代の天気予報作業では，ガイダンスは最も基本的な資料として利用されており，「予報作業支援システム」による予報作業の中で，予測シナリオの組立てという重要なプロセスにおいて，必須のデータとして用いられている．

ガイダンスの作成手法には，「線形重回帰」「カルマンフィルター」「ニューラルネットワーク」「ロジスティック回帰」「アンサンブル的手法」がある．ガイダンスは，一般，過去の時点における予測とそのときの実況値を，一定のアルゴリズムにより統計的に処理することから，MOS（model output statistics）と呼ばれる．なお，線形重回帰法は処理が純粋に統計的に行われることから，単にMOSと呼ばれる場合がある．

1) 線形重回帰法 線形重回帰は線形多項式による予測で，回帰式の作成には，回帰式の右辺に現れる説明変数に数値予報結果を，左辺の予測値に対応する目的変数に実況値を用いる．線形重回帰の長所として，その予測特性を経験的に把握することが可能であるが，短所として作成には多量のデータが必要で，またモデルの変更に柔軟に対応できないという問題が生じる．すなわち，ある予報モデルの環境下で作成された回帰式は，モデルが変更されれば，使うことはできない．気象庁でも以前は線形重回帰が用いられてきたが，最近は使用されていない．

2) カルマンフィルター 「カルマンフィルター」もやはり線形多項式による予測には違いないが，説明変数の係数を逐次的に最適化していくことにより，より精度を上げることができる特徴を持っている．図7.21にその概念を示す．

カルマンフィルターでは予測値と実況との誤差を毎日監視して，その誤差を減らすように係数を自動的に最適化しており，これを予測のたびに繰り返している．これによって，比較的少量のデータで係数の作成が可能となり，モデルが変更された場合でもこの手法を自動的に追随することが可能である．一方で，MOSと異なって予測特性を経験的に把握することが困難なデメリットもある．

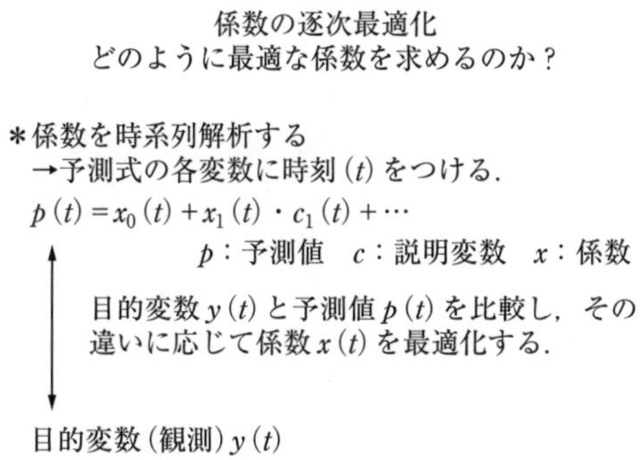

係数の逐次最適化
どのように最適な係数を求めるのか？

＊係数を時系列解析する
→予測式の各変数に時刻 (t) をつける．

$$p(t) = x_0(t) + x_1(t) \cdot c_1(t) + \cdots$$

p：予測値　c：説明変数　x：係数

目的変数 $y(t)$ と予測値 $p(t)$ を比較し，その違いに応じて係数 $x(t)$ を最適化する．

目的変数（観測）$y(t)$

図7.21 カルマンフィルターの概念

3) ニュートラルネットワーク 「ニューラルネットワーク」も係数を逐次最適化することでは「カルマンフィルター」と同じであるが，説明変数と目的変数の間に存在する非線形の関係を予測するところが違っている．この手法は，人の脳の神経細胞の仕組みを利用したものである．人はあらゆる刺激（入力）に対して一定の決まった対応（出力）をするよう，普段から各刺激に一定の重みをつけていると考えられる．重みのつけ方は一種の学習を通じて行われる．しかしながら，出力は，すべての入力の単純な重ね合せではなく全体の総合の結果である．気象の場合の「ニューラルネットワーク」では，入力（説明変数）と出力（目的変数）との関係を学習することにより，説明変数に最適の重みがつけられる．気象庁では，この手法は天気（雲量の見積もりなど）や降雪量などの予報に採用されている．これ以上の説明は煩雑になるので省略する．

最後にガイダンス利用上の留意点をあげておこう．①統計的手法であるため，発生頻度の少ない，または顕著な現象の量的な予測は困難であること，②系統的でない数値予報の誤差（低気圧の位置ずれなど）は捉えられないこと，③広い領域，長期間にわたって平均誤差が小さくなるように係数が定められるため，季節ごとあるいは地域固有の修正は困難なことがあること，④誤差の特性が時間とともに交互に変化する場合，直前の予報の傾向にひきずられる場合があること，があげられる．ガイダンスの値を利用する際にはこれらの点に留意して，日々の実況監視をしながら，その傾向を把握することが必要である．

7.5.2 天気予報の可視化

天気予報における応用処理のもう一つのアプローチとして，さまざまな可視化があげられる．数値予報の高解像度化とともに，数値予報モデルが出力するGPVの量も膨大なものになり，かつ非常に多くの情報を含むようになった．しかし人間がその都度理解でき，受け止められる情報量にはおのずと限界があるため，GPVの持つ情報を上手に利用するためには，情報の可視化を行うことが有効な利用方法となっている．

もちろん数値予報の登場以前から天気予報も可視化は行われていた．なにより，「天気図」は大気状態の最も基本的な可視化といえるであろう．数値予報の登場後，自動的に「天気図」を作成する開発が進み，現在すでに実用レベルに達している．

数値予報モデルによって降水予測の精度が向上し，また雲の取扱いが精緻化されたことによって雲の分布を直接GPVから出力可能となったことを受けて，晴れ・曇り・雨という天気のカテゴリー分布を直接表現できるというアイデアで生まれたのが図7.22に例示する「お天気マップ」である．この「お天気マップ」はガイダンスのように補正したものではなく，数値予報モデルの出力をそのまま利用して，図7.23に示すアルゴリズムに従って，天気を予想したものである．アルゴリズムの考え方は，予報モデルで一定量以上の雨が予想されていれば雨とし，それ以外の領域におい

7.5 数値予報の応用

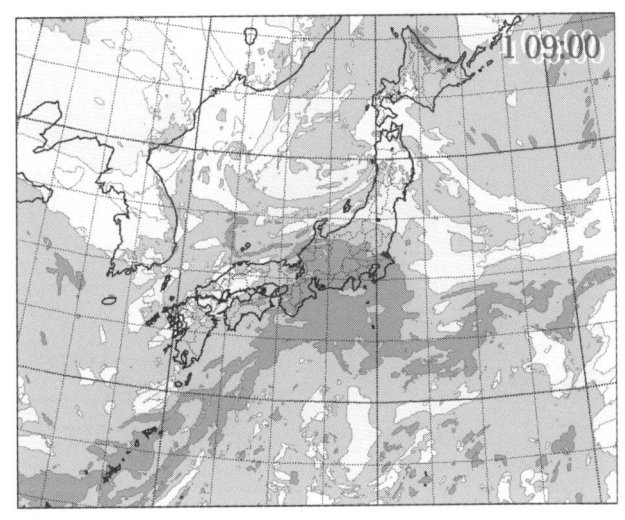

図7.22 お天気マップの例

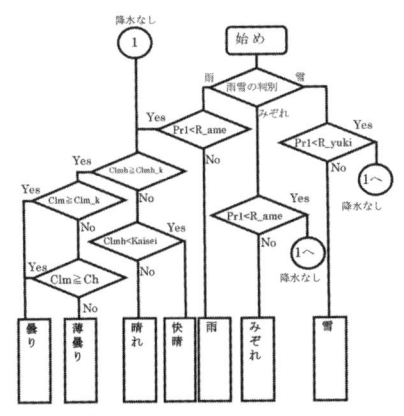

雨雪の判別
RH(%)　850 hPa の T(℃) の基準：−8.0

(a) 天気判別のアルゴリズム

(b) 雨雪判別のアルゴリズム
850hPaの気温が−8℃以下であれば雪，−8℃以上は図(b)に従って，雨・みぞれ・雪を判別する

(c) 判別の閾値
Pr1：前1時間降水量，Cl：下層雲量，Cm：中層雲量，Ch：上層雲量，全雲量：Clmh＝1−(1−Cl)(1−Cm)(1−Ch)，中下層雲量：Clm＝1−(1−Cl)(1−Cm)

閾値名	旧閾値	新閾値		変数名
	共通	MSM	GSM	
R_yuki	0.05	0.03	0.05	Pr1
R_ame	0.2	0.1	0.4	Pr1
Clmh_k	0.9	0.4	0.4	Clmh
Clm_k	0.9	0.4	0.4	Clm
Kaisei	0.2	0.1	0.1	Clmh

図7.23 天気判別のアルゴリズム（気象庁資料）

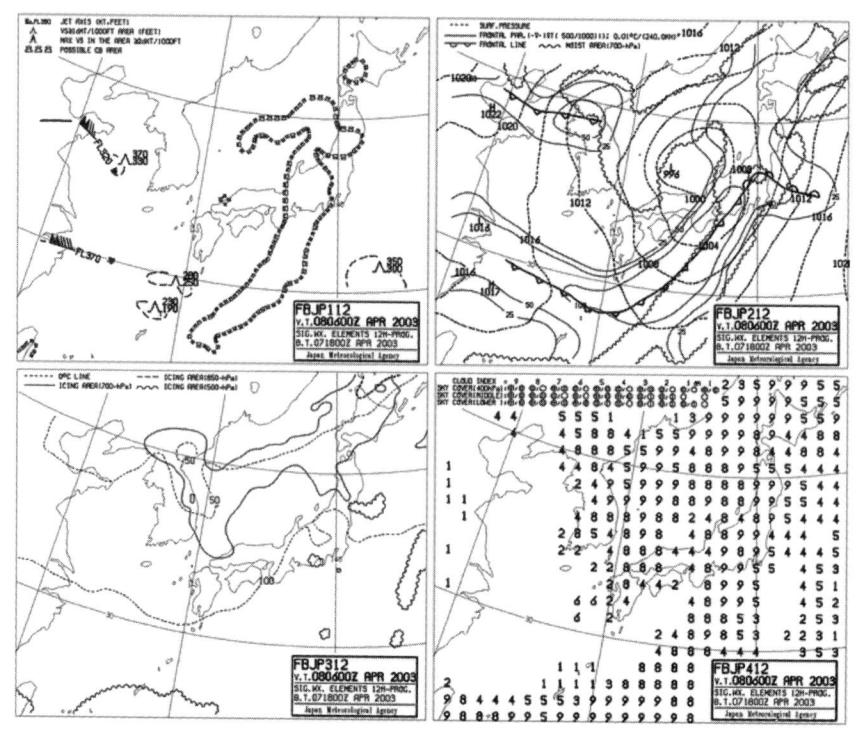

図7.24 可視化の例（空域予報FAX資料，悪天予想図．気象庁資料）

ては，モデルで直接予想された雲量を用いて，快晴・晴れ・曇りを判定している．また雨の領域において，気温が一定以上低ければ，雪と判定されている．

そのほか，最近では動画処理や三次元データを用いた断面図，鳥瞰図なども開発され，ワークステーションやパソコン，可視化ソフトウェアの高機能化もあいまって，大変優れた可視化が登場している．図7.24は航空気象の分野で用いられている可視化の例を示す．これは空域予報FAX資料の一つである悪天予想図で，航空機の安全運行のために必要な，着氷，乱気流，雲などの気象状態を表したものである．また，図7.25に全球モデルによる地上予報GPVを可視化した例を示す．これらは通常の地上天気図や高層天気図を併用することにより，大気の立体的な状況や今後の発達・衰弱を予想するために有効である．

図 7.25 全球モデルによる地上予報 GPV を可視化した例（気象庁資料）

7.6 気象庁における数値予報の仕様

　気象庁が 1959 年に数値予報を開始して以来，ほぼ半世紀が経過した．ここでは現在気象庁で運用されている数値予報について概要をみる．

　数値予報モデルの解像度などモデルの仕様は，利用可能な計算機の能力に大きく依存するが，気象庁は数値予報の開始当初からほぼ最も高性能の電子計算機およびスーパーコンピュータを核としたシステムを導入し，運用を続けている．計算機はその性能が約 5 年で 10 倍になるといわれており，気象庁も数値予報の開始当時は，現在のパソコンとはまったく比べものにならないほどの低い性能の真空管式の計算機を用いて数値予報を実行していたが，その後は，数年ごとにスーパーコンピュータを更新し，現在のシステムは第 8 世代になっている．

　7.3.1 項で述べたとおり，気象庁の主な数値予報モデルには，「全球モデル」（GSM）と「メソモデル」（MSM）の二つがある．現在の「数値解析システム・予報モデル」の仕様を表 7.3 に，また，現在の高解像度全球モデルおよびメソモデルの仕様をそれぞれ表 7.4 および表 7.5 に，さらに現在の第 8 世代までの全球モデル，領域・メソモデルの履歴を図 7.26 にそれぞれ示す．これら図表は，電子計算機の高速化とともに数値予報モデルの分解能やモデルの高度化が進展してきた経過をよく物語っている．

表 7.3 気象庁の主な数値解析システム・予報モデル（気象庁資料）

主な解析システム

名称	解像度		解析領域	解析時刻	解析手法 第一推定値	主な利用目的
	水平	鉛直				
全球解析	TL959 （約 20 km） インナー TL 319	60 層 （地上～ 0.1 hPa）	全球	00, 06, 12, 18 UTC	四次元変分法 全球モデル予 報値	全球モデル，週間 アンサンブル予報 モデル，台風アン サンブル予報モデル の初期値
メソ解析	5 km インナー 15 km	60 層 （地上～ 約 30 hPa）	日本周辺	00, 03, 06, 09, 12, 15, 18, 21 UTC	四次元変分法 メソモデル予 報値	メソモデルの初期 値

主な予報モデル

名称	解像度		予報領域	予報時間	主な利用目的
	水平	鉛直			
全球モデル （GSM）	TL959 （約 20 km）	60 層 （地上～0.1 hPa）	全球	84 時間（00, 06, 18 UTC） 216 時間（12 UTC）	短期予報 週間天気予報 台風予報
メソモデル （MSM）	5 km	60 層 （地上～約 30 hPa）	日本周辺	15 時間（00, 06, 12, 18 UTC） 33 時間（03, 09, 15, 21 UTC）	防災気象情報 降水短時間予報 航空予報
週間アンサンブ ル予報モデル	TL319 （約 60 km）	60 層 （地上～0.1 hPa）	全球	216 時間 ×51 メンバー（12 UTC）	週間天気予報
台風アンサンブ ル予報モデル	TL319 （約 60 km）	60 層 （地上～0.1 hPa）	全球	132 時間 ×11 メンバー （00, 06, 12, 18 UTC）	台風進路予報

　ところで数値予報モデルはすべての現象を忠実に表現できるわけではなく，モデルの解像度による限界のため，表現することができる現象には限界がある．数値予報モデルと，モデルが対象とする現象とのおよその関係を図 7.27 に，また全球モデル（20 km）とメソモデル（5 km）それぞれの，日本付近の地形を図 7.28 にそれぞれ示す．現在の全球モデルでは日々の高・低気圧の移動発達の様子はほぼ問題なく表現することが可能であるが，雷雨を伴う局地的な集中豪雨や竜巻といった小規模な現象は，現在のメソモデルでも苦手とする分野である．

　最後に図 7.29 に，気象庁全球モデルの北半球の予報成績の歴史を示す．これをみると，現在の 3 日予報の成績は，約 25 年前の 1 日予報の成績にほぼ匹敵しており，予報精度が目覚ましく向上したことが明確にわかる．また図 7.30 は，気象庁全球モデルによる台風進路予報の成績の推移を示しているが，この十数年で台風進路予報の

7.6 気象庁における数値予報の仕様　　　195

表7.4　気象庁高解像度全球モデルの仕様（気象庁資料）

支配方程式系	プリミティブ方程式系
予報変数	地上気圧，水平風（南北・東西），温度，比湿，雲水量
数値計算法	スペクトル法（水平），有限差分法（鉛直），2タイムレベル・セミラグランジュ・セミインプリシット法（時間）
計算領域	全球（水平），地上から0.1 hPaまで（鉛直）
水平解像度	TL959（スペクトル法三角切断），適合ガウス格子
鉛直解像度	60層，非等間隔
時間積分間隔	10分
地形	GTOPO 30データセットから作成
重力波抵抗	長波スキーム（波長100 km以上，主に成層圏） 短波スキーム（波長約10 km，対流圏）
水平拡散	線形，四次
鉛直拡散	リチャードソン数による安定性に依存
惑星境界層	一次の乱流クロージャ（局所スキーム）
海面	海面水温・海氷気候値に解析偏差・季節変化を考慮
陸面過程	土壌温度（表層＋深層）を予報，土壌水分（3層）を予報，積雪・融雪を計算，植生効果を考慮（生物圏モデル）
表面特性	水面（氷なし），海氷，植生別（12種）の陸面（陸面は雪被覆の場合あり）
表面フラックス	放射フラックス（短波・長波），乱流フラックス（相似理論）
放射効果気体	水蒸気，二酸化炭素，オゾン，酸素，メタン，一酸化二窒素，ハロカーボン類（エーロゾルの効果を考慮）
短波放射	2方向近似法（22バンド）（予報1時間ごとに計算）
長波放射	k-分布法＋テーブル参照法（9バンド）（予報3時間ごとに計算）
対流	マスフラックス・スキーム
雲形成	予報変数型スキーム（確率的雲水分布）
降水	対流過程（対流性降水），雲形成過程（層状性降水）

成績も飛躍的に向上したことがみてとれる．こうした向上には，計算機更新に伴う数値予報モデルの分解能の向上はもちろんのこと，この間に行われたモデルの物理過程の改良のほか，前述の四次元変分法の実用化を中心としたデータ同化手法の高度化，さらにさまざまな衛星データの高度利用が可能になったことが，大きく影響していることは間違いない．

　数値予報を現業的（定常業務として）に実行しているセンターは世界にいくつかあり，世の中にあまり知られていないが，全球モデルは激しい国際競争にさらされているということができる．図7.31は，主な現業数値予報センター（日本，ヨーロッパ中期予報センター（ECMWF），米国環境予測センター，英国気象局）の北半球500 hPa高度予報の誤差の変遷を示す．ここ10年以上，ECMWFが世界をリードしていることがわかる．日本も懸命に追い上げをみせており，この1，2年で米国を追い越した．経済活動のみならず，数値予報の世界で今後も激しいデッドヒートが展開されることは間違いない．

表 7.5 気象庁メソモデルの仕様（気象庁資料）

支配方程式系	完全圧縮方程式系
予報変数	運動量（南北・東西，鉛直），温位，気圧，各種雲物理量
数値計算法	Arakawa C 格子による有限差分法（水平・鉛直），リープフロッグ（タイムフィルタ併用）とスプリットイクスプリシット法（時間）
計算領域	日本（水平，721×577），地上から 21.8 km まで（鉛直）
投影法	ランベルト（北緯 60°と 30°で 5 km 格子）
鉛直解像度	50 層，非等間隔
時間積分間隔	24 秒（長い時間間隔）
側面境界条件	高解像度全球モデルから作成
地形	GTOPO 30 データセットから作成
重力波抵抗	なし
水平拡散	線形四次，非線形ダンピング，適合水蒸気拡散
湿潤過程	バルク法雲物理（3-ice），KF 対流スキーム
惑星境界層	改良 Mellor Yamada レベル 3 スキーム
海面	海面水温・海氷気候値に解析偏差を考慮
陸面過程	土壌温度を予報
表面フラックス	放射フラックス（短波・長波），乱流フラックス（相似理論）
短波放射	2 方向近似法（22 バンド）（予報 15 分ごとに計算）
長波放射	k 分布法＋テーブル参照法（9 バンド）（予報 15 分ごとに計算）
雲形成	部分凝結スキームにより雲水と雲量を診断

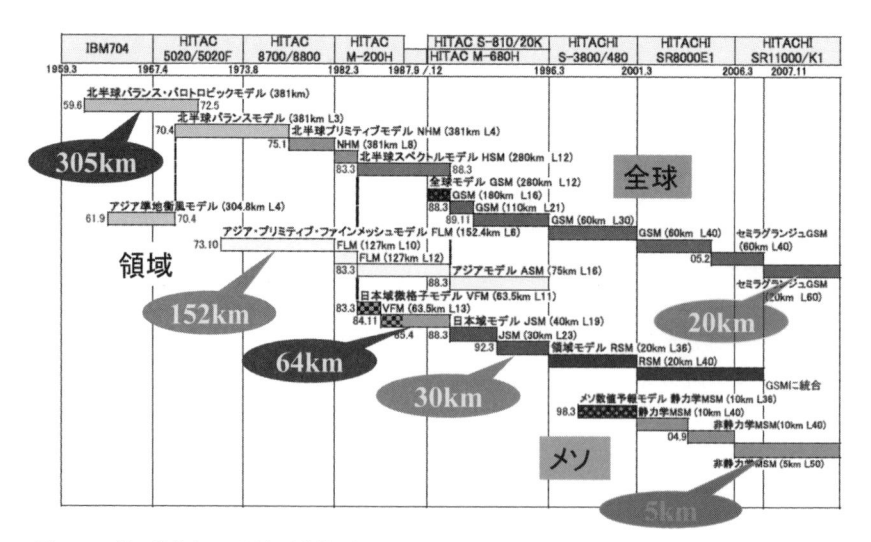

図 7.26　第 8 世代までの歴史（数値予報の履歴．台風モデルとアンサンブル予報モデルは除く）

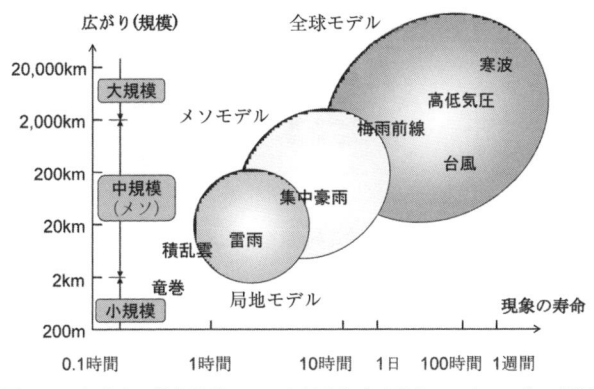

7.6 気象庁における数値予報の仕様　　　197

図 7.27　気象庁の数値予報モデルと対象とする現象のスケールとの関係

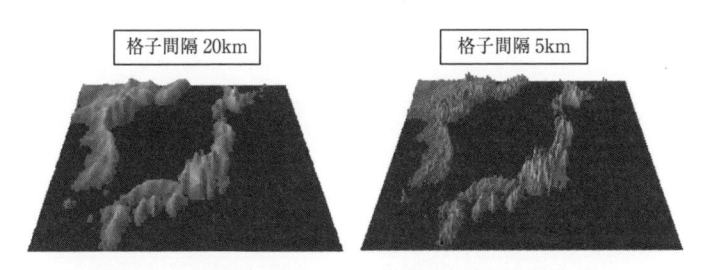

図 7.28　格子間隔 20 km と 5 km の場合の日本付近の地形の違い

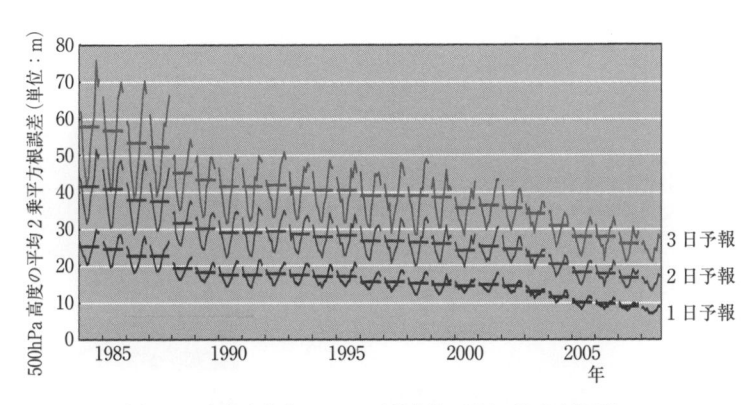

図 7.29　気象庁全球モデルの予報成績の歴史（気象庁資料）

図 7.30 気象庁全球モデルによる,台風進路予報精度の推移(気象庁資料)

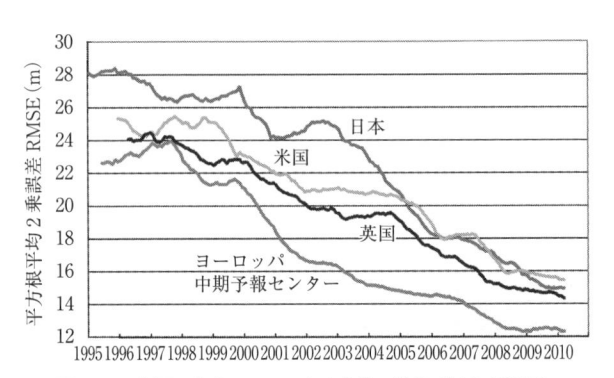

図 7.31 各国の全球モデルによる成績の推移(気象庁資料)

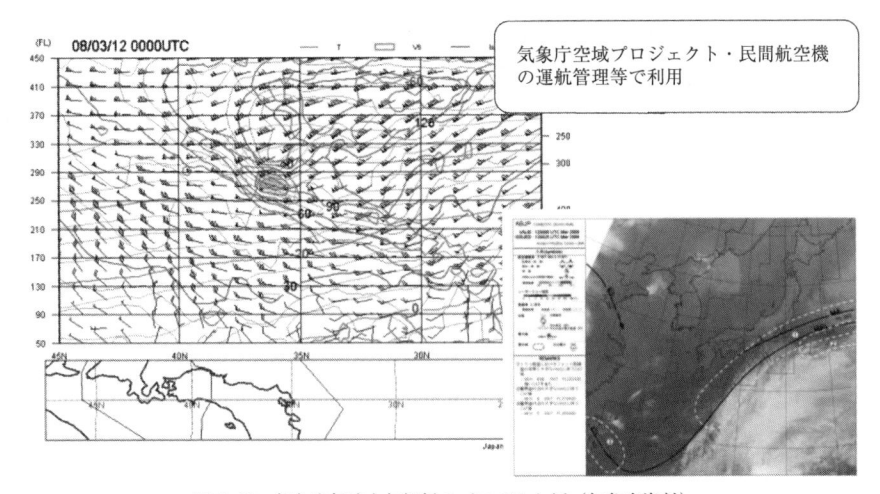

図 7.32 気象庁毎時大気解析のプロダクト例(気象庁資料)
数値予報と最新の観測(航空機・ウィンドプロファイラ,ドップラーレーダー)から毎時に気温・風を解析.

これまで述べてきたことは予報支援のための数値予報の分野であるが，それとは別に，観測データに基づく実況把握と予警報作業の効率化を図るため，気象庁では「毎時大気解析」という解析を日常的に実行している．毎時大気解析は第2章で触れたアメダス，ウィンドプロファイラ，ドップラーレーダー，航空機観測データ，衛星風データを三次元変分法を用いて解析を行い，速報的に毎時の地上や上空の解析値を提供している．航空ユーザー向けのプロダクトの一例を図7.32に示す．

7.7 数値予報の将来

日本で数値予報が開始してほぼ半世紀が経過した．現代の天気予報において数値予報は非常に重要な役割を果たしており，その位置づけは今後も変わらず，さらに重要になると思われる．その将来像について展望したい．

大気中にはさまざまな現象があり，その正確な予報が期待されているが，現在の数値予報ではそのすべてを解像できるわけではなく，対象となる現象には限りがあるので，小規模の現象は数値予報モデルで直接表すことは困難である．解像できる現象の範囲を広げるためには，数値予報モデルをさらに高解像度化する必要がある．数値予報では大気を支配する方程式を離散化しているので，高解像度化を図ることで数値計算から発生する誤差を小さくできるという大きなメリットもある．また高解像度化と同時に物理過程も精緻化する必要がある．すでに述べたように物理過程は，モデルの力学過程で直接表現できない影響をパラメタリゼーションで近似的に表現しているので，解像度が上がり，予報モデルの力学過程で直接解像できる部分が増えると，物理過程もそれに合わせて表現をより細かくする必要が生じる．

また，予報モデルの向上のみならず，データ同化の高度化も数値予報の精度向上にとっては非常に重要な要素であり，今後の大きな課題である．衛星などリモートセンシング技術による気象観測は今後も拡充が予想されるので，データ同化技術の高度化や品質管理機能の充実は必須の課題である．

アンサンブル予報の向上も今後期待される分野である．歴史的にみれば数値予報は決定論的予報から発達した技術であるが，その誤差を把握することは実用的な観点からも有益なことから，現在全球モデルのみに適用されているアンサンブル予報の手法を，今後は領域モデルにも適用することが期待される．またアンサンブル予報は誤差に関するさまざまな情報を与えることから，データ同化に必要な予報モデルの誤差を定量的に見積もるのに，アンサンブル予報の情報を融合・連携させることもメリットがある．アンサンブル平均がコントロール予報よりも優れていることを7.4節で述べたが，アンサンブルメンバーを多く集めることに意味があるという考えから，外国の数値予報センターとの連携，マルチセンターアンサンブルの取組みも進むと考えられる．

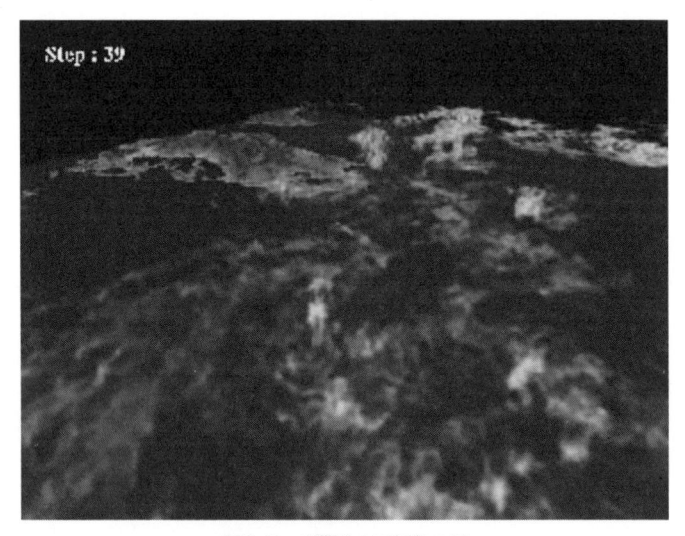

図7.33 画期的な可視化の例
数値予報モデルで計算された雲を直接可視化したもの．南西諸島付近の上空から北東の方角をみている．

アンサンブル予報は，モデルの初期値に誤差が含まれることが発想の原点の一つとなっているが，初期値のもととなる観測と数値予報を，観測から初期値，そして数値予報という一方通行のものではなく，双方向の予報システムとして機能させる試みも進むと期待される．たとえば台風進路予報の場合では，南海上で徐々に発達した台風が中緯度帯で東向きに進路を変えることがよくある．この転向のタイミングを予想することは非常に重要であるが，日本の南海上は観測データに乏しく，予想は難しいのが現状である．数値予報のアンサンブル予報のプロダクトを利用すれば，どこが不確実性が高い領域かを「感度解析」で予想することができ，それを利用して集中観測域を絞り込むという，数値予報と観測網との相互の流れができていくことが期待される．

計算科学の発達により，コンピュータの計算能力は今後も飛躍的に向上するものと考えられる．そのパワーは数値予報モデルの高解像度化，物理過程の高度化などに振り向けられ，数値予報プロダクトの高解像度化，高精度化が行われ，天気予報の細分化にも大きな役割を果たすと予想される．

数値予報利用の高度化も期待されるところである．開始当初は予想天気図に当たるFAX図などの簡単な処理であったものが，数値予報GPVを直接ユーザーが利用できるところまで進んだ．実際の予報現場では高度な可視化手法を用いて，たとえば観測データと数値予報GPVを重ね合わせたり，最新の研究では宇宙からみた地球の雲の様子や，三次元的な雲の可視化（図7.33参照）により数値予報結果の可視化に画

期的な変化がもたらされようとしている．数値予報は計算機の中に組み込んだ仮想地球の世界である．精度よく予想された数値予報結果を高度な可視化で把握することは，まさに「バーチャルリアリティ」をつくりだしているといえる．

　最後に，人間の役割について触れておきたい．「数値予報の未来が広がる」「天気予報において数値予報は必須だ」というと，「人間（予報官や気象予報士）は天気予報においてやることがなくなるのか？」という疑問を持つ人がいるが，決してそうではない．数値予報にも弱点があり，たとえばスケールの小さな現象の予測は非常に苦手である．すべての弱点がなくなる時代はすぐには到達しない．弱点を正しく認識して数値予報の品質を理解し，天気予報に反映させること，一般の利用者に正しく説明することが，人間（予報官や気象予報士）の役割であるといえる．人間の仕事はなくなるどころか，ますます重要になると考えられる．

8

天気予報の枠組みと法制度

8.1 気象サービスの組織，法体系

　天気予報は本来，単なる自然科学的な気象の予測と異なって，市民生活の利便性や社会の安寧の確保，さらに防災に資するための公共的な予測という性質を持っていることから，その公表による社会の混乱や被害を極力避ける必要がある．一方，天気予報に必要な観測やデータ処理にかかわる物的・人的資源を民間レベルで備えることは不可能である．さらに天気予報の対象である大気には国境がないことから，気象観測やデータ交換には国際的な協力が不可欠である．こうした理由から天気予報は日本を始めとしてほとんどすべての国で，国の責務として行われている．

　したがって，国の責務で天気予報を行う以上，どんな組織が，どんな情報を，どのように提供するかなどの枠組みとそれを明文化した法律や規則が必要である．この章では，天気予報をこうした枠組みや法制度の立場から捉えることが目的である．

　天気予報に代表される気象情報は，交通を始め，諸産業やサービスなどに密接な関連を持つが，日本では明治における気象業務の創設以来，その提供および実施は国家による仕事とされ，今日までその主体は気象庁に委ねられている．一方，気象庁は，後述のように，国際連合の枠組みのもとで気象サービスを行っている．

　気象業務（サービス）を行っている気象庁という組織は，「国家行政組織法」にその根拠を持っている．また気象庁の任務や権限を意味する所掌範囲は，「国土交通省設置法」および同法を受けた「気象業務法」に規定されている．具体的にみてみる．

　憲法によれば「行政権は内閣に属する」と定められており，内閣の任務や組織などは「内閣法」で，また内閣以外の行政組織の設置については「国家行政組織法」に定められている．同法は「内閣の統括の下に省を置き，委員会及び庁はその外局に置く」ことが定められており，気象庁は同法に基づいて設置されている「国土交通省」の外局の一つである．ちなみに気象庁のほか，観光庁および海上保安庁，運輸安全委員会が国土交通省の外局となっている．気象庁の具体的な内部組織は，その機能や権限に応じて，「国土交通省組織令」「国土交通省組織規則」「気象庁組織規則（国土交通省令）」などによって，それぞれの細目が規定されている．

　ここで気象庁自身の明治初期における創立以来の変遷をみてみると，設立時の明治政府の文部省地理寮の一内部組織から，1889（明治22）年に新たに気象管制が敷か

8.1 気象サービスの組織，法体系

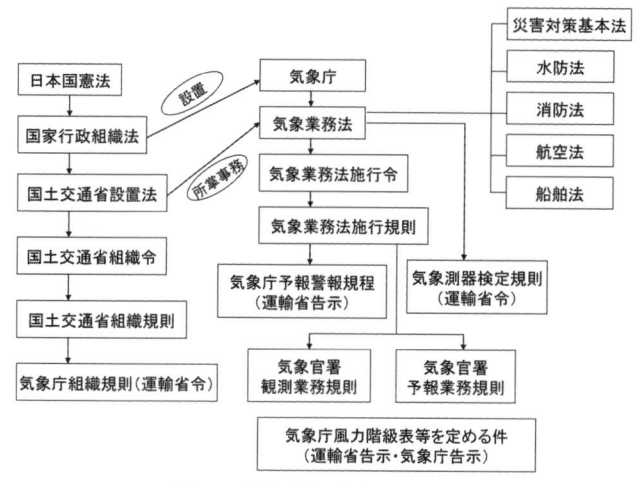

図8.1　気象業務の組織・法体系

れて，「中央気象台」として独立し，第二次世界大戦における戦時体制の編成の中で，文部省から「運輸通信省」に，さらに「運輸省」へと移管されてきた．そして1955（昭和30）年に運輸省の付属機関から，その外局の「気象庁」へと昇格をしている．

次に「気象業務法」は，気象庁の目的や任務，業務などを具体的に規定している．ちなみに，天気予報や気象警報，気象予報士制度などもこの業務法の中で規定されている．また，この法律を実施するために気象業務法施行令や気象業務法施行規則などが定められている．

図8.1は憲法を出発点として，気象庁の組織，気象業務法および関連する政令，規則，さらに他の法律との位置関係（気象業務の組織および法体系）を図示したものである．

この中で，国土交通省設置法は，気象庁の長は気象庁長官とすることのほか，気象庁の任務および所掌事務を以下のように掲げている．
①気象業務に関する基本的な計画の作成及び推進に関すること．
②気象，地象（地震にあっては，発生した断層運動による地動に限る．）及び水象の予報及び警報並びに気象通信に関すること．
③気象，地象，地動，地球磁気，地球電気及び水象並びにこれらに関連する輻射に関する観測並びに気象，地象及び水象に関する情報に関すること．
④気象測器その他の測器に関すること．

さらに国土交通省設置法では，大阪管区気象台の設置など気象庁の「地方支分部局」の設置も書かれている．国土交通省設置法を受けて，具体的に気象庁のサービスを規定しているのが次に述べる気象業務法である．

8.2 気象業務法

気象庁が行う気象業務の根幹を規定しているのが気象業務法（以下，業務法と呼ぶ）であり，1952（昭和27）年6月2日，国会で法律第165号として可決され，同年8月1日から施行された．業務法は全体が7章，50条で構成されている．同法の目的は「気象業務に関する基本的制度を定めることによって，気象業務の健全な発達を図り，もつて災害の予防，交通の安全の確保，産業の興隆等公共の福祉の増進に寄与するとともに，気象業務に関する国際的協力を行うことを目的とする」と書かれている．図8.2に気象業務法の各章とその骨子を示す．

ちなみに業務法が施行されたのと同じ年には，サンフランシスコ平和条約が発効して，日本は国際社会に復帰した．

a. 気象業務法における定義

業務法に頻繁に現れる「観測」「予報」「警報」などの用語の定義が業務法の第2条に掲げられている．第2条の内容を図8.3に示す．

これらの定義で注意すべきことの一つは「予報」に関する定義である．この定義によると，予報は観測の成果に基づくこと，現象の予想，予想の発表の三つの要件を満たす必要がある．逆に要件の一つが欠ければ「予報」でないことになる．たとえば，予想の発表は一般への公表を意味することから，予想を個人用あるいは自家用に行うことは予報には当たらないことになる．また「観測」とは「自然科学的方法による現象の観察及び測定をいう」と定義されているので，星占いや八卦などによる予測は，そもそも定義でいう自然科学的な観測に値しないことから，たとえ予想を公表したと

気象業務法（全体は50条で構成，昭和二十七年六月二日法律第百六十五号）
第1章　総則：目的，定義，任務
第2章　観測：観測（気象庁及び気象庁以外）の方法，使用する気象測器，観測成果等の発表など
第3章　予報及び警報：予報及び警報，予報業務の許可，許可基準，気象予報士の設置，気象予報士に行わせなければならない業務，警報の伝達，警報の制限など
第3章の2　気象予報士：試験，一部免除，資格，指定試験機関の指定，試験員，登録，欠格事由，登録事項の変更の届出，登録の抹消
第3章の3　民間気象業務支援センター：指定，業務
第4章　無線通信による資料の発表
第5章　検定：合格基準，検定の有効期間，型式証明
第6章　雑則：気象証明等，気象測器の保全等，土地または水面の立ち入りなど
第7章　罰則：
　　　　（罰則の例）気象測器の破壊などは，三年以下の懲役若しくは百万円以下の罰金，又はこれを併科する．無検定の気象測器の使用，無許可の予報業務，気象予報士以外の者による気象の予想，気象庁以外の者による警報などは，50万円以下の罰金

図8.2　気象業務法の骨子

> 第二条　この法律において「気象」とは，大気(電離層を除く.)の諸現象をいう.
> 2　この法律において「地象」とは，地震及び火山現象並びに気象に密接に関連する地面及び地中の諸現象をいう.
> 3　この法律において「水象」とは，気象又は地震に密接に関連する陸水及び海洋の諸現象をいう.
> 4　この法律において「気象業務」とは，次に掲げる業務をいう.
> 　一　気象，地象，地動及び水象の観測並びにその成果の収集及び発表
> 　二　気象，地象(地震にあっては，発生した断層運動による地震動(以下単に「地震動」という.)に限る.)及び水象の予報及び警報
> 　三　気象，地象及び水象に関する情報の収集及び発表
> 　四　地球磁気及び地球電気の常時観測並びにその成果の収集及び発表
> 　五　前各号の事項に関する統計の作成及び調査並びに統計及び調査の成果の発表
> 　六　前各号の業務を行うに必要な研究
> 　七　前各号の業務を行うに必要な附帯業務
> 5　この法律において「観測」とは，自然科学的方法による現象の観察及び測定をいう.
> 6　この法律において「予報」とは，観測の成果に基く現象の予想の発表をいう.
> 7　この法律において「警報」とは，重大な災害の起るおそれのある旨を警告して行う予報をいう.
> 8　この法律において「気象測器」とは，気象，地象及び水象の観測に用いる器具，器械及び装置をいう.

図8.3　気象業務法における定義

しても「予報」には該当しないことになる．業務法の世界では，「予報」と「予測」は明確に区別されており，後述の民間における予報業務の許可や天気予報にかかわる罰則にも関係している．

　二つ目は，「警報」の定義についてであり，警報は予報の一種であることである．予報との相違は，警報は重大な災害の起こるおそれがある場合に行われることである．このため警報の伝達について，後述のように別途規定している．

　三つ目は，本質的ではないが「気象」に関して，オーロラなど電離層における大気の諸現象が除かれていることである．これは，気象業務法が制定される時点で，旧郵政省の電波研究所が電離層を対象とした研究などを行っていたことに起因している．なお，電離層の高さは約100 km程度の上空であることから，電離層における諸現象は気象庁が天気予報を行ううえで何らの制約とはなっていない．ちなみに独立行政法人「情報通信研究機構」は「宇宙天気予報」を行っている．

b. 気象庁の任務

気象庁の目的および任務（第3条）を図8.4に示す．

c. 天気予報と警報

業務法の第三条を天気予報の観点からみると，気象庁は気象観測を行い，予報および警報を行い，それらの成果を発表し，種々の社会活動に役立てるという任務を負っていることになる．

　第3章（予報及び警報）に掲げられている気象庁に課せられた義務について，主要点を整理すると以下のようになる．

> 第三条　気象庁長官は，第一条の目的を達成するため，次に掲げる事項を行うよう
> 　　　　に努めなければならない．
> 一　気象，地震及び火山現象に関する観測網を確立し，及び維持すること．
> 二　気象，地震動，火山現象，津波及び高潮の予報及び警報の中枢組織を確立し，
> 　　及び維持すること．
> 三　気象，地震動及び火山現象の観測，予報及び警報に関する情報を迅速に交換す
> 　　る組織を確立し，及び維持すること．
> 四　地震（地震動を除く．）の観測の成果を迅速に交換する組織を確立し，及び維持
> 　　すること．
> 五　気象の観測の方法及びその成果の発表の方法について統一を図ること．
> 六　気象の観測の成果，気象の予報及び警報並びに気象に関する調査及び研究の成
> 　　果の産業，交通その他の社会活動に対する利用を促進すること．

図 8.4　気象庁の目的，任務

予報および警報は，その対象が一般の利用，船舶および航空機の利用，水防活動の利用の三つに分けられている．

まず，一般の利用に適合する予報および警報については，次のとおりである．

(1) 気象庁は，気象，地象，津波，高潮，波浪，洪水についての予報及び警報を行わなければならない．

(2) 気象庁は，水象（津波，高潮，波浪，洪水を除く）についての予報および警報をすることができる．

(3) 気象庁は，予報および警報をする場合は，自ら周知を計るほか，報道機関の協力を求めて，公衆への周知に努めなければならない．

気象庁は，上記の(1)を受けて日々種々の予報および警報を行い，(3)を受けて周知に努めている．また(2)は浸水などを対象としている．これらにかかわる細目は，気象業務法施行令，同施行規則に定められている．

次に船舶及び航空機については，気象，地象，津波，高潮及び波浪の予報及び警報を行わなければならないと規定されている．これを受けて，船舶向けに気象の実況や予測情報を無線通信などを用いて提供している．また，各空港に気象庁の出先機関を設置して，航空会社などに空港における気象の実況や航空路上の予測情報を陸上通信および放送を通じて提供している．

最後に，気象庁は水防活動への利用として，気象，高潮および洪水についての予報および警報をしなければならないと，定められている．

d. 警報の伝達

気象警報は重大な災害の発生のおそれがあることを警告するものであることから，業務法第15条で，警報の通知先とその扱いを定めている．主要点は以下のとおりである．

(1) 気象庁は，気象，地象，高潮，波浪，洪水の警報をしたときは，直ちに関係機関に通知しなければならない．関係機関は，警察庁，国土交通省，海上保安庁，都道府県，東・西日本電信電話株式会社，日本放送協会である．

(2) 警察庁，都道府県，東・西日本電信電話株式会社は，直ちに通知された事項を関係市町村長に通知するように努めなければならない．
(3) 市町村長は，直ちに通知された事項を公衆および所在の官公署に周知させるように努めなければならない．
(4) 国土交通省は，直ちに通知された事項を航行中の航空機に周知させるように努めなければならない．
(5) 海上保安庁は，直ちに通知された事項を航海中および入港中の船舶に周知させるように努めなければならない．
(6) 日本放送協会の機関は，直ちに通知された事項を放送しなければならない．

警報の通知で注意すべきことは，通知の迅速性と義務の度合いである．日本放送協会のみが，直ちに放送しなければならない義務を負っており，他の機関は努めなければならないとされている．NHKは，この第15条の規定を遵守して，テレビあるいはラジオの放送をいったん中断あるいは並行して，警報を放送している．なお，民法には，法律的には放送の義務はないが，警報の性質からNHKと同様に放送を行っている．気象はもちろん，津波についての警報も必ず放送がされることから，ラジオや携帯テレビを手元におくことは，防災の観点からも重要な手段である．

e. 予報と警報

気象庁が行う予報と警報の種類は，気象業務法施行令で定められている．その主要部分を図8.5に示す．

なお，気象業務法は，航空機に対して，第16条で予報や観測に関し，次の趣旨の

```
(一般の利用に適合する予報及び警報)
一般利用に適合する予報及び警報は定時又は随時に，国土交通省令で定める予報区を対象として行うものとする．
・天気予報(当日から三日以内における風，天気，気温等の予報)
・週間天気予報(当日から七日間の天気，気温等の予報)
・季節予報(当日から一箇月間，当日から三箇月間，暖候期，寒候期，梅雨期等の天気，気温，降水量，日照時間等の概括的な予報)
・気象注意報(風雨，風雪，強風，大雨，大雪等によって災害が起こるおそれがある場合に，その旨を注意して行う予報)
・気象警報(暴風雨，暴風雪，大雨，大雪等に関する警報)
・津波警報(津波に関する警報)
・高潮警報(台風等による海面の異常上昇に関する警報)
・浸水警報(浸水に関する警報)
・洪水警報(洪水に関する警報)
・波浪警報(風浪，うねり等に関する警報)
・地面現象警報(大雨等による地すべり等に関する警報)

(航空機及び船舶の利用に適合する予報及び警報)
・飛行場予報，空域予報，飛行場警報など

(水防活動の利用に適合する予報及び警報)
・水防活動用気象警報など
```

図8.5 予報と警報の種類

規定を持っている．気象庁は，航空機に対し，その航行前，気象，水象についての予想を記載した航空予報図を交付しなければならない．また，航空機は，その航行を終わったときは，飛行した区域の気象の状況を気象庁長官に報告しなければならない．この法律によって，気象庁は，航空会社に各種の予想図を提供し，また，航空機から飛行中の気象データを受領している．

f. 予報などの細目

予報および警報の対象区域，担当官署などは，気象業務法施行規則，気象官署予報警報規程に定められていることは，すでに第6章で述べた．

g. 予報作業のセンター

気象庁は天気予報業務を統一的に行うために，全国予報中枢，地方予報中枢，府県予報中枢という3層の機構を持ち，それぞれが担当すべき領域を分担している．全国中枢は本庁，地方予報中枢は，札幌，仙台，東京，名古屋，新潟，大阪，広島，高松，福岡，鹿児島，沖縄の合計11か所におかれている．

8.3　気象業務法と関連する法律

気象業務法は，気象庁の行う業務を規定しているが，他の省庁が所管している業務および法律といくつかの接点を持っている．

a. 災害対策基本法

もう半世紀以上も前の1959（昭和34）年9月，伊勢湾台風の来襲による高潮などによって約5千名に上る犠牲者を生んだ．現在では台風による大雨などが予想されるとき，しばしば「避難勧告」や「避難指示」という言葉を耳にするが，当時は国や都道府県などの行政機関の果たす役割および住民の義務などについて，統一的な定めは存在していなかった．

「災害対策基本法」は，この伊勢湾台風による災害を機に，1961（昭和36）年11月に制定された法律である（以下，基本法という）．基本法は全体が10章，117条で構成されている．その骨子を図8.6に示す．

本書との関連では，以下の接点を持っている．

(1) 発見者の通報義務と呼ばれるもので，第54条で「災害が発生するおそれがある異常な現象を発見した者は，遅滞なく，その旨を市町村長又は警察官若しくは海上保安官に通報しなければならない」と定められている．また，通報を受けた者は市町村長，気象庁に通報すべきことが盛られている．

(2) 警報の伝達に関するもので，第55条で「都道府県知事は，気象庁及びその他の国の機関から災害に関する予報若しくは警報の通知を受けたときは，関係のある機関及び住民等に伝達しなければならない．また，市町村長は，住民その他公私の団体に伝達しなければならい」旨が定められている．

8.3 気象業務法と関連する法律

```
(防災計画)
―防災基本計画の作成及び公表等
―指定行政機関の防災業務計画
―都道府県地域防災計画
―市町村地域防災計画
(災害予防)
―発見者の通報義務等
―都道府県知事の通知等
―市町村長の警報の伝達及び警告
(災害応急対策)
(市町村長の避難の指示等)
第60条　災害が発生し，又は発生するおそれがある場合において，人の生命又は身体を災害から保護し，その他災害の拡大を防止するため特に必要があると認めるときは，市町村長は，必要と認める地域の居住者，滞在者その他の者に対し，避難のための立退きを勧告し，及び急を要すると認めるときは，これらの者に対し，避難のための立退きを指示することができる．
```

図8.6　災害対策基本法の骨子

(3) 大雨警報などの発表基準に関するもので，第40条に定める「都道府県地域防災業務計画」の策定および運用などに当たって，当該知事と気象台長が協議して基準などを作成している．

(4) 災害が予想される場合の住民の避難に関するもので，第60条で市町村長に「避難勧告」と「避難指示」の二つを行う権限を与えている．すなわち，避難勧告は「人の生命又は身体を災害から保護し，その他災害の拡大を防止する」ため特に必要があると認めるときに，関係者に避難のための立退きを勧告するものであり，避難指示は「急を要すると認めるときは，これらの者に対し，避難のための立退きを指示することができる」旨が規定されている．

ここで重要なことは，これらは市町村長の権限であるが，その根拠となる最も重要な判断情報は，気象庁の警報および関連する情報であり，かつそれに対する当該市町村および首長の理解と判断力が問われる．現在でも，「警報の内容をよく確認していなかった」や「そこまで想定していなかった」などの言葉を耳にするが，行政官である市町村長の意思決定を支える技術スタッフの役割はきわめて大きいといわざるをえない．

b. 船舶法

船舶は安全な航海を行うためには，波浪や風，霧などの実況および予測は不可欠である．また，気象庁が気象予報を行うためには，洋上の気象観測データは，きわめて重要である．これらを踏まえて，船舶安全法の第7条の中で同施行令で定める無線設備を備えるべき船舶は，気象測器を備え付けなければならないこと，航行中は観測結果を気象庁長官に報告しなければならない旨を規定している．これに沿って，日本周辺の海上の観測データが，銚子無線局などを経由して気象庁に入電されている．

c. 消防法

湿度や風の条件は，火災の予防や発生などにとって，重要な気象条件である．消防法は，火災の警戒に関して，第22条で，①気象庁は気象の状況が火災の予防上危険であると認めるときは，その状況を直ちに都道府県知事に通報しなければならないこと，②通報を受けた知事は直ちに市町村長に通報しなければならないこと，③市町村長は通報を受けたときなどに火災の予防上危険であると認めるときは，火災に関する警報を発することができる，さらに警報の間，当該の住民などは火の使用の制限に従うべきことなどを定めている．具体的には，気象庁から「火災通報」が都道府県知事へ，「火災警報」が市町村から発令されている．

8.4 民間気象事業

天気予報は明治中期の開始以来，ほぼ1世紀にわたって中央気象台およびそれを引き継いだ気象庁により独占的に実施されてきた．前述のように，戦後の1952（昭和27）年に制定された気象業務法では，気象庁に天気予報を行うべき義務を課したが，一方では気象庁以外の者が天気予報を行うことを認めていた．すなわち，気象業務法の第17条で「気象庁以外の者が気象，地象，津波，高潮，波浪又は洪水の予報の業務を行おうとする場合は，気象庁長官の許可を受けなければならない」との規定が設けられていた．その後の実態は気象庁が長年この許可を制限的に運用し，1996（平成8）年までは民間の予報業務の許可範囲を実質的に特定者向け予報および解説的予報（独自予報ではない）サービスの範囲にとどめてきた．

しかしながら，平成時代に入って，民間の参入を制限している種々の業界に対する規制緩和の潮流に加えて，気象サービスの分野では通信・コンピュータ技術，観測および予報技術に大きな進展がみられた．気象庁はこうした背景を踏まえて，1993（平成5）年にいわゆる天気予報の自由化を指向した気象業務法の改正を行い，1994（平成6）年度から気象予報士制度が創出され，民間による天気予報が可能となった．

具体的には，予報許可を受けた事業者（予報業務許可事業者）は予報業務を行う事業所ごとに気象予報士をおかなければならないこと，さらに事業者は現象の予想については気象予報士に行わせなければならないとの主旨の規定が新たに設けられた．同時に民間における予報サービスなどの振興を図るのに合わせて，1994（平成6）年に新たに「財団法人気象業務支援センター」が設立された．気象庁は国内外の観測データやGPVなどの予測データ，さらにガイダンスと呼ばれる予報支援資料などを全面的に公開しており，同庁は民間が予報サービスを行うことを支援するため，この支援センターを通じて提供している．民間気象事業者のほか個人であっても，通信経費などさえ負担すれば必要なデータを購入できる．前述した天気予報ガイダンスも同様に入手可能である．ちなみに，同センターを通じて数値予報モデルのデータをオンライ

ン,ファイル形式で購入する場合,開設時負担金経費約5万円,基本負担金1領域当たり約2000円,従量分の負担金約2万円程度である.なお,札幌管区などの管区が1領域で合計6領域である.

現在,予報業務許可事業者は約60社を数える.これらの事業者による年間の総売上高は約300億円規模で,日本気象協会やウエザーニューズ社などが大手であるが,地域を対象とした事業者やニュースキャスターなど個人も参入している.

一方,気象予報士試験は,気象業務法に基づいて試験事務機関の指定を受けた「気象業務支援センター」が,近年は年2回実施している.1994(平成6)年の第1回以来,2012(平成24)年8月まで通算38回の試験が行われている.2012(平成24)年1月現在,これまでの受験者総数は約15万人,合格者は約8700人,平均合格率は5.8%となっている.

なお,気象予報士試験の実施細目は,気象業務法施行規則に定められており,以下のとおりである.

試験の回数は年2回,試験地は札幌,仙台,東京,大阪,福岡,沖縄の5か所,試験の費用は11400円である.試験の種類は学科試験と実地試験の二つで,1日で終わる.学科試験では予報業務に関する一般的知識と専門的知識が問われる.原則として五つの選択肢から一つを選ぶ多肢選択式である.それぞれ15問が出題され,試験時間はそれぞれ1時間である.実地試験は2題で,午後に行われ,それぞれ1時間25分である.

学科試験の科目	予報業務に関する一般知識は,大気の構造,大気の熱力学,降水過程,大気における放射,大気の力学,気象現象,気候の変動,気象業務法その他の気象業務に関する法規の8分野 予報業務に関する専門知識は,観測の成果の利用,数値予報,短期予報・中期予報,長期予報,局地予報,短時間予報,気象災害,予想の精度の評価,気象の予想の応用の9分野
実技試験の科目	気象概況及びその変動の把握,局地的な気象の予報,台風等緊急時における対応の3分野

なお,一度,学科試験に合格すれば,以降の2回まで,1年以内の学科試験は免除されることになっている.

近年,気象庁はホームページを通じて天気予報などを提供している.また,インターネットに加えてスマートフォンやタブレット端末が急速に発達し,国内はもとより外国の種々の情報が容易に無料で閲覧することが可能になっている.気象や天気予報も例外ではなく,外国の天気予報会社などが日本の天気予報も無料で提供している.民間気象事業者にとっては,今後はますます有料に値する利便性の高い情報提供が求められ,競争もいっそう激しくなる.すでに民間の知恵や技術力が試される時代に突入している.

せっかく気象予報士制度が生まれたが，一般のテレビなどでみる限り，その予報が民間独自のものか，気象庁のものか，あるいは気象庁の予報の解説かなどが必ずしも明らかではなく，また，予報の検証もあいまいである場合が多い．民間では，たとえ気象庁のガイダンスは入手していても，気象庁と異なる独自予報の工夫があるはずである．この制度創設の精神に照らしても，また一般への気象の啓発の観点からも，関係者間のさらなる連携と説明責任の向上が期待されるところである．

8.5 国際協力

8.5.1 世界気象機関（WMO）

大気は国境という壁を越えて流れ，海洋は世界につながって，地球規模で循環している．大気および海洋の振る舞いは，地球上のすべての場所の気象と無縁ではなく，人々の生活をはじめ種々の産業，船舶や航空機の航行にもきわめて大きな影響を与える．各国が自国の天気予報を行うためには，国際的な協力が必要なことは自明である．そのため1947（昭和22）年9月にワシントンD.C.で開かれた国際気象台長会議において，「世界の気象業務を調整し，標準化し，及び改善し，並びに各国間の気象情報の効果的な交換を奨励し，もって人類の活動に資する」との目的を掲げた世界気象機関条約が採択された．同条約は1950（昭和25）年3月23日に発効し，WMOは同日をもって正式に設立され，翌年12月に国連の専門機関となった．

なお，日本は，1953（昭和28）年9月10日にWMOの構成員になった．2011（平成23）年3月現在，183か国・6領域がWMOに加盟している．WMOの予算は，4年ごとに開かれる世界気象会議において決定されるが，2008〜2011年の予算額は，249.8百万スイスフランであり，2011（平成23）年の日本の分担率は約12%となっている．

a. WMOの目的，組織

WMOの目的は，世界気象機関条約の中で次のような柱で規定されている．

(1) 気象観測及び水文観測その他気象と関連のある地球物理学的観測を行うための観測網の確立について世界的協力を容易にし，並びに気象及び関連業務の実施につき責任を有する中枢の確立及び維持を助長すること．
(2) 気象及び関連情報を迅速に交換するための組織の確立及び維持を助長すること．
(3) 気象及びその関連する観測の標準化を助長し，並びに観測の結果及び統計の統一のある公表を確保すること．
(4) 航空，航海，水に関する問題，農業その他の人類の活動に対する気象学の応用を助長すること．
(5) 実務水文学に関する活動を促進し，並びに気象機関及び水文機関の間の密接な協力を助長すること．

(6) 気象及び適当な場合には関連分野に関する研究及び教育を奨励し，並びにその研究及び教育の国際的な面の調整を援助すること．

これを受けて，WMO は世界的な気象観測網を確立し，観測情報およびそれをもとに作成される気象情報を各国が共有できるように，各国間の調整を行い，国際的な枠組みを策定している．現在，WMO の活動目的は気象予測や気象災害防止のみではなく，地球温暖化などの地球環境変化に対する監視・予測など多岐にわたっている．

WMO 条約で定められた組織は，世界気象会議，執行理事会，地区気象協会，専門委員会，事務局である．また，WMO の各構成員（国，地域）の代表は各国気象水文機関の長であり，世界気象会議は WMO の全構成員の代表の総会の役目を持ち，かつ WMO 最高機関である．総会は 4 年ごとに開催され，予算総額や長期計画を始めとする WMO の一般政策を決定する．次に執行理事会は構成員の代表 37 名が個人の資格で参加する組織で，年 1 回会議を開催し，WMO の計画，予算上の問題に対して方向性を示す役割を有している．

WMO は世界をアフリカ，アジア，南アメリカ，北・中央アメリカ・カリブ，南西太平洋，ヨーロッパの六つの地域に分け，それぞれの地域の問題を各地区気象協会で処理している．

また，技術的事項を専門的に議論する組織として WMO は，基本システム，観測機器，大気科学，航空気象，農業気象，海洋気象，水文学，気候学に関する八つの専門委員会を有している．これらの委員会には，気象庁から多数の委員が参画している．WMO の事務局はスイスのジュネーブにおかれており，事務局長以下，約 260 名（うち日本人職員は部長級を含め数名）の職員で構成されている．

b. WMO の主要なプログラム

WMO は種々の活動を行っているが，その主要なプログラムを以下に掲げる．
(1) 世界気象監視計画（World Weather Watch(WWW)Programme）
(2) 世界気候計画（World Climate Programme(WCP)）
(3) 大気研究計画（World Weather Research Programme(WWRP)）
(4) 応用気象計画（Applications of Meteorology Programme(AMP)）
(5) 水文・水資源計画（Hydrology and Water Resources Programme(HWRP)）
(6) 教育・研修計画（Education and Training Programme(ETRP)）
(7) 地区計画（Regional Programme(RP)）
(8) WMO 宇宙計画（WMO Space Programme(SAT)）
(9) 災害リスク低下計画（Disaster Risk Reduction(DRR)Programme）

上記のうち，特に世界気象監視（WWW）計画は，WMO の諸計画の中核をなし，各国気象機関の観測システム，通信施設，データ処理センターを効果的に融合するための調整活動を行っている．

気象庁は，WMO の要請に応じて，アジア各国の気象業務を支援するために，多数の支援センターを引き受けている．そのうち，天気予報に関係する主なものは，次の

とおりである.
- 静止気象衛星の運用及びデータ提供：アジア・西太平洋域の衛星画像の提供
- 地区特別気象センター（RSMC）：気象観測データの解析，解析・予報情報の提供
- 太平洋台風センター（RSMC Tokyo-Typhoon Center）：台風の解析及び予報に関する情報の関係各国気象機関への提供
- 熱帯低気圧アドバイザリーセンター：航空機の安全運航のための熱帯低気圧の観測・解析・予報情報の提供
- 航空路火山灰情報センター（Tokyo VAAC）：航空機の安全運航のための火山噴火・大気中の火山灰の位置等に関する情報の提供
- 環境緊急対応地区特別気象センター：原子力発電所の事故等発生時における，要請に応じた，大気中に放出された有害物質の拡散予測資料の提供
- 地区通信センター（RTH）
- 全球気候観測システム地上観測網監視センター/CLIMATリードセンター
- 全球長期予報プロダクト配信センター（GPC Tokyo）

8.5.2 国際民間航空機関（ICAO）

　気象庁は，一般に対する天気予報のほかに，前述のように航空機の運航を支援するためのサービスを行っているが，空港での気象観測の要素および方法，観測結果の通報などについては，WMOと国際民間航空機関（ICAO）の両者が決めている「技術規則」に準拠して行われている.

　航空気象分野における国際協力では，気象庁は火山灰や熱帯低気圧による航空機の運航への影響を防止・軽減するために，太平洋北西部とアジアの一部を担当する「航空路火山灰情報センター（VAAC）」および「熱帯低気圧アドバイザリーセンター」を担っている.

文　　献

引用文献

1) J. G. Charney：The dynamics of long waves in a baroclinic westerly current. *J. Meteor. Soc. America*, **4**：135-162, 1947.
2) 気象庁：気象百年史，気象庁，1975.
3) 大石和三郎：館野上空に於ける平均風．高層気象台彙報，2号，1926.
4) H. R. Byers：Carl-Gustaf Arvid Rossby, A Biographical Memoir, 1898-1957, National Academy of Sciences, 1960.
5) 古川武彦：人と技術の語る天気予報史〈数値予報を開いた金色の鍵〉，東京大学出版会，2012.
6) 日本気象学会編：気象科学事典，東京書籍，1998.
7) 日本気象協会編：わかりやすい天気図の話，クライム気象図書出版，2005.
8) 古川武彦，大木勇人：図解・気象学入門（講談社ブルーバックス），講談社，2011.
9) 古川武彦，酒井重典：アンサンブル予報—新しい中・長期予報と利用方法，p. 31，東京堂出版，2004.
10) 山岸米二郎：日本付近の低気圧のいろいろ（シリーズ新しい気象技術と気象学 2），東京堂出版，2012.
11) 小倉義光：一般気象学，p. 250，東京大学出版会，1984.
12) R. A. Anthes：Monthly Weather Review, **100**(6), 467, 1972.
13) H. T. Hawkins, et al.：Monthly Weather Review, **96**, 617-636, 1968.
14) C. D. Ahrens：Meteorology Today：An Introduction to Weather and the Environment, 8th ed., Thomson Brooks/Cole. 古川武彦監訳，椎野純一，伊藤朋之訳：最新気象百科，丸善，2008.
15) 根本順吉ほか：図説気象学，p. 105，朝倉書店，1982.
16) 山岸米二郎：気象学入門，p. 151，オーム社，2011.

参考文献

岩崎俊樹：数値予報：スーパーコンピュータを利用した新しい天気予報，共立出版，1993.
小倉義光：気象力学通論，第 8 版，東京大学出版会，1996.
気象庁・予報部編：数値予報の基礎知識—数値予報の実際—，津村書店，1994.
新田　尚，二宮洸三，山岸米二：数値予報と現代気象学，東京堂出版，2009.

おわりに

　日本の天気予報サービスは，1884（明治17）年の開始以来，まもなく130年を迎える．この間，天気予報サービスは驚くべき発展を遂げ，予報精度も非常に向上し，また信頼性も着実に増加してきた．それらは本書で触れた種々の観測手段の整備と自動化，観測データの予報センターへの伝送，センターでの情報処理，予測モデルの進化，そして何よりもスーパーコンピュータの発達の成果である．今後の天気予報サービスは，あらゆる面で自動化の趨勢にあり，システム化の方向にある．具体的には，観測の自動化と天気予報作業の自動化のさらなる進展であり，人の知恵はより客観化され，システムの中に吸収されていくと思われる．

　予測技術の観点でみればいくつかの課題がある．一つ目は数時間先までの雨の予測の向上である．現在の運動学的な予測から，数値予報モデルに基づく超短時間予報への発展である．2012年中に稼動する新しいコンピュータ資源を用いた2km格子モデルの試験運用がすでに行われており，実現は指呼の間にある．二つ目は週間予報の精度向上である．新しいコンピュータは，アンサンブル予報モデルの精緻化とメンバー数の増加に寄与する．府県規模の予報範囲でみれば，おそらく予報の日替わりがほとんどなくなり，また雨の予測とその多寡も半日単位の規模で提供されよう．三つ目は，1か月予報および3か月予報の精度向上である．特に1か月予報の目玉である気温と降水量についての適確な予想は，農業を始めとする種々の産業に大きな貢献を果たすはずであるが，現在のところ必ずしも十分な精度を有していない．このような季節予報は，コンピュータ資源のみならず，海洋や大陸における精度のよい観測が不可欠である．今後，よりいっそうの国際的な協同が望まれる．

　他方，気象庁はかなり前から，気象サービスのうち，日々の天気予報は民間に委ね，自分たちは防災に資する情報サービスへと軸足を移している．しかしながら，いざというときに住民や防災機関から気象庁が頼りにされるためには，やはり日々の天気予報を当てることが重要である．今後，ますます，種々の情報源から気象情報が提供される世の中になる．したがって，住民の側にも，気象情報を十分咀嚼して，自ら判断する力を養うことが望まれる．現在，気象の専門家が配置されている自治体や防災機関の数はきわめて限られている状況にある．すでに9000人に近い気象予報士は，種々のメディアや気象に敏感な企業における場以外に，これらの防災組織のスタッフとしての活躍が望まれる．

古川武彦
室井ちあし

索　引

ア 行

後処理・アプリケーション　179
アメダス　9,12,20,24
荒井郁之助　6
アルゴ（ARGO）　44
アルゴン　47
アンサンブル予報　183
　　——のスプレッド，初期値，メンバー　186

異常気象　170
　　——の尺度　169
異常天候早期警戒情報　158
一次細分区域　151
一酸化二窒素　47
一般気象レーダー　34
陰解法（インプリシット法）　182

ウィンドプロファイラ　36
運動学的予報　135
運輸多目的衛星（MTSAT）　41

エコー　32
エコー頂高度　35
えぞ梅雨　64
エルニーニョ　116
遠心力　91

大石和三郎　4
オゾン　47,52
オゾン層　52,55
オゾンホール　55
オーバーシュート　52
オホーツク海高気圧　62
オーロラ　53
温帯低気圧　65
　　——の解析　136
温暖前線　78

カ 行

海上気象観測　14
海上実況気象通報式（SHIP）　15,43
解析雨量　35,160
ガイダンス　188
確率論的予報　183
火災気象通報　157
火災警報　157
可視画像　41,136
ガストフロント　105
雷監視システム　39
空振り率　142
カルマンフィルター　189
観天望気時代　8
寒冷前線　78

気圧傾度力　91
気圧高度計　53
気圧と風の関係　126
気温減率　51

気候学的予報　134
気象衛星　40,135
気象衛星画像　135
気象業務支援センター　154,210
気象業務法　204
気象警報　150
　　——などの発表基準　155
気象警報・注意報・情報　154
気象サービスの組織　202
気象情報の提供形態　153
気象資料総合処理システム（COSMETS）　19
気象注意報　150
気象の時間・空間スケール　123
気象の持つカオスと予測可能性　124
気象要素に関する用語　146
気象予報士試験　211
気象予報士制度　210
気象レーダー　31
季節予報（長期予報）　142,150,167
　　——における階級区分　168
気団　61
客観解析（データ同化）　176
極軌道気象衛星　43

索　引

局地前線　103
局地風　99
記録的短時間大雨情報　156

空港気象ドップラーレーダー　34
空港気象レーダー　34
クラウドクラスター　90

傾圧　130
傾圧性不安定　130
傾圧不安定理論　4
傾度風　90,91,93
警報　154
　——の伝達　206
決定論的予報　183
巻雲　108
圏界面　48
巻積雲　108
巻層雲　108

格子点法　182
降水短時間予報　159
降水ナウキャスト　159
降水レーダー　32
高積雲　108
高層雲　108
高層観測　26
高度計規正値（QNH）　54
国際通信網（GTS）　19
国際民間航空機関（ICAO）　44,214
木の葉状雲パターン　137
コリオリ力　91

| サ 行

彩雲　48
災害対策基本法　208
酸素　47

ジェット気流　4,56
時系列予報　150
持続的予報　135
実況監視　139
湿潤断熱減率　51
質量保存則　121
シベリア高気圧　62
週間天気予報　150,164
　——における信頼度　166
　——の考え方　164
週間予想図　167
重力波　48,50
10種雲形　107
順圧　130
準2年振動（QBO）　52
ジョイネル　6
条件付不安定　130
状態方程式　122
消防法　210
初期値アンサンブル　183,186

水蒸気　47
水蒸気画像　42
数値解析システム・予報モデル　193
数値計算法　182
数値予報　171
　——の将来　199
数値予報ガイダンス　188
数値予報時代　10
数値予報GPV　188
数値予報モデル　180
スパイラルバンド　84
スペクトル法　182
スレットスコア　142

晴雨計　1,6
西高東低　59
西谷型　144

静止気象衛星　40
成層圏　3,50,52
成層圏界面　50,52
成層圏突然昇温　52
静力学平衡　3,54
世界気象機関（WMO）　212
積雲　108
赤外画像　42,136
赤外差分画像　42
赤道収束帯（ITCZ）　90
積乱雲　48,108
絶対安定　130
絶対不安定　130
接地境界層　55
摂動　186
セミラグランジアン法　183
全球モデル（GSM）　193
線形重回帰法　189
全国予報区　152
前線　103
船舶法　209

層雲　108
総観気象学（synoptic）　65
層積雲　108
測高公式　30

| タ 行

大気圧　1
大気境界層　54,94
大気構造　139
大気追跡風　42
大気の安定性　128
大気の鉛直構造　48
大気のカオス　185
大気の組成　47
大気レーダー　32
台風　81

索　　引　　　　　　　　　　　　　　　219

──の解析　138
──の観測　82
──の進路　96
──の進路予測　98
──の目　83
台風情報　158
台風ボーガス　176
台風予報　163
太平洋高気圧　63
対流境界層　55
対流圏　49,51
対流圏界面　50,51
ダウンバースト　105
竜巻　111
竜巻注意情報　157
タービュレンス（乱気流）　50
暖気核　85,93,95
短期予報　139

地域気象観測網（アメダス）　12
地域に関する用語　146
地球自転の効果　126
地衡風　90,127
地軸の傾きの影響　125
地上気象観測　14,20
地上気象観測装置　21
地上実況気象通報式（SYNOP）　15
窒素　47
地方予報区　152
チャーニー　4
注意報　154
中間圏　52
中期予報　164

通報　13
通報観測　20
梅雨　61,63
梅雨入り・明け　63

天気図時代　8
天気予報　150
──と警報　205
──と用語　145
──の可視化　190
──の作成　141
──の種類・内容　148,149
──の評価　141
転向　96
電離圏　53

統計的予報　134
東谷型　144
東西指数　144
東西流型　143
時に関する用語　145
特別地域気象観測　20
特別地域気象観測所　14,24
土砂災害警戒情報　157
土壌雨量指数　157
ドップラーレーダーデータ　35
ドボラック法　138
ドライスロット　66,81,137
トリチェリーの実験　1
トロピカルサイクロン　88
ド・ボール　3

ナ 行

南方振動　117
南北流型　143

二酸化炭素　47
二次細分区域　151
ニュートンの力学の法則　120
ニューラルネットワーク　190

ネオン　47
熱エネルギーの保存則　121
熱圏　53
熱帯低気圧　81

ハ 行

パスカル　2
馬場信倫　6
パラメタリゼーション　180
バルジ　137
バロメーター（晴雨計）　1,6

標準大気　48,53

フェーン　100
府県予報区　152
物理的予報　135
プラネタリー波（長波長のロスビー波）　52
ブロッキング　64,113,144

閉塞前線　78
平年値　134
ベータ効果　131
ヘリウム　47
偏西風　55
──の強風核　58

房総前線　103
ポジティブフィードバック　98
捕捉率　142

マ 行

毎時大気解析　199
摩擦境界層　94
摩擦収束　93
摩擦力　91

水物質の保存則　122
ミリ波レーダー　32
民間気象事業　210

メソモデル（MSM）　193
メタン　47
目の壁雲　84

モデルアンサンブル　183, 187
モンスーン　60

ヤ 行

陽解法（イクスプリシット法）　182
四次元変分法　178
予想シナリオの作成　140
予測と実況の比較　140
予報区　151
──と担当官署　153
予報と警報　207
予報の適中率　141
予報モデル　178

ラ 行

ラジオゾンデ　9, 26, 28
乱層雲　108

力学過程と物理過程　180

レインバンド（降雨帯）　83
レーウィン観測　26
レーウィンゾンデ観測　26
レーダーエコー合成図　34

露場　22
ロスビー波　5, 131
　長波長の──　52
ローレンツアトラクター　185

欧 文

ACARS　44
ARGO　44
COSMETS　18

GPSゾンデ観測　27
GSM　193
GTS　19

IBM 704　10
ICAO　44, 214
ITCZ　90

METAR　45
MSM　193
MTSAT　41

NINO　116
NPグループ　11

QBO　52
QNH　54

SHIP　15, 43
SYNOP　15
synoptic　65

WMO　212

著者略歴

古川 武彦（ふるかわ・たけひこ）

1940年　滋賀県に生まれる
1961年　気象庁研修所高等部(現気象大学校)卒業
1968年　東京理科大学大学院理学研究科博士課程修了
現　在　気象庁予報課長, 札幌管区気象台長, (財)日本気象協会参与
　　　　などを経て
　　　　「気象コンパス」主宰
　　　　理学博士

室井ちあし（むろい・ちあし）

1965年　大阪府に生まれる
1990年　東京大学理学部地球物理学科卒業
現　在　気象庁予報部数値予報課数値予報班長

現代天気予報学
―現象から観測・予報・法制度まで―　　　定価はカバーに表示
2012年10月25日　初版第1刷

著　者　　古　川　武　彦
　　　　　室　井　ちあし
発行者　　朝　倉　邦　造
発行所　　株式会社　朝　倉　書　店
　　　　　東京都新宿区新小川町6-29
　　　　　郵便番号　162-8707
　　　　　電話　03(3260)0141
　　　　　FAX　03(3260)0180
　　　　　http://www.asakura.co.jp

〈検印省略〉
　　　　　　　　　　　　　　　　　　真興社・渡辺製本
ⓒ 2012〈無断複写・転載を禁ず〉
ISBN 978-4-254-16124-3　C 3044　　　　Printed in Japan

JCOPY　〈(社)出版者著作権管理機構　委託出版物〉
本書の無断複写は著作権法上での例外を除き禁じられています. 複写される場合は, そのつど事前に, (社)出版者著作権管理機構(電話 03-3513-6969, FAX 03-3513-6979, e-mail: info@jcopy.or.jp)の許諾を得てください.

前気象庁 山岸米二郎監訳

オックスフォード辞典シリーズ
オックスフォード気象辞典

16118-2　C3544　　　　　Ａ５判 320頁 本体7800円

1800語に及ぶ気象，予報，気候に関する用語を解説したもの。特有の事項には図による例も掲げながら解説した，信頼ある包括的な辞書。世界のどこでいつ最大の雹が見つかったかなど，世界中のさまざまな気象・気候記録も随所に埋め込まれている。海洋学，陸水学，気候学領域の関連用語も収載。気象学の発展に貢献した重要な科学者の紹介，主な雲の写真，気候システムの衛星画像も掲載。気象学および地理学を学ぶ学生からアマチュア気象学者にとり重要な情報源となるものである

気象予報技術研究会編　前気象庁 新田 尚・
前気象庁 二宮洸三・前気象庁 山岸米二郎編集主任

気象予報士合格ハンドブック

16121-2　C3044　　　　　Ｂ５判 296頁 本体5800円

合格レベルに近いところで足踏みしている受験者を第一の読者層と捉え，本試験を全体的に見通せる位置にまで達することができるようにすることを目的とし，実際の試験に即した役立つような情報内容を網羅することを心掛けたものである。内容は，学科試験(予報業務に関する一般知識，気象業務に関する専門知識)の17科目，実技試験の3項目について解説する。特に，受験者の目線に立つことを徹底し，合格するためのノウハウを随所にちりばめ，何が重要なのかを指示，詳説する。

気象研 藤部文昭著
気象学の新潮流1
都市の気候変動と異常気象
―猛暑と大雨をめぐって―
16771-9　C3344　　　　Ａ５判 176頁 本体2900円

本書は，日本の猛暑や大雨に関連する気候学的な話題を，地球温暖化や都市気候あるいは局地気象などの関連テーマを含めて，一通りまとめたものである。一般読者をも対象とし，啓蒙的に平易に述べ，異常気象と言えるものなのかまで言及する。

気象大 水野 量著
応用気象学シリーズ3
雲と雨の気象学
16703-0　C3344　　　　Ａ５判 208頁 本体4600円

降雪を含む，地球上の降水現象を熱力学・微物理という理論から災害・気象調節という応用面まで全領域にわたり解説。〔内容〕水蒸気の性質／氷晶と降雪粒子の成長／観測手段／雲の事例／メソスケール降雨帯とハリケーンの雲と降水／他

海洋研究開発機構 吉﨑正憲・気象庁 加藤輝之著
応用気象学シリーズ4
豪雨・豪雪の気象学
16704-7　C3344　　　　Ａ５判 196頁 本体4200円

日本に多くの被害をもたらす豪雨・豪雪は積乱雲によりもたらされる。本書は最新の数値モデルを駆使して，それらの複雑なメカニズムを解明する。〔内容〕乾燥・湿潤大気／降水過程／積乱雲／豪雨のメカニズム／豪雪のメカニズム／数値モデル

前東北大 浅野正二著
大気放射学の基礎
16122-9　C3044　　　　Ａ５判 280頁 本体4900円

大気科学，気候変動・地球環境問題，リモートセンシングに関心を持つ読者向けの入門書。〔内容〕放射の基本則と放射伝達方程式／太陽と地球の放射パラメータ／気体吸収帯／赤外放射伝達／大気粒子による散乱／散乱大気中の太陽放射伝達／他

前東大 浅井冨雄・前気象庁 新田 尚・前北大 松野太郎著
基礎気象学
16114-4　C3044　　　　Ａ５判 208頁 本体3400円

ベストの標準的教科書。〔内容〕大気概観／放射／大気の熱力学／雲と降水の物理／大気の力学／大気境界層／中・小規模の現象／大規模の現象／大気の大循環／成層圏・中間圏の大気／気候とその変動／気象観測／天気予報／人間活動と気象，他

前防災科学研 水谷武司著
自然災害の予測と対策
―地形・地盤条件を基軸として―
16061-1　C3044　　　　Ａ５判 320頁 本体5800円

地震・火山噴火・気象・土砂災害など自然災害の全体を対象とし，地域土地環境に主として基づいた災害危険予測の方法ならびに対応の基本を，災害発生の機構に基づき，災害種類ごとに整理して詳説し，モデル地域を取り上げ防災具体例も明示

上記価格（税別）は 2012 年 9 月現在